城市暴雨洪涝监测技术

陈洋波　陆云扬　刘宏伟　等 著

中国水利水电出版社
www.waterpub.com.cn
·北京·

内 容 提 要

本书主要介绍城市洪涝立体监测技术及应用。全书共分6章，第1章介绍了各项关键技术的国内外研究与发展现状；第2章介绍了GNSS水汽含量监测技术；第3章介绍了基于PERSIANN和GPM卫星降雨估算及其对台风的监测结果；第4章结合滁州双偏振雷达降雨观测结果，介绍了双偏振多普勒雷达降雨估算技术；第5章结合布吉河流域下垫面变化及洪涝观测，介绍了城市洪涝监测技术；第6章介绍了基于NB-IoT技术的数据采集与传输终端设备及其业务应用情况。

本书可供从事水文水资源专业、水利信息化专业教学和研究的师生、研究人员参考，也可供从事洪水预报工作的各水务部门、流域机构、应急管理部门的管理及技术人员参考。

图书在版编目（CIP）数据

城市暴雨洪涝监测技术 / 陈洋波等著. -- 北京 :
中国水利水电出版社，2022.2
ISBN 978-7-5226-0510-4

Ⅰ. ①城… Ⅱ. ①陈… Ⅲ. ①城市－暴雨－水灾－灾害防治 Ⅳ. ①P426.616

中国版本图书馆CIP数据核字(2022)第034086号

书　名	城市暴雨洪涝监测技术 CHENGSHI BAOYU HONGLAO JIANCE JISHU
作　者	陈洋波　陆云扬　刘宏伟　等 著
出版发行	中国水利水电出版社 （北京市海淀区玉渊潭南路1号D座　100038） 网址：www.waterpub.com.cn E-mail：sales@mwr.gov.cn 电话：（010）68545888（营销中心）
经　售	北京科水图书销售有限公司 电话：（010）68545874、63202643 全国各地新华书店和相关出版物销售网点
排　版	中国水利水电出版社微机排版中心
印　刷	清淞永业（天津）印刷有限公司
规　格	184mm×260mm　16开本　10.75印张　262千字
版　次	2022年2月第1版　2022年2月第1次印刷
印　数	0001—1500册
定　价	**80.00**元

PREFACE 前言

改革开放以来，我国经历了一个快速城市化发展时期。2011年我国城市人口首次超过农村人口，自此步入了城市化社会，形成了几个巨型城市群。我国的城市化进程十分迅猛，在快速城市化过程中，更多关注了社会、经济及人口的发展，城市防洪排涝工程建设未能跟上城市发展的步伐，致使城市洪涝灾害不断发生。城市洪涝灾害已成为我国快速城市化过程中的伴生灾害，给城市的可持续发展带来了较为严重的影响。城市地区由于人口稠密、建筑物密集、地下设施多，建设防洪排涝工程措施的难度大，建设城市洪涝灾害监测预报预警等防洪涝非工程措施就成为城市防洪涝的重要措施。但目前国内外针对城市洪涝灾害监测预报预警的研究还不多，城市洪涝灾害监测预报预警还面临诸多挑战。

在国家重点研发计划项目课题“城市暴雨洪涝立体监测技术研究”（2017YFC1502702）的支持下，由中山大学、水利部南京水利水文自动化研究所、南京水利科学研究院组成的科研团队，针对城市暴雨洪涝立体监测技术开展了联合攻关。在基于卫星的大范围暴雨监测技术、基于双偏振多普勒雷达的城市暴雨监测技术、基于水文自动化监测设备的城市化流域洪涝精细化监测技术、基于窄带多网融合（NB-IoT）技术的地下排水管网监测设备研发等方面取得了一系列创新性研究成果，并在深圳市建设了城市暴雨洪涝立体监测系统，开展了示范应用。

本书共分6章，由陈洋波统稿，各章主要内容及撰写人员如下。

第1章为绪论。在简要介绍研究背景及意义的基础上，重点对各项关键技术国内外研究与发展现状进行了介绍。1.2节介绍降雨监测技术国内外研究与发展现状，其中关于雨量计方面的内容由陆云扬撰写，雷达降雨方面的内容由柳鹏撰写，卫星降雨方面的内容由陈洋波撰写，水汽含量方面的内容由刘宏伟撰写；1.3节介绍城市河流洪水监测技术国内外研究现状与发展趋势，由陆云扬撰写；1.4节介绍洪涝信息传输技术国内外研究现状与发展趋势，由陆云扬撰写。本章由陈洋波、陆云扬和刘宏伟统稿。

第2章为GNSS水汽含量监测技术。在简要介绍滁州综合水文实验基地GNSS自设站的基础上，分别介绍了GNSS探测水汽原理及解算方法、天顶总延迟解算方法、天顶静力学延迟计算方法、加权平均温度的局地建模方法、PWV结果评价及变化特征分析。本章由姜广旭撰写，刘宏伟统稿。

第3章为卫星降雨监测。首先介绍了利用PERSIANN卫星估算降雨，并对台风“天鸽”降水过程特征进行分析的成果。其次，介绍了基于PERSIANN卫星估算降雨，针对粤港澳大湾区18场典型台风进行台风螺旋雨带特征的分析结果。最后，介绍了利用现有的地面雨量站观测结果，对GPM降雨精度进行评估，以及采用四种不同方法对GPM降雨进行校正的结果。其中，关于PERSIANN卫星降雨估算方面的内容由张嘉杨撰写，关于GPM降雨部分内容由李雪撰写，其他内容由陈洋波撰写并对本章进行统稿。

第4章为双偏振多普勒雷达降雨估算技术。首先，介绍了双偏振多普勒雷达降水估算技术；其次，介绍了基于滁州双偏振雷达及降雨观测结果，针对雷达降水反演校正技术、雷达垂直廓线反演遮挡无资料地区降水技术的研究及应用结果。本章由蔡钊撰写，柳鹏统稿。

第5章为城市洪涝监测技术。在对国内外城市化引起洪涝灾害变化研究进展进行分析的基础上，介绍了布吉河流域及其流域下垫面在城市化过程中的变化研究结果，及城市河道洪水的观测和洪水特征。最后介绍了城市内涝观测设备及其在深圳典型内涝区的观测结果。本章由陈洋波撰写并统稿，刘泽星协助部分文字撰写及图表准备。

第6章为城市地下排水管网监测技术。在介绍NB-IoT技术原理与方法后，重点介绍了基于NB-IoT技术的数据采集与传输终端设备，包括基于NB-IoT技术的一体化超声波明渠水位计、一体化磁致伸缩浮子式水位计、一体化雷达水位计和一体化压力式水位计。最后介绍了设备在深圳市的业务应用情况。本章由周亚平、郝斌、谈晓珊编写，周亚平统稿。

为了及时向国内外读者介绍上述研究成果，作者在国家重点研发计划项目课题“城市暴雨洪涝立体监测技术研究”（2017YFC1502702）即将结题验收之际，撰写了本书，以飨读者。由于作者水平有限，书中难免存在疏漏之处，敬请读者批评指正！

作者

2021年5月

CONTENTS 目录

第1章　绪　　论

1.1　研究背景和意义

第二次世界大战以后，世界经历了一个大规模的城市化发展过程，世界城市人口于2009年首次超过农村人口[1]。发达国家城市化起步较早，至今还没有结束[2]。发展中国家的城市化起步相对较晚，但发展速度更快。随着我国改革开放的不断深入，我国的城市化迈入了快速发展时期。1980年我国城镇人口总数不到2亿，占总人口的比重只有19.39%，2011年我国城市人口首次超过农村人口[3]。在我国已经形成了几个巨型城市群，其中珠江三角洲城市群城市化速度居我国各大城市群之冠，在短短的30多年时间里，就完成了西方国家上百年还未完成的城市化过程。经国务院批准，珠江三角洲城市群与香港和澳门一起，形成了粤港澳大湾区。2019年2月18日，中共中央、国务院印发了《粤港澳大湾区规划纲要》，粤港澳大湾区城市化发展将进一步加快。

由于我国社会、经济的高速发展，我国的城市化过程十分迅猛，城市化速度世之罕见。在快速城市化过程中，由于更多关注了社会、经济及人口的发展，致使城市防洪排涝工程建设未能跟上城市发展的步伐，城市洪涝灾害不断发生，成为我国快速城市化过程中的伴生灾害，给城市的可持续发展带来了较为严重的影响。如2005年8月，上海发生严重城市洪涝；2006年7月，南京遭受严重城市洪涝袭击；2007年7月，济南发生严重城市洪涝灾害；2011年武汉发生大范围城市洪涝灾害；2012年北京、广州、东莞等出现严重城市洪涝灾害，北京洪涝灾情尤其严重，受灾人口达190万人之多。

上述情况说明，随着我国城市化的推进，我国城市地区洪涝灾害明显增加，洪涝灾害还没有得到根本性防治，洪涝灾害风险呈上升趋势。洪涝灾害监测是重要的防洪涝非工程措施，但国内外针对城市洪涝灾害监测的研究还不多，城市洪涝灾害防治还面临诸多挑战。在国家重点研发计划项目支撑下，作者及其团队针对我国洪涝灾害监测的关键技术开展了深入系统研究，在降雨监测、城市洪涝监测、地下排水管网监测设备研发与应用等方面取得了一系列研究成果，本书是对部分关键成果的总结。

1.2　降雨监测技术国内外研究与发展现状

目前，获取降水观测信息的途径主要有地面雨量计、地基测雨雷达和高空卫星探测三种。地面雨量计是最早出现的降雨监测手段，目前仍在广泛使用。

1.2.1 雨量计降雨监测

雨量计[4] 是最传统的降水观测设备，最早的雨量计是虹吸式雨量计，后发展为翻斗式雨量计，现阶段超声波式雨量计、光学式雨量计、压电式雨量计和称重式雨量计也得到了发展和应用，丰富了雨量计产品序列。

1.2.1.1 虹吸式雨量计

虹吸式雨量计是由雨水的浮力带动浮子变化，通过自记笔在自记纸上划出一条关于时间变化的降雨量曲线，通过自记纸上的曲线可以分析出一次降雨的起始终止时间强度变化，并且可计算出整体的降雨量[5]。

虹吸式雨量计适用于南方平原地带水文站及农业灌溉等的人工降雨观测。其优点为操作简单快捷，计算精度较高；缺点为虹吸式雨量计在虹吸时会有一部分降雨量损失引起计量误差，且虹吸管易遭堵塞导致虹吸异常。另外虹吸式雨量计使用过程中必须定期到现场去更换记录纸，不能用于无人值守的站点。

1.2.1.2 翻斗式雨量计

翻斗式雨量计由承雨器、翻斗部件等组成，对比虹吸式雨量计，翻斗式雨量计具有自动化程度高，雨量监测实时，无须人员值守等特点，适用于国家基本雨量站、气象观测站以及农林、水电、矿山、地质、交通、科研院所、市政等行业或部门进行降雨量的观测，应用十分广泛。但是，翻斗式雨量计存在分辨率低时小雨无法测量，分辨率高时大雨、暴雨时误差变大的缺陷。

对于翻斗式雨量计的误差缺陷，相关研究者提出了多种改进方法。2009 年，舒大兴等设计的 JSP－1 型虹吸校正翻斗式雨量计，通过加入虹吸校正极大地减少了翻斗式雨量计的固有误差以及测量数据受到雨强的影响[6]。2016 年，齐天松等设计了分流式翻斗式雨量计，利用大小翻斗分流测雨量，可解决翻斗式雨量计因误差随雨强增大而增大导致的对雨强适应性不强的问题[7]。2018 年，周冬生等发明了一种小感量大量程翻斗式雨量计，在单翻斗上配置砝码并对称安装，使之在测量时可以轮流承接雨水，提高了测量精度[8]。

1.2.1.3 超声波式雨量计

超声波式雨量计利用了超声波测距原理，具有测量结果稳定、精度高的优点，精度可达 0.1mm，测量时间短，一次测量可在 2s 内完成，测量频率可达每分钟一次，增强了数据的实时性[9]。超声波式雨量计从原理上分为气介式、固介式和液介式三种，其中液介式使用最广泛。

超声波式雨量计整体无机械传动部件，克服了因机械磨损导致的测量误差，易安装、维护，能满足大量程、高精度、抗恶劣环境的应用要求，并且超声波式雨量计也克服了降雨强度对雨量测量精度的影响，可以适应恶劣环境下的雨量测量。但是由于超声波在空气中传播特性，超声波式雨量计在经常下雨夹雪的寒冷地区应用会引起较大的测量误差。

2014 年，舒大兴发明了一种翻斗触发超声波雨量计，结合了翻斗式与超声波式，增加了测量精度和使用时间[10]。2016 年，朱亚晨在传统的超声波式雨量计中采用 L－M 算法达到温度和气压补偿目的，精准度更高[11]。2017 年，吴卫平等在检测装置中设置束波器，极大避免了传感器接收到它处反射的超声波，提高了准确性[12]。

1.2.1.4 光学式雨量计

光学式雨量计主要是基于光学方法的散射技术和图像采集技术的降水探测设备[13]。光学式雨量计可长时间无人值守工作、适用于恶劣环境下的自动雨量监测，在暴雨、山洪、泥石流等灾害预警中也有应用。但是光学式雨量计由于成本原因只能小范围使用，尚未全面推广。

2016年，高强等发明了一种激光式雨量计，通过设置封闭光罩完全地排除了露水和沙粒的影响，测量的数据更加准确[14]。2017年，蔡彦等设计了称重式光学雨量计和翻斗式光学雨量计，将传统的机械雨量计与光学CCD图像采集技术相结合，弥补现有仪器的不足，提高了降雨监测的广泛性并减少了成本[15,16]。2018年，闻涛等结合光、电技术设计了一种新型的光学雨量传感器，新设备体积小，使用灵活，方便移动使用[17]。

1.2.1.5 压电式雨量计

压电式雨量计是运用雨滴冲击测量原理对降水雨滴的重量进行测量并获取相关数据，进而计算降雨量[18]。压电式雨量计应用较少，主要应用在经常出现山体滑坡和泥石流的山地沟谷。

1.2.1.6 称重式雨量计

称重式雨量计利用一个弹簧装置或一个重量平衡系统，将储水器连同其中积存的降水的总重量做连续记录然后换算为降雨量[19]。称重式雨量计具有很高的精度，适用于气象台（站）、水文站、环保、防汛排涝以及农林等有关部门用来测量降水量。

雨量计测雨在水文行业上一般认为是实际降雨的真值，具有较高的测量精度。但由于雨量计测量的是点雨量，如需获取高空间密度的降雨，就需要布设大量的雨量计，这在偏远地区实现难度比较大。受建设成本的限制，也可能难以建设高密度的雨量站网，这就影响了雨量计测量降雨对区域降雨的代表性。在城市地区，因建筑物密集，雨量计安装的难度大，受建筑遮挡的影响，雨量计测量的精度也受到一定影响，有必要发展新型降雨探测装置。

1.2.2 雷达降雨探测

1.2.2.1 雷达技术发展概述

雷达的基本概念形成于20世纪初。但是直到第二次世界大战前后，雷达技术才得到迅速发展，雷达最早应用于战争。1842年，奥地利物理学家多普勒（Christian Andresas Doppler）率先提出利用多普勒效应的多普勒式雷达[20]。1864年马克斯威尔（James Clerk Maxwell）推导出可计算电磁波特性的公式。1886年赫兹（Heinerich Hertz）展开研究无线电波的一系列实验。1888年赫兹成功利用仪器产生无线电波。1935年英国罗伯特·沃特森·瓦特发明了第一台实用雷达，次年在索夫克海岸架起了英国第一个雷达站，在第二次世界大战中发挥了重要作用。随着时间的推移和各种因素的促进，雷达不论在理论、体制、方法和应用上都得到了很大的发展。20世纪30年代初期，欧美国家开始研制探测飞机的脉冲雷达，当时雷达典型的技术特点为电子管、非相参。40年代雷达技术采用动目标显示、单脉冲测角和跟踪以及脉冲压缩技术。

经过100多年的发展，雷达技术在理论、体制、实现方法及技术应用等方面都已取得很大的进展。雷达应用于气象探测已经超过50年，但在水文测验中的应用只有10余年的历史[21]。近年来，利用雷达实现水文测验成为研究热点。各种频率下运行的天基、空基、地基雷达可用于观测降雨，测量地表水的范围、深度、流速、流量，还可探测土壤湿度、冰厚和地下水位。相比传统的观测仪器设备，雷达更容易实现高可靠、全天候、长时间、快速、连续工作及无人值守，投入资金相对较少，测验结果不容易受人为因素影响。随着雷达在水文测验应用的不断深入，新的观察结果及海量数据将推动新的水文理论及计算公式的发展。

1.2.2.2 雷达技术在气象部门的发展应用

20世纪50年代以前，用于气象部门的天气雷达主要是由军用的警戒雷达进行适当改装而成，如美国国家气象局用的WSR-1，WSR-3，英国生产的Decca41、Decca43等。国内也曾在50年代末引进Decca41雷达用于监测天气。当时选用的波长主要采用X波段，少量S波段，性能与军用的警戒雷达无多大差异。50年代中期根据气象探测的需求，开始设计专门用于监测强天气和估测降水的雷达，命名为天气雷达。1953年美国空军设计研制了CPS-X9波段天气雷达，用于监测强天气和机场的飞行保障。1957年美国天气局设计生产了WRS-575波段天气雷达，主要用于监测大范围降水和定量估测降水。60年代日本开发了C波段的天气雷达如MJA-109等。这阶段气象观测使用的天气雷达，主要是在波长上做了较多的考虑，适应气象探测要求。对回波信号强度测量和图像显示方面做了不同于军用的要求，天气雷达主要还是模拟信号接收和模拟显示的图像雷达，观测资料的存储采用照相方法，对资料的处理仍是事后的人工整理和分析。国内生产的713天气雷达、714天气雷达基本属于此类产品。

20世纪70年代中叶后，数字技术的发展和计算机开始广泛使用，适应气象部门对天气雷达定量估测降水和对观测资料数据做进一步处理的需求，天气雷达开始采用数字技术和计算机处理，天气雷达与计算机联接，形成数字化天气雷达系统，典型产品有美国WSR-815天气雷达系统。同时也将数字技术与计算机处理用于对原有的常规天气雷达进行改造，使其具有数字化处理功能，国内相当一部分天气雷达采用了改造的方法使其成为数字化天气雷达系统。数字化天气雷达系统不仅在技术上采用了数字技术，提供了数字化的观测数据，更重要的是应用计算机对探测数据进行再处理，形成多种可供观测员和用户直接使用的图像产品数据。

美国在20世纪80年代初开始设计为气象业务使用的多普勒天气雷达，称为下一代天气雷达（NEXRAD），于1988年开始批量生产布站，型号定为WSR-88D，WSR-88D不仅有强的探测能力，较好地定量估测降水性能，还具有获取风场信息的功能，并有丰富的应用处理软件支持，提高多种供用户使用的监测和预警产品。

随着雷达偏振技术的发展，Bringi等首先于1976年提出双偏振雷达的设想[22]。随后，美国、日本和欧洲等发达国家均开始发展双偏振天气雷达。双偏振雷达通过交替发射或同时发射方式，发射和接收垂直和水平两种极化的偏振信号。这样不仅可以获取水平和垂直这两个方向降水粒子的速度和强度等信息，还可以获取其信息差。双偏振雷达与单偏振雷达相比，除了提供常规的观测变量（反射率、谱宽、径向速度）外，还可以提供差分反射率、差分相移、差分相移率、相关系数等观测变量。因此可以根据双偏振雷达偏振变

量的特征分布情况识别出不同相态的降水粒子，使得定量降水估计的精度得到了提升，尤其在强降水时，降水估计的精度有了更大的提升。中国于1989年首先在713雷达的基础上研制出了国内第一部双偏振天气雷达。1999年，中国电子科技集团公司第十四研究所生产了X波段的双线偏振雷达。此后成都国营784厂研制并生产X波段、C波段和S波段的双偏振天气雷达。进入21世纪后，在众多学者的研究下，我国新一代双偏振天气雷达逐渐完善，北京敏视达雷达有限公司开始向国内外生产C波段及X波段的双偏振雷达。X波段、C波段和S波段的双偏振多普勒雷达开始投入到气象部门的业务使用中。鉴于双偏振雷达对降水粒子的独特优势，美国于2013年年底已全部把业务雷达升级为双偏振雷达，日本也部署了用于业务观测的X波段双偏振雷达网，欧洲也已有99部升级为双偏振天气雷达。近年来，我国东南沿海的部分省份（例如广东、福建等）率先升级了S波段的双偏振雷达。到2018年年底，广东省对大部分WSR－98D雷达完成了双偏振升级（除肇庆雷达外），这使得广东省在定量降水估计以及对大尺度、中尺度天气系统（特别是台风）的结构和演变监测能力等方面得到了很大的提高，在社会各个领域得到了广泛应用。根据国家气象局大探中心规划，我国将在未来5～10年内完成所有天气雷达双偏振升级改造，进一步推动我国雷达气象事业的发展。

我国是一个幅员辽阔、地形复杂、受气象灾害影响十分严重的国家。为了有效地监测预测灾害性天气，为国家社会经济发展和防灾减灾提供及时的服务，广大气象科技工作者做了许多工作，在国家的大力支持下，建立了一套比较有效的气象监测、预测服务系统。针对在气象监测业务中还存在的薄弱环节，在全国布设126部雷达，以进一步加强对灾害性天气的监测和预测水平。

我国新一代天气雷达系统是功能强的智能型的多普勒天气雷达系统，系统中，除了实时地提供各类降水天气的回波图像分布信息外，还具备准实时地对各类灾害性天气进行自动识别、追踪的能力，对冰雹、龙卷气旋、胞线、强风切变、下击暴流等恶劣天气，提供多种监测、预警产品。新一代天气雷达系统除了具有较强的数据处理能力外，同时具备丰富的应用软件支撑，所提供的智能型应用软件适合国内天气特点，并具有开放型的结构，用户可根据当地强天气的特点进行综合，适当修改软件，使其产品能符合当地使用。新一代天气雷达系统的软件结构具有可升级和可开发能力，可以根据软硬件发展而升级或不断地充实和接纳最新的科研成果，完善其功能。定量测量大范围降水是新一代天气雷达系统的主要功能之一，该系统结合少量地面雨量站网，能对200km半径范围内的降水量分布和区域降水量进行较准确的估测，在水文和防汛抗洪中发挥重大作用。

1.2.2.3 雷达降水反演技术的发展

一般来说，降水粒子在下落过程中，它的形态是扁平的。粒子越大，越扁平。通过地面雨滴谱可以测出不同粒子的大小以及下落速度。这样，可以得到粒子真实的滴谱结构[23]。在2001年Zhang等使用T－Matrix方法对S波段双偏振雷达进行了散射反演，得到粒子的前向和后向散射的幅度，并由此计算出了反射率因子Z_H，Z_{DR}以及K_{DP}等双偏振参数，得出了一套使用雨滴谱进行双偏振参数求取的公式[24]。利用Gamma分布中的u、Λ假设关系式，认为可以使用双偏振雷达的观测参数，通过（Z_{DR}，Z_H）或者（K_{DP}，Z_{DR}）结合拟合的$u-\Lambda$关系式，反演出雨滴滴谱分布，从而进行降水率、液态水含量等参数的计算。

为了获取高质量的雷达数据，必须对雷达的数据进行标定。首先关注的是雷达的反射率因子，尽管科研人员提出了很多不同的方法来进行订正，但研究发现，同样的 WSR-88D 雷达对同一个目标进行观察，最大差距仍有 2～3dB。随着双偏振技术的发展，可以通过使用双偏振量来提高反射率的标定精度。通过双偏振雷达 Z_H、Z_{DR} 和 K_{DP} 之间的相关性，Z_H 可以通过其他两个偏振量进行描述，并且精度可以达到 0.5～1dB。然而，这个关系式对降水粒子的滴谱分布比较敏感，并且在弱降水中，K_{DP} 的值比较小，测量误差比较大。另外，Z_{DR} 本身也存在误差，需要进行订正。Z_{DR} 的误差订正主要通过太阳辐射或者气象目标物来进行。使用垂直天顶扫描是一个比较理想的订正方法，但在具体的业务运行中有些难度。因此，科研人员使用弱降水或者干雪区作为 Z_{DR} 近似为 0 的区域来对 Z_{DR} 进行系统误差标定。

电磁波经过雨区的时候，由于降水粒子的吸收，会对电磁波造成衰减。这种衰减在 C 波段、X 波段的雷达尤其严重，必须进行订正。早期的雷达通常使用经典的 Z-R 和 A-R 关系式来进行订正。衰减由于是累积的，越到后面，衰减越大，甚至超过了雷达本身的标定误差。随着双偏振技术的发展，使用双偏振参数结合反射率来进行订正成为一种趋势。Aydin 在 1989 年提出了使用 Z_H 和 Z_{DR} 来获取衰减率。由于 Z_{DR} 对雨滴谱分布变化的敏感性要比 Z_H 差，该种算法要比单独使用 Z_H 好得多。由于 Φ_{DP}（K_{DP}）不受部分遮挡和雷达标定的影响，从而被广泛应用到衰减订正中。研究发现，Φ_{DP}（K_{DP}）和 Z_H、Z_{DR} 衰减率基本呈线性关系，然而这种方法受到几个方面的影响：

（1）滴谱分布变化的影响。

（2）温度的影响。

（3）当粒子形状和大小不符合标准关系式时会有偏差（KCZM）。

（4）当电磁波形成较强回波时，尤其是在 C 波段，容易受到后向散射相位的影响。

（5）受 Φ_{DP} 测量波动的影响。

Lawrence 在 2000 年针对 C 波段雷达在强对流天气中的衰减订正进行了分析。研究结果表明，在小雨滴时，衰减订正的系数比较稳定。但是当经历比较大的回波时，衰减系数误差较大，通过分析得出，在经历比较强的回波时，需要使用增强的衰减系数来进行衰减订正。

因为遮挡会衰减掉部分电磁波的能量，因此对雷达探测的准确性有很大的影响。遮挡影响的部分往往是比较低的高度，而这些高度又是天气分析的重要部位。常规的遮挡订正一般采用 DEM 地理信息数据来获取大的地理遮挡，进而进行修正。修正的方法一般是采用更高仰角的数据来进行修正，通过地面雨量计来进行定量估测降水校正。但是这种方法有很多的弊端，比如当遮挡程度超过 60%以后，由于气象折射的影响，这种方法并不可信，容易造成较大的误差。另外，雷达站点附近的树木、塔楼、房屋等建筑并不能在 DEM 数据中得到体现，从而造成误差。随着双偏振技术的发展，由于 K_{DP} 不受雷达系统标定、波束遮挡和衰减的影响，使用 K_{DP} 来进行部分遮挡订正成为一种新技术并被广泛进行应用。这种方法是基于大量的数据分析，得出 Z_H、Z_{DR} 和 K_{DP} 内部的相关关系式。这样，受到遮挡的反射率因子可以通过关系式被反算出来，在 JPOLE 试验中，该方法能

到 1dB 的精度。这种方法的关键在于 K_{DP} 和 Z_{DR} 的准确性。Z_{DR} 系统误差的订正可以通过垂直高度扫描或者使用弱降水或者干雪等目标物来进行订正。对于受到遮挡的部分，可以使用 K_{DP} 值来确定弱降水区来求取遮挡和非遮挡区的差值[25]。

1.2.3 卫星降雨监测

1.2.3.1 概述

随着遥感技术的进步，发展了利用气象卫星进行降雨观测的方法，其宽广的覆盖范围有效弥补了传统测雨方式的不足[26]，为人类获得全球尺度降水观测提供了可能，成为大规模网格降水的重要数据源[27]。随着卫星遥感技术的进步，其在探测降水上朝着高精度、高时空分辨率方向发展，卫星降雨产品正变得更加实用。基于卫星遥感技术对降水的时空分布进行精准测量，至今仍是最富有挑战性的科学研究目标之一[28]。

利用卫星估测降水最早起源于气象卫星，美国 NOAA（National Oceanic and Atmospheric Administration）发射的 F 系列气象卫星为全球提供了包括降水在内的多种气象数据[29]；地球环境观测卫星 GOES 系列也提供了一定精度内的大气及环境数据，还有欧洲气象卫星 Meteosat 系列、日本的静止气象卫星 GMS 等，为气象等部门提供了宝贵的研究资料[30]。随着遥感技术的发展，利用遥感的方式估测降水已经成为一种成熟的方法[31]。微波降水反演同可见光与红外降水估计方法的结合，逐渐成为业务产品的主流[26]，提供了另一种评估降水时空变化的方法，可以实现对地球降水全天候、全区域的观测[26,32]。自 1997 年 TRMM（Tropical Rainfall Measurement Mission）卫星发射以来，目前全球有影响力的卫星降水估计方法达到 30 余种，开发的卫星降水反演产品（satellite rainfall estimation）有十几种，如美国国家海洋和大气管理局的 CMORPH（Climate Predication Centre Morphing Technique）、GSMaP（Global Satellite Mapping of Precipitation）、美国国家航空航天局（NASA/GSFC）的 TMPA [Tropical Rainfall Measurement Mission (TRMM) Multi - satellite Precipitation Analysis]、美国加州大学的 PERSIANN - CCS 和美国国家航空航天局的 GPM IMERG（Integrated Multi - satellite Retrievals for GPM）等，为气象水文及其他相关领域提供了宝贵的研究资料并得到广泛应用。卫星遥感技术和数据反演算法逐渐成熟，利用遥感的方式获得高时空分辨率的降水数据已经是一种较为成熟的方法[33]。然而，由于卫星获取降水观测信息的方式基本上是间接的，受传感器误差和反演算法影响其数据精度还需进一步提高[34]。

在全球卫星降水产品中[35]（见表 1.1），TRMM 为美国国家航天局和日本宇宙航空研发机构（JAXA）共同合作主持的热带降水观测计划，1997 年，TRMM 卫星由日本发射升空，主要用于热带及亚热带区域降水的观测，覆盖范围 35°N～35°S。TRMM 首次搭载了降水观测雷达，对于利用卫星观测降水具有开创性意义，但是仅能提供时间分辨率 3h、空间分辨率 0.25°的卫星观测降水数据。TRMM 于 2015 年 4 月 8 日停止运行[35]。目前，国内外针对 TRMM 卫星降水产品开展了很多研究，获得了较多认知[32]。TRMM 降水还存在降水雷达时空分辨率不够、小雨和强降水观测不敏感问题。在 TRMM 的基础上，为了获取精度更高、覆盖范围更广、时空分辨率更高的降水数据，美国国家航空航天局（NASA）和日本宇宙航空开发机构（JAXA）合作开展了全球降水观测计划项目（Global

Precipitation Measurement，GPM），成为继TRMM后又一经典卫星降水产品[35]。PERSIANN-CCS是一种利用人工神经网络对遥感信息进行降水估计的自动化系统，PERSIANN-CCS主要通过云层的高度、面积、变化范围，从卫星图像和纹理的变化来估计降水量。在PERSIANN算法基础上，增加了云分类系统和Tb—降水速率关系校正过程。

表1.1　　全球主要卫星降水产品

产品名称	主要数据源	机构/国家	时间分辨率	空间分辨率	时间范围
PERSIANN-CDR	GEO系列卫星	NOAA/USA	1d	0.25°	1983年至目前
PERSIANN	GEO系列卫星	University of Arizona/USA	3h	0.25°	2000年至目前
PERSIANN-CCS	GEO系列卫星	University of California Irvine/USA	30min	4km	2006年至目前
TMPA	TMI、PR、SSM/I、AMSR-E、AMSU-B、GEO系列卫星	NASA GSFC/USA	3h	0.25°	1998年至目前
CMORPH	TMI、SSM/I、AMSR-E、AMSU-B、GEO系列卫星	NOAA CPC/USA	3h/30min	0.25°/8km	1998年至目前
IMERG	GMI、DPR、SSM/I、SSMIS、AMSR-E、AMSR2、AMSU-B、MHS、ATMS、GEO系列卫星	NASA/USA	30min	0.1°	2014年至目前
GSMaP	TMI、SSM/I、AMSR、AMSR-E、AMSU-B、GEO系列卫星	JAXA/Japan	30min	0.1°	2014年至目前

1.2.3.2 PERSIANN卫星降雨估算系统

PERSIANN（Precipitation Estimation from Remotely Sensed Information using Artificial Neural Networks）是由美国加州大学欧文分校遥感水文研究中心（CHRS）开发的全球实时高分辨率卫星降水估算系统[36]。PERSIANN基于多种卫星遥感影像，采用人工智能算法进行全球降雨的自动估算。

PERSIANN自2000年研发成功后，系统不断发展和完善，目前生产三种时空分辨的降雨估算产品，包括PERSIANN、PERSIANN-CCS（PERSIANN-Cloud Classification System）和PERSIANN-CDR（PERSIANN-Climate Data Record）（见表1.2），可以分别产生空间分辨率为0.25°×0.25°和0.04°×0.04°，时间分辨率为1h、3h、6h、日、月、年的多个不同时空分辨率的降雨产品，覆盖范围为全球60°S～60°N间的所有区域。PERSIANN产品信息见表1.2。

至今已发布1983年1月以来30多年的全球降雨估算产品，在PERSIANN数据网站（http://chrsdata.eng.uci.edu/）可以免费下载到2003年至今全球大部分区域（60°S～60°N）的降水估算产品。PERSIANN卫星定量降雨估算系统自投入使用以来，得到了大量的研究和应用。PERSIANN产品具有覆盖范围大，时间、空间分辨率高，存档数据时

表 1.2　PERSIANN 产品信息

范围/分辨率	PERSIANN	PERSIANN - CCS	PERSIANN - CDR
时间范围	2000 年 3 月至现在	2003 年 1 月至现在	1983 年 1 月至 2016 年 3 月
空间范围	60°S～60°N	60°S～60°N	60°S～60°N
空间分辨率	0.25°×0.25°	0.04°×0.04°	0.25°×0.25°
时间分辨率	1h	1h	日

间长的特点，对大范围天气过程降雨的监测具有明显优势。在对热带气旋降水的监测和估算方面，与其他降雨观测手段相比，具有明显的适应性，曾成功捕捉到台风海燕所形成的降雨及其运动过程。

1.2.3.3 GPM 全球降水测量

2014 年，美国和日本联合提出了继 TRMM 之后新一代全球降水观测计划（Global Precipitation Measurement，GPM），其核心观测平台搭载了全球首个双频降水雷达（Dual - frequency Precipitation Radar，DPR）。DPR 由 Ka - band 和 Ku - band 两部频率不同的降水雷达组成，频率分别为 35.5GHz 和 13.6GHz，具有对降水进行三维观测和对降水物质形态的探测能力。Ku - band 能够测量中到大雨，而 Ka - band 灵敏度更高，能观测到小水滴和冰粒子。GPM 可提供比 TRMM 卫星搭载的单 Ku 频段雷达更精细的雷达回波结构，可以更精确地捕捉微量降水（小于 0.5mm/h）和固态降水，提升了对降水的观测能力。GPM 产品根据其所采用的数据反演算法分为 4 级，其中，3 级 IMERG（Integrated Multi - satellite Retrievals for GPM）产品是典型代表。GPM IMERG 基于 IMERG 算法，依据其利用地面校对数据的不同以及发布的滞后时间分为 IMERG Early Run、IMERG Late Run（准实时）和 IMERG Final Run（非实时后处理）三个产品（后面分别用 ER、LR 和 FR 表示），滞后时间分别为 4h、12h 和 2.5 月。GPM 降水产品相比以往卫星降水产品时空分辨率、时效性和精度都有明显提高，提供大量 3h 以内的全球降水产品，可以满足水文气象应用要求的最小时间间隔[37]。随着时空分辨率和时效性的提高将可增强对洪水、泥石流等灾害的预测和评估能力，尤其对于地面观测站网稀疏或质量不高的发展中国家或偏远地区的水文、气象、灾害等研究具有重要意义[37]。

1.2.4 水汽含量监测

1.2.4.1 大气水汽探测的重要性

水汽作为大气系统中重要的组成部分，其含量虽然仅占 0.1%～3%，并且 90%的水汽分布在海拔 12km 以下的对流层区域，但其表现较为活跃多变，是最难以准确描述的气象参数之一[38]，其重要性主要体现在以下几点：

（1）从大气辐射学和气候变化的角度看，水汽是大气中最重要的温室气体；水汽在大气中的含量变化将对全球和局地天气气候产生重大影响[39,40]。

（2）大气水汽是云和降水形成的物质基础，主要来源于海洋表面蒸发，海洋上的蒸发量大于降水量，蒸发的水汽被气流带到大陆上空形成降水，然后又被河流和地下径流带回海洋，地球上的水分就是这样在大气、陆地和海洋之间循环的，大气水汽在全球水循环过程中起着重要作用[41]。

(3) 水汽是唯一可以在常温、常压情况下发生相变的大气成分，相变过程产生的凝结潜热加热可以改变大气的层结稳定度和强对流天气系统的结构及演变过程[42]。

(4) 水汽分布和变化更是直接与云和降雨的形成有关，研究水汽随时空的变化对于水文预报和洪涝监测预警有着重要意义[43]。

由此可见，水汽是监测以及预测全球变化、气候变化以及诸如暴雨等中小尺度灾害性天气的重要依据，如何精密的监测大气中水汽的时空分布特征成为亟待解决的重要问题。

1.2.4.2　大气水汽的常规探测方法

受限于监测技术的发展，测定大气水汽含量的变化仍然是一个困难的问题。长久以来，科研人员不断尝试应用新技术、新手段、新方法，以求更好地精确测定大气中的水汽含量。现今探测大气中水汽含量的方法主要有以下几种。

(1) 无线电探空仪探测。利用无线电探空仪（radiosonde，RS）探测大气水汽是应用较早的一种大气水汽探测技术[44]，也是目前气象业务部门获取水汽垂直分布的常规方法。通过施放携带无线电探空仪的探空气球，收集40km以下高空大气的温度、湿度、风、气压等信息，然后计算出探空高度之内的水汽含量及其垂直廓线。但是，探空气球一般仅在每日0：00、12：00各释放一次，且气象探空站分布较为稀疏，其时空分辨率不能满足水汽精细化研究的需要，无法对中小尺度的水汽变化做出及时有效、灵敏的反应。

(2) 水汽辐射计探测。大气中的水汽在某些频率段上会有强烈辐射微波，水汽辐射计就是通过接收这些强烈的辐射微波来达到气象探测的目的；水汽微波辐射计能够全天时不间断地测量，时间分辨率高，并且小雨、弱云覆盖不对其产生影响，是常规探空的有益补充；但受限于仪器造价高昂、标定程序较为烦琐、浓云雨雪天气误差大等原因，难以实现大范围区域的水汽监测[45,46]。

(3) 卫星观测。卫星气象技术估测大气可降水量的研究主要依靠红外和微波等资料，而且能以较低的成本观测到大区域面积的气象数据；但是气象卫星在大气垂直方向的水汽探测能力较差，探测精度还有待提高，且易受浓云、浓雾等天气的影响，在实际的大气水汽探测应用中仍有一定局限性[47-49]。

(3) 雷达探测。气象雷达是一种专门用于大气探测设备的遥感设备，其方式为主动探测，在中小尺度天气系统尤其对降水的监测中发挥了较大的作用，对水汽探测也有较高的精度和灵敏度，但由于气象雷达本身价格昂贵，且其使用费用和标定费用以及后期维护费用均较高，限制了其广泛应用，目前仅在国内的一些气象台站安装使用。

(5) 地面湿度计观测。这是气象业务规范中观测地面大气的一种常规方法，由于测量的是近地面2m以内的水汽的状况，不能很好地反映高空大气以及整层大气水汽含量的情况，对预报天气的变化和降水的作用很局限[50]。目前，已有研究通过地面湿度计观测数据建立与整层大气水汽含量的关系[51]。

大气水汽的常规探测方法比较见表1.3。

表 1.3　　大气水汽的常规探测方法比较

方法	优　点	缺　点
无线电探空仪探测	目前探测高空大气水汽含量最为常用的方法，精度高	探测成本高，探空站的分布相对稀疏，每天只进行早、晚两次观测
水汽辐射计探测	目前最为精确的一种基本设备	浓云、降水发生时会产生较大的误差
卫星观测	观测大气水汽的辅助手段，气象卫星上装载	探测垂直分辨率有限、反演精度不高
雷达探测	可以探测大气中水汽的详细分布	探测成本很高，难以大范围、全天候、常规观测
地面湿度计观测	观测地面大气水汽的常规方法	近地层（2m 以下）空中水汽的状况
飞机探测	特定任务、规定航线观测	成本很高，仅用于个别地区的特殊观测
太阳光谱分析	具有发展前景的高精度水汽含量探测技术	只能测量沿太阳方向的水汽含量

1.2.4.3　地基 GNSS 探测大气水汽的方法

GNSS 技术的快速发展使得其应用领域越来越广泛，减小或消除误差源以提高其定位精度来适应更全面的要求，成为 GNSS 定位不得不去面临问题；而无线电信号在大气传播中的误差源是永远难以克服的，将这一种“消除误差”的问题反向考虑，便出现了一种全新的探测大气环境的技术——GNSS 气象学[52]。GNSS 气象学是利用 GNSS 理论、技术探测地球大气和地表环境状态，进行气象学的理论、方法及应用，属于卫星动力学、大地测量学、地球物理学、气象学等多学科交叉的新兴边缘学科[50]。

GNSS 气象学根据接收机位置分布的差异，分为地基 GNSS 气象学和空基 GNSS 气象学。地基 GNSS 气象学通过安装在地面上的接收机来测量卫星信号穿过整层大气时产生的延迟量，进一步反演估算接收机上空的大气水汽含量；而空基 GNSS 气象学主要是利用安装在低轨卫星上的 GNSS 接收机来测量卫星信号在掩星过程中横穿大气层所产生的折射角，反演得到大气折射率，进一步得到大气温度、密度与水汽等气象参数[53]。

GNSS 水汽遥感技术是属于跨学科结合发展起来的一种新型探测技术，具有以下几方面的优势[54]：

（1）精度高。利用 GNSS 反演大气水汽含量的结果与使用无线电探空、微波辐射计等手段获取的大气水汽含量的差值在 2mm 左右。

（2）时空分辨率高。随着 GNSS 卫星系统的不断发展，越来越多的卫星可以在全球范围内实施监测，空间分辨率高于其他的监测方式；此外，GNSS 卫星可以连续不断地向地面发送数据，可以近实时地获取数据并解算得到 PWV。

（3）全天候。地基 GNSS 的仪器相对比较可靠，可以不受雨、雪、冰雹、雾霾等天气的影响正常进行监测工作。

（4）低成本。测站一般仅需布设接收机、天线即可，对环境要求较低；在长期运行中无须标定，且一套设配的数据可以供测绘、气象、水利等部门联合使用，运行成本较低。

研究 GNSS 水汽遥感技术将促进天气预报、数值预报模式的发展，对全球变化监测、人工干预天气等领域产生深刻的影响：①监测和预报灾害性天气预报。在暴雨、洪涝等灾害性天气分析预报以及雷暴等强对流天气演变的过程中，水汽场的分布、水平和垂直输送、水汽的辐合、水汽的相变等是制约或推动天气系统发展的主要因素；GNSS水汽探测技术的发展提供了高时效、高分辨率的大气水汽场，为准确分析、监测、预报天气系统的演变过程提供了基础性保障条件。②为中尺度数值预报模式提供初始场，促进数值预报模式的发展。对于物理过程比较齐全、动力框架合理的中尺度数值预报模式，预报的好坏在一定程度上取决于初始场的可靠性；而常规探空资料受限于时间分辨率不高难以精细捕捉水汽场在降雨前后尤其是暴雨前后的迅速变化过程，而可以做到每小时甚至更高时间分辨率的GNSS探测技术将成为满足这一需求的最佳选择，进一步促进数值预报模式对暴雨等灾害性天气预报准确率的提高。③为人工影响天气作业提供依据。大气中的水汽分布情况、水汽的输送和源、汇是云雨变化的重要背景条件，而人工影响天气主要通过向云中播撒催化剂等手段促进或抑制云中水滴或冰晶的增长，从而达到增雨或消雹等目的；通过GNSS技术能够了解作业点附近的大气水汽分布，能够把握人工影响天气的时机、提高效率。

1.2.4.4 国内外地基GNSS水汽遥感研究进展

GNSS水汽探测技术，早期被称为GPS水汽探测技术，最早在美国开始使用，在国外的发展大致经历了技术研究试验阶段、GPS/MET网建立阶段、实际应用阶段和新技术发展阶段等4个阶段，发展至今已形成较为完备的GNSS探测大气可降水量技术。GNSS遥感大气水汽含量最早起源于1987年Askne等指出天顶湿延迟与垂直水汽总量或者可降水量间存在联系，并提出利用GPS探测大气可降水量的设想[55]；在此基础上，1992年Bevis等从理论上研究了使用GPS技术对大气水汽进行探测，并提出了“GPS气象学”的概念[56]。1993年，Rocken等开展著名的GPS/SRTOM实验，验证了GPS-PWV的精度与WVR获取的水汽相差仅为1～2mm，GPS探测结果与WVR的结果具有很好的一致性[57]。Duan等重复进行了Rocken等开展GPS/SRTOM的实验，他们通过引进长距离的GPS测站数据，消除了系统误差并获得了测站天顶方向的绝对总可降水量值[58]。后来一些国家逐渐开始布设GPS观测网，并开展有关GPS反演水汽的实验，如美国NOAA预报系统实验室构建了由357个GPS站组成的GPS/MET[59]；日本对于GPS水汽的研究比较积极，并构建610个GPS测站组成的GEO/NET，目前站点已经超过1350个，GPS站点的平均距离为20km[60]；德国建设了由211个站点组成的，实现站点平均距离50km[61]；此外，还有欧洲开展的E-GVAP[62]等。此外，科学家们不断探索，尝试将GPS/PWV应用到气象业务中，Flores等利用大气延迟的水平梯度信息计算出斜路径延迟再转换成斜路径水汽[63]；Noguchi等利用层析技术反演出GPS信号的STD，得到水汽的时空分布图[64]；Poli等利用法国气象局连续运行的四维变分同化系统试验得出水汽数据同化之前进行数据预处理会得到更好的结果。

我国从20世纪90年代中期开始有关应用研究，紧跟相关领域的研究步伐，可以分为3个阶段：①20世纪90年代中后期的理论研究和科学试验阶段；②21世纪初期的业务试验网阶段；③当前的GPS气象探测全面化业务阶段。1999—2000年，国内的一些重大科学观测试验均将GPS水汽观测作为重要的内容加以实施，如海峡两岸暴雨观测试验研究计划、长江中下游梅雨暴雨观测研究、淮河流域能量与水循环试验和研究等[65-70]。21世

纪初起，全国各地通过各种方式开始了 GPS 综合网的建设。例如，上海市的天文、测绘和气象等部门联合上海及其周边地区建成了由 16 个 GPS 观测站组成的上海地区局地 GPS 网、广东省完成滨江流域 GPS 观测网络等[71]；此外，天津、河北、湖北、安徽、山东、江西、江苏等省（直辖市）也已进行了区域的 GPS 综合应用网建设。中国地震局与中国气象局也联合开展了站点的建设，陆态网络共有 260 个连续站和 2000 个区域站，网站现提供连续站的天顶总延迟的解算结果[72]。在 GNSS 水汽的应用方面，张恩红等将 GPS/PWV 与探空数据、FY2D 卫星数据进行对比，发现其结果较好，并分析了北京地区暴雨发生时水汽的变化特征[73]。周顺武等基于中日 JICA 项目 2010—2011 年的地基 GPS 探测逐时大气可降水量（PWV）资料研究发现 PWV 与强降水的对应关系[74]。随着我国北斗导航系统的不断部署完善，越来越多的研究利用北斗卫星进行 PWV 的反演工作[72,75]。

1.3 城市河流洪水监测技术国内外研究现状与发展趋势

城市河流洪水监测包括水位监测、流速监测和流量监测。

1.3.1 水位监测

河道水位是河道洪水水情的主要衡量指标，当河道水位达到或超过河道警戒水位时，可能发生河道洪水漫溢从而发生严重城市洪涝灾害，需要及时发布河道洪水预警。河道水位监测是城市河道洪水监测的重要内容和手段，国内外开展河流水位监测已经有几十年的历史，监测设备不断发展和完善。

1.3.1.1 浮子式水位计

浮子式水位计是最早开始使用的测量河流水位的设备，主要有浮子式日记水位计、浮子式长期自记水位计和浮子式遥测（编码）水位计三大类。

机械编码水位计是目前普遍使用的浮子式水位计，它具有结构简单、机械编码、触点输出的特点，测量范围为 0～4095cm，浮子直径为 15cm，编码码制采用 Gray code 格雷码，准确度小于±0.3%FS。

水位编码器按编码方式可分为全量型编码器、增量编码器两类[76]。全量型编码器将水位数字的全量转换成一组编码，并以全量码输出，接收器将这一组全量码转换成水位数字。增量编码器将水位的升降变化转换成相应的脉冲输出，接收器判别脉冲的性质以决定水位的升降变化，在原水位上加上此变化，得到当前水位。如按编码的码制分类则增量型和全量型的编码码制都有多种类型，水利部的遥测水位计标准推荐使用两种全量编码方式：格雷码（Cray Code）和二—十进制编码——BCD 码（Binary Coded Decimal）。按编码信号的产生方式分类时，则可分为机械接触信号和光电信号两个主要类别。

1.3.1.2 压力式水位计

压力式水位计有直接感压的（压力传感器投入水中测量）投入式压力水位计和间接感压的（压力传感器在岸上引压测量）气泡式压力水位计两大类[77]。气泡式压力水位计分为恒流式气泡水位计及非恒流式气泡水位计，投入式压力水位计从感压元件分为压阻式压力水位计、陶瓷电容压力水位计、陶瓷电阻压力水位计、振弦式压力水位计。

1.3.1.3　超声波式水位计

超声波式水位计主要有液介式超声波式水位计和气介式超声波式水位计两大类[78]。液介式超声波水位计的换能器安装在水中，气介式超声波式水位计的换能器安装在空气中，后者为非接触式测量方式。

气介式超声波式水位计和水体没有接触，避开了水下环境，使用条件上对流速、水质、含沙量都没有任何限制。气介式超声波式水位计主要用于不宜建井也很难架设电缆、气管到水下的场景。水体较深，水位变化很大的地点可以考虑应用液介式超声水位计。

液介式超声波式水位计测量盲区一般小于0.5m；气介式一般小于1m。超声波式水位计的测量精度会受温度的影响，有一定的适用范围。

1.3.1.4　雷达水位计

雷达水位计工作原理与气介式超声波水位计相似，测距不使用超声波，而是向水面发射和接收微波（雷达）脉冲[79]。雷达水位计的水位测量范围一般在0～20m，目前已有0～90m的产品出现，水位测量准确度可达到±3cm，一般具有固态存储功能，有些设备同时具备无线传输功能。

雷达水位计的测量方式也属于非接触式，但受温度、湿度等环境影响小，可以在雾天测量，适用于各种水质和含沙量水体的水位测量，准确度很高，水位测量范围大并且基本没有盲区。

1.3.1.5　激光水位计

激光水位计通过发射和接收激光光波来测距，工作原理和气介式超声波水位计、微波（雷达）水位计类似，但激光水位计具有量程大、准确性好的优点[80]。但激光水位计对反射面要求较高，而且激光发射到水面后，很容易被水体吸收，导致反射信号很弱测不到水位，在工程实际应用中要求在水面上设一反射物体，增强激光反射信号。而要使反射物体固定地漂浮在仪器下方的水面上极其困难，激光水位计使用中更容易受雨、雪影响，因此难以应用在一般测站。

1.3.1.6　电子水尺

电子水尺是利用水的微弱导电性通过测量电极获取水位，其测量精度仅和电极间距相关不受其他环境因素影响。可长期连续自动工作，适用于江河、湖泊、水库、水电站、灌区及输水等水利工程以及自来水、城市污水处理、城市道路积水等市政工程中水位的监测[81]。

电子水尺的测量精度不会随着量程的扩大而改变，无零点漂移和温度漂移，不受水质、波浪、杂草等的影响，测量部分无机械运动部件因此不会出现锈蚀卡死等现象。电子水尺安装方便，无须建设测井，系统投资小，外部有刻度，方便测量对比与人工观测。

1.3.2　流速测量

河流流速是重要的河道洪水指标，也是通过流速测量河流流量的关键指标。目前国内外已发展了多种类型的河流流速测量方法。

1.3.2.1　点流速仪测量仪

应用最为广泛的点流速测量仪器是转子式流速仪，习惯上把转子式流速仪直接称之为

流速仪，转子式流速仪分为旋浆式流速仪和旋杯式流速仪两大类[82]。

（1）旋桨式流速仪工作时，旋桨受水流驱动产生回转，带动旋转支承部件的转子部分同步旋转，安装在转子上的磁钢激励干簧管产生通信信号。在一定的速度范围内，流速仪转子转速与水流速度呈简单的近似线性关系。是一种在水文测验中进行流速测量的常规通用型仪器，用于江河、湖泊、水库、水渠等过水断面中预定测点的时段平均流速的测量，也可用于压力管道以及某些科学实验中进行流速测量。

（2）旋杯式流速仪由旋杯部件（转子部件）、轭架、支承部件、霍尔器件等组成。霍尔器件用于接受来自转子系统的磁激励，对外提供流速仪信号。旋杯式流速仪工作时，旋杯受水流驱动产生回转，安装在旋杯部件上端的磁钢与其同步旋转，激励霍尔器件产生输出信号。其适用于浅水、低流速（如小型灌渠）的测量，也可用于径流实验、水工实验等

1.3.2.2 剖面流速测量仪器

1. 声学多普勒剖面流速仪

声学多普勒剖面流速仪（ADCP），它是20世纪下半叶才发展和应用的一种快速、经济、有效的高精度测流仪器。该仪器自20世纪90年代初由美国引进我国，至今已在我国的河流、湖泊、海洋等的水体流量测验中被广泛应用，使用时该仪器可以安装在船上，横跨河流明渠测得整个断面的流速分布，称为走航式；也可固定在水面、水底或岸测安装，一般称之为固定式。

走航式声学多普勒流速仪在船侧或船体下垂直进入水流中，跟随测船横跨水流测量流速分布，对于流量相对稳定的城市河流明渠，至少采用4次断面测量，取4次断面测量的平均值作为实测流量值，对于流量在短时间变化较大的河流，只能采用一次测量的流量值。走航式声学多普勒流速仪由ADCP传感器、三体船、计算软件和无线通信系统等组成[83]。

固定式声学多普勒剖面流速仪是固定安装在河岸、水底或水面浮体上的，只能测量正对仪器的一个水层或垂线的流速分布。水平（侧视）ADCP（HADCP）安装在河岸水边下，测量此水层离岸一定距离内的流速分布。座底式ADCP固定在河底，向上发射声波测量这条垂线上的流速分布，也可将仪器固定在水面固定浮体上，向下发射声波测量这条垂线上的流速分布。

2. 超声波时差法流速仪

超声波时差法流速仪在渠道两岸与流速方向成一定的夹角（通常45°）安装一对换能器，一个换能器发射超声波，另一个换能器接受超声波（超声波传输路线称为声路），通过声学时差法流速仪测得顺、逆流方向的超声波传输时间差计算出测线平均流速。超声波时差法流速仪发射频率较低，传感器发射角较窄，适合于渠道较宽，水位变幅不大的河流。

1.3.2.3 表面流速测量仪器

电波流速仪是一种利用多普勒原理测量水面点流速的表面流速测量仪器[84]，使用电磁波，频率可高达数十吉赫兹，属于微波波段，在空气中传播衰减很小。采用电波流速仪测量流速时，仪器不必接触水体，即可测得水面流速，属非接触式测量。由于采用无接触远距离实现流速测量，不接触水体，不受含沙量、水草等影响，特别适合于高流速测验、桥上测流。加上整套仪器体积小、功耗低，比较适合于城市河流或明渠量水。

1.3.3 流量监量

流量是单位时间内流过河道（渠道或管道）某一过水断面的水体体积，是河流最重要的水文要素之一。流量具有时空变化的特点，年际变化较大，流量测验较为复杂，测验方法和种类繁杂，测验断面种类繁多，需要针对不同的测验断面采取适宜且能保证一定测验精度的方法进行流量测量。根据流量测验原理，可将流量测量分为水工建筑物量水、特殊设施（一般为堰槽）量水和仪器仪表量水。

1.3.3.1 水工建筑物量水

城市河流明渠上大都建有很多水工建筑物，如水闸、渡槽、隧洞、倒虹吸、涵管、跌水等。利用水工建筑物量水，不需要添置其他量水设施，可做到“一物多用”，是较为经济、可靠、简便的测量方式。

水工建筑物量水要求建筑物完整无损、调节设备良好，建筑物前后、闸孔、立井及门槽中无泥沙淤积及杂物阻水，不受附近地区其他建筑物引水不稳定的影响，应符合水力计算的要求。

1.3.3.2 特殊设施量水

当河道或明渠上没有水工建筑物或现有的水工建筑物不能满足量水需要时，可利用特殊量水设施进行量水。常用的特殊量水设施一般为量水堰（三角形、梯形、矩形）和量水槽（巴歇尔、长喉道、无喉道、短喉道）等，同水工建筑物量水相比特设量水设施的量水精度高。

特设量水设施水头损失要小，不能影响渠道水流的正常通过，有相当的过水能力，有一定的过泥沙和漂浮物能力，操作、使用、计量、计算方便可行；上游要有一定长度的平直渠段，对于明渠水流，一般要求设置40倍水力半径的平直上游段；上游的泥沙淤积不超过一定范围，流速水头不能过大，以免产生较大的水头测量误差；出流水舌应该保持下缘通气良好，否则下游负压会导致较大的量水误差。

1.3.3.3 流速-面积法量水

流速-面积法是我国目前应用最普遍、最成熟的量水方法，是通过实测断面上的流速和过水断面面积来计算流量的一种方法。根据测定流速的方法不同，流速面积法又分为测量断面上各点流速的流速面积法、测量表面流速的流速面积法、测量剖面流速的流速面积法、测量整个断面平均流速的流速面积法。

1.3.3.4 水位-流量关系法量水

在某些场合，断面流量和水位具有比较稳定的关系，可以通过测量上游水位（水头），或者同时测量上下游水位，然后根据水位（水头）数据，应用已确定的水位-流量关系推算流量。堰槽法测流和水工建筑物测流均是典型的应用水位-流量关系的测流方法。

1.4 洪涝信息传输技术国内外研究现状与发展趋势

1.4.1 无线公网通信网络技术发展的五个阶段

第一代移动通信网络是一个蜂窝的网络移动通信服务网络[85]。该技术最早产生于20

世纪 80 年代中期，从最初的 PSTN（public switched telephone network，公共交换电话网络）的蜂窝移动通信网络增值数据服务网络开始到独立的移动通信业务[86]。但蜂窝移动通信除了解决基础语音通信功能外，存在保密性、兼容性、网络容量较差，无法提供数据业务服务等缺点[87]。

第二代移动通信网络技术当中，最好地代表了第二代移动通信技术业务的核心特点及其应用最广泛的两个移动通信技术就是第一代的时分多址移动通信技术和码分多址移动通信技术[88]。而目前我国仍在应用的第二代 GSM 技术就是一种典型的时分多址移动通信技术[89]。第二代蜂窝移动通信网络技术在增强了基础语音通信能力的基础上，提供了新的数据业务应用。

第三代移动通信业务的一个重要发展基础及方向就是 CDMA，但是在全球最终标准上出现了三大新的标准：分别是欧洲的 WSCDMA（wideband code division multiple access，宽带码分多址），中国的 TD－SCDMA（time division－synchronous code division multiple access，时分同步码分多址），北美洲的 SCDMA2000（Synchronous Code Division Multiple Access 2000，同步码分多址的无线接入技术）[90]。

第四代的移动通信标准技术最早产生在 21 世纪初期，4G 时代终结了在 3G 时代三足鼎立的技术标准的各自为政的局面，最终形成了国际上统一于全球的 LTE（long term evolution）的两个技术标准，频分双工（Frequency Division Duplexing，FDD）和时分双工（Time Division Duplexing，TDD)[91]。

第五代蜂窝移动通信网络技术（5rd generation mobile networks，简称 5G）是最新一代的蜂窝网络移动通信网络技术，也是继 2G（GSM）、3G（CDMA）和 4G（LTE）移动通信技术后的第五个新一代移动通信技术[92]。主要特点是移动物联网、高可靠性的短时延移动通信和可增强的移动带宽。

1.4.2 常用无线通信技术

常用无线通信技术按通信的覆盖范围或者传输距离来划分为两大类：一类是短距离无线通信技术，例如，ZigBee、Wi－Fi、蓝牙等；另一类是长距离无线通信技术，例如，LoRa、NB－IoT 和 4G 等，主要用于构建低功耗广域网，长距离无线通信技术也被称为广域网无线通信技术。

1.4.3 LoRa 无线传输

LoRa 无线通信技术是一种无线传感器网络扩频通信技术。在 LoRa 出现之前，广域网通信技术主要包括 2G/3G/4G/5G，短距离无线局域网技术主要包括 WiFi、蓝牙、ZigBee、UWB、Z－Wave 等，他们各有自己的适用场景，但都无法同时满足低功耗和远距离的应用需求。而 LoRa 无线通信技术兼顾了远距离传输和低功耗，同时也简化和降低了系统成本。LoRa 组网方式更多地采用星型网络结构，与 Mesh 网状结构相比，星型网络结构较为简单，出现故障易于维护，传输时延小。

但 LoRa 通信技术存在以下缺点：成本偏高，占用的带宽大，在周围有大功率的电台工作的时候易受到干扰，抗干扰能力比不上窄带通信；LoRa 基站的部署受现场施工条件的限制，并且需要运营商的网络进行广域网传输，但为了实现全部覆盖，必须增加基站部署，这些都会导致网络建设成本增加、施工困难、维护不易等问题。

1.4.4 GPRS传输

GPRS经常被描述成“2.5G”，也就是说这项技术位于第二代（2G）和第三代（3G）移动通信技术之间，它通过利用GSM网络中未使用的TDMA信道，提供中速的数据传递[93]。

GPRS通信技术的特点在于：传输速率快，传输距离远，组网简单，但是受基站覆盖范围的限制，在通信条件差的地方如城市地下管网内信号比较弱，存在通信死角。

1.4.5 无线窄带物联网（NB-IoT）技术

NB-IoT是面向远距离、低传输速率、低功耗、大连接等多业务发展需求方向的低功率物联网小数据技术，可直接部署于运营商授权频谱，具有下列优势[94]。

（1）低功耗。NB-IoT模块功耗很低，无论是集成或单独部署，系统的整体功耗大大降低，节省了后期的维护成本。

（2）应用低成本。NB-IoT模组目前的造价成本大概在30元人民币左右，后期根据技术逐渐成熟及大规模量产，造价成本会更低，极大地降低了设备成本和应用成本。

（3）强覆盖。NB-IoT网络比现有的GPRS网络增益高20dB，在复杂及极端场景中具有极强的信号穿透能力，确保数据正常持续传输。

NB-IoT无线传输技术支持低设备制造成本、低设备维护管理成本、低传输功耗下小数据无线传输，成为目前在复杂适用网络环境如城市地下管网中最适合长距离、低传输速率、低功耗的无线通信数据传输技术。

第 2 章　GNSS 水汽含量监测技术

2.1　滁州综合水文实验基地 GNSS 自设站

2.1.1　GNSS 自设站建设

南京水利科学研究院滁州综合水文实验基地（以下简称滁州实验基地）（东经 118°12′21″，北纬 32°12′25″），位于长江下游干流区滁河水系小沙河流域，由典型代表流域和实验站两部分组成，占地 80 余亩，是目前我国唯一的“国家重要水文实验站”。滁州实验基地建有水文山实验区域、南大洼实验流域以及综合水文气象观测场等，本书中 GNSS 自设站建立在综合水文气象观测场内。综合水文气象观测场目前主要包括称重式蒸渗仪实验室、水面蒸发观测场、气象观测场、水面漂浮蒸发场等，场内布设有近地层风速温湿度梯度观测系统、自动气象站系统等，可对风速、温度、相对湿度、总辐射、降雨量、土壤温度、大气压等数据进行数据采集。

GNSS 自设站的设备主要包括 GNSS 接收机、接收天线、连接天线与接收机的电缆和温度、湿度、压强三要素自动气象仪。滁州基地的 GNSS 自设站于 2018 年 7 月开始建立并试运行，2018—2019 年主要针对汛期的大气水汽含量的变化及其与降水的关系为研究目标进行数据监测，现设备已进入平稳运行。

2.1.2　主要监测要素

GNSS 接收的卫星数据包括 GPS、GLONAS、BDS 等，气象要素包括气压、气温、相对湿度等。监测数据包括两方面的内容：原始的 GNSS 观测数据以及地面气象要素数据。GPS 接收机和气象数据的采样频率一般设置在每 30s 一个历元。

测站观测数据生成的观测文件（*.yro）、导航文件（*.yrn）和气象文件（*.yrm）理论上应该是 RINEX 格式，但是由于 GNSS 测站的接收机品牌、型号、数据的预处理方法不是完全相同的，进而导致接收机生成的观测文件格式杂乱。为了满足后续数据解算的要求，需要将数据格式转换为 RINEX 格式，通常采用转换软件 TEQC 进行转换。TEQC 是由 UNAVCO Facility 研制的进行 GNSS 监测数据管理的公开的免费软件，主要包括格式转换、数据编辑和质量检核等功能[95]。

（1）格式转换功能。TEQC 能够将不同品牌方、不同型号的接收机的原始观测数据转化为标准的 RINEX 数据格式，具有更好的通用性，有效解决了格式不兼容问题。如将莱卡的数据转换为 RINEX：teqc -lei mdb source.moo>stnmdoy0.yro。

（2）数据编辑功能。TEQC 可以针对 RINEX 格式的观测值文件、导航数据文件和气象文件进行编辑，主要功能包括：更改数据采样率，如将 5s 采样率的 czjd2000. 19o 转化为 30s 间隔的 czjd2000 _ 30s. 19o：teqc - O. dec 30 czjd2000. 19o > czjd2000 _ 30s. 19o。卫星系统的选择和特点卫星的禁用，- G，- R，- E，- C 分别为剔除 GPS，GLONASS，Galieleo，BeiDou 数据，如 teqc - R czjd2000. 19o>czjd2000 - R. 19o 表示剔除 GLONASS 的数据；禁用卫星的设置，如 teqc - G6 czjd1180. 19o>czjd1180. 19o 表示禁用 G6 卫星。文件分割与合并，将多个文件连接可以使用如下的命令：teqc source1. **o source2. **o source3. **o>result. **o；teqc - st 20200101010000 - e 20200101230000 czjd0010. 20o> czjd0010. 20o4 表示将文件的分割得到时间间隔为 2020 年 1 月 1 日 01：00：00—23：00：00 的数据。配置文件选项 config，将软件的参数配置信息 my _ config 里面的各项参数信息移植到 myconfig. **o，输出文件文件为 config _ result. **o 可以通过 teqc - config my _ config myconfig. **o>config _ result. **o 实现。

（3）质量检核功能。质量检核是 TEQC 软件的核心，其原理是通过伪距和相位观测量的线性组合，计算出 L1 和 L2 载波信号的多路径效应、电离层对相位的影响、电离层延迟的变化及接收机的钟漂和周跳等，并生成一个质量检核文件；在众多质量检验文件中，汇总文件（S 文件）最为重要，其关键性指标包括多路径效应（MP1 和 MP2）、观测值和周跳比（O/slips）、信噪比（S/N）等，进而评价 GNSS 数据的质量[96]。

2.2　GNSS 探测水汽原理及解算方法

2.2.1　GNSS 探测水汽原理

电磁波受大气影响引起的传播时间的增加主要受到两个方面的影响：①大气折射影响造成传播路径弯曲；②电磁波在大气中传播的速度小于在真空中传播的速度。信号传播在时间上的延迟等效于传播路径长度的增加，增加的路径可以表示为

$$\Delta L = C_0 \Delta t - G = C_0 \int \frac{\mathrm{d}s}{C} - G \tag{2.1}$$

式中：C 为真实的电磁波速度，m/s；G 为卫星到接收机的距离，m。

根据折射率的定义，改为下式：

$$\Delta L = \int n(s)\mathrm{d}s - G = \int [n(s) - 1]\mathrm{d}s + (s - G) \tag{2.2}$$

（$s-G$）为由于折射引起的几何路径增长，一般小于 1cm，可以忽略不计；大气折射率通过大气折射指数表示为 $N=10^6(n-1)$，于是就有

$$\Delta L = \int [n(s) - 1]\mathrm{d}s = 10^{-6}\int N(s)\mathrm{d}s \tag{2.3}$$

1974 年，Thayer[97] 给出的折射率公式如下：

$$N = k_1\left(\frac{P_d}{T}\right)Z_d^{-1} + k_2\left(\frac{P_v}{T}\right)Z_v^{-1} + k_3\left(\frac{P_v}{T^2}\right)Z_v^{-1} \tag{2.4}$$

式中：P_d、P_v 分别为干空气和水汽的分压强，hPa；T 为绝对温度，K；Z_d、Z_v 分别为干空气和水汽的压缩系数，在实际计算中，近似为 1；k_1、k_2、k_3 均为根据实验确定的常

数，其值分别为77.604K/hPa、64.79K/hPa、3.776×10^5^K²/hPa。

传播路径长度的增量ΔL可以表示为

$$\Delta L = \Delta L_d + \Delta L_w = 10^{-6} K_1 \int_s \left(\frac{P_d}{T}\right) ds + 10^{-6} \int_s \left[K_2 \left(\frac{P_v}{T}\right) + K_3 \left(\frac{P_v}{T^2}\right)\right] ds \tag{2.5}$$

式中：ΔL_d为天顶静力学延迟（或大气干延迟）；ΔL_w称为天顶湿延迟。

对流层总延迟可表示为

$$ZTD = ZHD + ZWD \tag{2.6}$$

式中：ZTD为对流层天顶总延迟；ZHD为天顶静力学延迟；ZWD为天顶湿延迟。

通过天顶湿延迟反演大气可降水量的公式为

$$PWD = \Pi ZWD \tag{2.7}$$

其中Π为转换因子，为无量纲常量，仅与加权平均温度有关，其计算公式为

$$\Pi = \frac{10^6}{\rho_w R_v [(k_3/T_m) + k_2']} \tag{2.8}$$

式中：ρ_w为液态水的密度，其值为$10^3 kg/m^3$；k_2'的值为22.13K/hPa；R_v为气体常数，其值为461.495J/(kg·k)；T_m为加权平均温度。

2.2.2 GNSS水汽解算流程

GNSS遥感大气水汽含量计算过程（见图2.1）为：

（1）通过高精度GNSS处理软件处理GNSS观测数据得到对流层天顶总延迟ZTD。本书使用GAMIT软件进行解算。

（2）根据天顶静力学延迟模型，利用地面气象数据计算天顶静力学延迟。

（3）通过式（2-6），从天顶总延迟中减去天顶静力学延迟，进而得到水汽相关的天顶湿延迟（ZWD）。

（4）通过当地或临近的探空数据获取大气加权平均温度T_m，利用加权平均温度与地面气象参数的关系进行建模，利用模型计算得到加权平均温度。

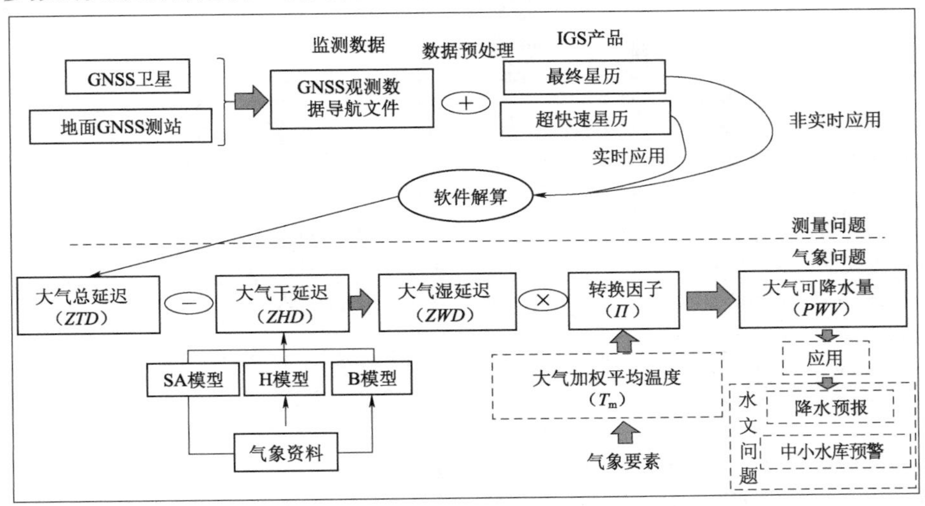

图2.1 GNSS遥感大气水汽含量计算过程

（5）利用加权平均温度求得 ZWD 与大气可降水量（PWV）的转换系数。

（6）根据式（2-7）反演得到大气可降水量 PWV。

2.3　天顶总延迟解算方法

采用 GAMIT 软件解算天顶总延迟，该软件由美国麻省理工学院（MIT）和加州大学圣地亚哥分校（UCSD）斯克里普斯海洋研究所（SIO）共同研制开发。

2.3.1　解算数据文件准备

GAMIT 软件无图形界面，本书详细介绍批处理中文件准备、处理命令、结果查看等方法。数据准备主要包括：解算的工程文件下的文件及表文件。

GAMIT/GLOBK 是一个不断更新的软件，除了程序的更新，还有 tables 表文件的更新；表文件包含了太阳历、星历、章动、地球自转参数等 4 类文件，这些文件根据最新的信息更新，保证了新的观测数据能够解算成功。按照更新时间的不同，以年为周期更新的文件有 4 个：solar（太阳历）、lunar（月历）、nutation（章动）、leap. sec（跳秒表）；每月更新一次的为：dcb. dat；每周更新一次（地球自转参数 EOPS）的包括：pmu. bull _ f、pmu. bull _ a、ut1. usno、pole. usno；不定期更新的包括（6 个）：ut1. usno（地球自转参数）、pole. usno（极移表）、rcvant. dat（接收机信息表）、antmod. dat（天线信息）、igs _ 08. atx（天线相位中心改正表）。常见的数据表更新地址见表 2.1。

表 2.1　　常见的数据表更新地址

更新频次	链接网址
每年更新一次	http://garner. ucsd. edu/archive/garner/gamit/tables/soltab. http://garner. ucsd. edu/archive/garner/gamit/tables/luntab. http://garner. ucsd. edu/archive/garner/gamit/tables/nutabl. http://garner. ucsd. edu/archive/garner/gamit/tables/leap. sec
每月更新一次（差分码偏差）	http://garner. ucsd. edu/archive/garner/gamit/tables/dcb. dat
每周更新一次（地球自转参数 EOPS）	http://garner. ucsd. edu/archive/garner/gamit/tables/pmu. bull_f http://garner. ucsd. edu/archive/garner/gamit/tables/pmu. bull_a http://garner. ucsd. edu/archive/garner/gamit/tables/ut1. usno http://garner. ucsd. edu/archive/garner/gamit/tables/pole. usno
有新的卫星发射或者卫星编号调整	http://garner. ucsd. edu/archive/garner/gamit/tables/svnav. dat http://garner. ucsd. edu/archive/garner/gamit/tables/antmod. dat
有卫星出现异常	http://garner. ucsd. edu/archive/garner/gamit/tables/svs_exclude. dat
接收机以及天线对照表	http://garner. ucsd. edu/archive/garner/gamit/tables/rcvant. dat
一些格网文件	http://garner. ucsd. edu/archive/garner/gamit/tables/atl. grid http://garner. ucsd. edu/archive/garner/gamit/tables/atml. grid http://garner. ucsd. edu/archive/garner/gamit/tables/map. grid http://garner. ucsd. edu/archive/garner/gamit/tables/gpt. grid http://garner. ucsd. edu/archive/garner/gamit/tables/otl. grid

解算的工程文件下主要包括 rinex 文件夹、igs 文件夹、brdc 文件夹，分别存放原始观测文件、星历文件和导航文件。GAMIT 内提供了下载命令获取 IGS 测站的数据，观测文件 O 文件可以使用 sh _ get _ rinex 命令、导航星历 N 文件可以使用 sh _ get _ nav 命令、精密星历文件可以使用 sh _ get _ orbits 命令。

由于卫星厂商、GNSS 接收机、GNSS 接收机厂商的不同，接收到的 GNSS 数据各不相同，为了方便后续的数据处理，国际上设计了一种与接收机无关的 RINEX 格式文件[98]，现已发展到第三代，RINEX 格式文件分观测文件、导航文件和气象文件三种类型的文件。现阶段 GAMIT 对第二代的 RINEX 文件支持较好，且被广泛使用，现主要对 RINEX2. x 的格式进行介绍。RINEX 格式文件对名称有着严格的要求，通常由 8 字符长度的文件名和 3 字符长度表示文件类型的扩展名组成。具体形式为：abcddoyf. yrt，其中 abcd 表示测站代号，doy 为数据起始时间对应的年积日，f 代表一天的数据序号，全天的数据时为 0，yr 代表数据年份，t 代表数据类型，通常 o 代表原始观测文件、n 代表导航文件、m 代表气象数据文件等。

RINEX 格式文件以文本形式进行存储，包括头文件和数据文件两部分，RINEX 格式的观测文件中 1～18 行为头文件，包含了测站名称、测站内的接收机型号、天线类型、站点位置、数据起止时间、数据监测间隔等信息，数据文件主要为不同时间监测的卫星类型及对应的数据。导航文件、气象文件的头文件信息相对较少，数据组织形式类似；在实际运用过程中，多数测站并未生成 M 文件而使用格点数据模型等获取，这对获取大气可降水量的精度是有一定影响的。

2.3.2 相关参数文件设置

（1）台站坐标文件 L 文件。L 文件包含了已有所有 IGS 站的初始坐标，对于新的测站，可以从 RINEX 观测文件获得粗略的初始坐标。在 GAMIT 中提供了 sh _ rx2apr 命令可以获取观测文件头文件中的初始坐标；为了获得更好的初始坐标，可以多选取几天的 RINEX 观测文件获得的结果平均值作为初始坐标。通常做法是将各参与解算的测站先验坐标合并到一个文件中，即将所有的 *. apr 文件合并整理到 lfile. 文件中。

命令：grep POSITION *yro ＞xyz. rnx

rx2apr xyz. rnx year doy

（2）station. info。station. info 为测站的信息文件，包含了诸如测站名称、接收机和天线的信息（品牌、类型、序列号、硬件版本、天线高等）。在 GAMIT 的批处理过程中，可以自动生成新的 station. info 信息表；也可以使用 sh _ upd _ stnfo - files. /*o 命令提前制备测站信息表文件[99]。

（3）process. defaults。process. sefaults 文件用来控制处理过程的很多细节，通过该文件可以指定计算的环境、使用的内部和外部数据、轨道文件类型、数据起始时间、数据采样间隔等。文件大部分内容采用默认设置，注意设置 set use _ rxc＝" Y"，即当先验坐标不在 L 文件或 apr 文件中，使用 RINEX 头文件中的坐标信息加入 L 文件。

（4）sites. defaults。sites. defaults 文件为处理过程中测站所使用的控制文件，文件内通过使用如下的代码：site expt keywords1 keywords2，expt 代表测站名称，通常为 4 字符，剩下的 keywords 表示在处理过程中如何使用测站，本地目录下的 rinex 文件将会被 GAMIT 自动识别使用而不用在此说明；处理过程中常见的几个命令及其含义分别为：ftprnx 代表以 ftp 的方式进行联网获取测站的 RINEX 数据、ftpraw 表示以 ftp 的方式进行联网获取测站的原始数据、xstinfo 代表排除自动更新 station. info 的测站、xsite 代表处理过程中排除的测站（所有天或指定的某个日期）。

(5) sestbl. 。sestbl. 为解算控制文件，解算涉及的控制信息均在这个文件中呈现，以下三类的设置会对解算的结果有较大的影响。

1）观测值使用（LC，L1+L2 等）。选择 LC _ AUTCLN 为采用宽项模糊度值，并在 autcln 解算中使用伪距观测值；对于小于几千米的基线，用 L1 和 L2 独立载波相位观测值（L1，L2 _ INDEPEND）或者使用 L1 载波相位观测值（L1 _ ONLY），相比使用无线电离层（LC _ HELP）而言，可以降低噪声水平[99]。

2）指定处理轨道策略。"BASELINE" 表示仅使用固定轨道参数解算站点坐标，"RELAX." 表示求解站点和轨道参数，"ORBIT 表示仅用于固定位置坐标解轨道参数（来自 . apr 文件）。选择 BASELINE 时将固定轨道并在 GAMIT 处理中和输出 h 文件时忽略轨道参数，选择 RELAX 时将采用松弛解，合并全球 IGS h 文件时需要。要想点位置精度高用 RELAX，若目的是求基线后平差则用 BASELINE[5]。

3）误差改正模型。在 tables 文件夹内存在许多的*. grid 文件（一般文件量较大，有时不推荐下载）以及与 . grid 同名的 . list 文件，这些网格模型文件对应各类误差改正方法，如果需要做这类改正则需要手动下载这些网格模型文件，并在 sestbl. 中对应的配置选项设置为 "Y"。

4）其他一些设置。若是想要获取大气的天顶总延迟量，需要将默认为 "N" 的 Zenith Delay Estimation 改为 "Y"；同时将 Output met 设置为 "Y" 以使得在基线解算的同时输出对气象参数的估计值并将保存至 Z-文件中。

(6) sittbl. 。sittbl. 为站点控制表，该表包含很多个测站，无论这些站点在当前处理的过程中是否用到，都可以保存在列表中，一般情况下使用默认设置。

2.3.3　解算结果查看与评定

2.3.3.1　summary 文件查看

GAMIT 基线解算的结果精度评定主要查看日解文件夹中的 sh _ gamit _ <doy>. summary 文件。

通常主要观察以下 4 个指标：

(1) 总测站数与 x 文件数匹配情况，即参与数据处理的测站数（Number of stations used）与创建 x 文件的总数（Total xfiles）匹配情况。如果参与数据处理的测站数量小于创建 x 文件数的数量，说明测站文件观测时间过短，无法满足 process. defaults 中关于最短观测时间的设置。

(2) 各个测站和卫星的均方根误差（Postfit RMS）的情况，Best 和 Worst two sites 是其中质量最好和最差的两个测站相应的均方根误差，其数值范围一般在 3～10mm 内变化，并且所有测站的 RMS 均不为 0（autcln 没有保留数据）。

（3）约束浮动解、约束固定解、松弛浮动解、松弛固定解四种不同情况下双差数据的 nrms 值（Prefit nrms），其左列的值表示先验值、右列的值为后验值，其值一般在 0.25 之下均表现较好。

（4）宽项模糊度（*WL*）和窄项模糊度（*NL*）2 个相位模糊度（Phase ambiguities）值，表现一般的结果值在 70%～85%，大于 90%的为表现很好[100]。

2.3.3.2　Solve 解查看

GAMIT 最小二乘法求解程序 Solve 会产生 4 种类型的解：qexptp.doy、oexptp.doy、qexpta.doy、oexpta.doy；其中 q 文件开头（如 qexptp.doy）的是详细的结果文件，o 开头（如 oexptp.doy）的为简要结果文件，二者拥有相同的内容，只是详略程度不同。

此外，以 p 结尾的文件（如 qexptp.doy）为先验结果约束浮点解，以 a 结尾的文件（如 qexpta.doy）为后验结果约束固定解；这是因为 GAMIT 软件默认情况下的解算进行了两遍，第一遍的结果作为第二遍的先验值，一般选用后验结果。

2.3.3.3　*ZTD* 延迟结果文件

图 2.2 为滁州基地站 2019 年 7 月 19 日（*doy*＝200）的通过 GAMIT 软件的解算结果文件，GAMIT 的内置模块计算了天顶总延迟、天顶静力学延迟、天顶湿延迟等结果，但气象数据文件 zssssy.ddd 里的气压和气温的数值一般采用日均值，天顶静力学延迟当日内结果无变化，实际过程中文件中的 Total Zen 列为我们所需要的。

* Estimated atmospheric values for CZJD. Height estimate: 38.4607 +/- 0.3462 m.
* METUTIL Version 3.0 2009-08-27
* Input files: oexpta.200　zczjd9.200　ZTD-file sigmas scaled by　1.0

* Yr	Doy	Hr	Mn	Sec	Total Zen	Wet Zen	Sig Zen	PW	Sig PW (mm)	Press (hPa)	Temp (K)	ZHD (mm)	Grad NS	Sig NS	Grad EW	Sig EW
2019	200	0	0	0.	2580.60	301.20	29.50	49.84	4.88	999.90	300.60	2279.40	-0.80	54.00	-0.20	30.60
2019	200	1	0	0.	2576.50	297.10	28.10	49.16	4.65	999.90	300.60	2279.40	-0.82	53.99	-0.78	30.58
2019	200	2	0	0.	2576.40	297.00	27.80	49.14	4.60	999.90	300.60	2279.40	-0.83	53.98	-1.36	30.57
2019	200	3	0	0.	2578.60	299.20	27.40	49.51	4.53	999.90	300.60	2279.40	-0.85	53.96	-1.94	30.55
2019	200	4	0	0.	2574.10	294.70	27.40	48.76	4.53	999.90	300.60	2279.40	-0.87	53.95	-2.52	30.53
2019	200	5	0	0.	2577.00	297.60	27.30	49.24	4.52	999.90	300.60	2279.40	-0.88	53.94	-3.10	30.52
2019	200	6	0	0.	2569.60	290.20	26.90	48.02	4.45	999.90	300.60	2279.40	-0.90	53.93	-3.68	30.50
2019	200	7	0	0.	2574.90	295.50	27.70	48.90	4.58	999.90	300.60	2279.40	-0.92	53.91	-4.25	30.48
2019	200	8	0	0.	2583.60	304.20	27.20	50.34	4.50	999.90	300.60	2279.40	-0.93	53.90	-4.83	30.47
2019	200	9	0	0.	2585.00	305.60	26.70	50.57	4.42	999.90	300.60	2279.40	-0.95	53.89	-5.41	30.45
2019	200	10	0	0.	2581.30	301.90	27.40	49.95	4.53	999.90	300.60	2279.40	-0.97	53.88	-5.99	30.43
2019	200	11	0	0.	2578.80	299.40	26.60	49.54	4.40	999.90	300.60	2279.40	-0.98	53.86	-6.57	30.42
2019	200	12	0	0.	2574.70	295.30	26.70	48.86	4.42	999.90	300.60	2279.40	-1.00	53.85	-7.15	30.40
2019	200	13	0	0.	2563.40	284.00	26.60	46.99	4.40	999.90	300.60	2279.40	-1.02	53.84	-7.73	30.38
2019	200	14	0	0.	2557.10	277.70	27.20	45.95	4.50	999.90	300.60	2279.40	-1.03	53.83	-8.31	30.37
2019	200	15	0	0.	2558.00	278.60	27.20	46.10	4.50	999.90	300.60	2279.40	-1.05	53.81	-8.89	30.35
2019	200	16	0	0.	2559.90	280.50	27.30	46.41	4.52	999.90	300.60	2279.40	-1.07	53.80	-9.47	30.33
2019	200	17	0	0.	2555.90	276.50	27.00	45.75	4.47	999.90	300.60	2279.40	-1.08	53.79	-10.05	30.32
2019	200	18	0	0.	2555.10	275.70	26.70	45.62	4.42	999.90	300.60	2279.40	-1.10	53.78	-10.62	30.30
2019	200	19	0	0.	2549.10	269.70	26.90	44.63	4.45	999.90	300.60	2279.40	-1.12	53.76	-11.20	30.28
2019	200	20	0	0.	2550.20	270.80	27.00	44.81	4.47	999.90	300.60	2279.40	-1.13	53.75	-11.78	30.27
2019	200	21	0	0.	2541.00	261.60	27.00	43.29	4.47	999.90	300.60	2279.40	-1.15	53.74	-12.36	30.25
2019	200	22	0	0.	2544.10	264.70	27.50	43.80	4.55	999.90	300.60	2279.40	-1.17	53.73	-12.94	30.23
2019	200	23	0	0.	2546.90	267.50	27.90	44.26	4.62	999.90	300.60	2279.40	-1.18	53.71	-13.52	30.22

图 2.2　CZJD 的天顶总延迟计算结果示例

2.3.4　影响天顶总延迟解算精度的因子

2.3.4.1　结果评价指标

标准化均方根误差 *NRMS*（Normalized Root Mean Square）用来表示单时段解算出的基线值偏离其加权平均值的程度，是衡量 GAMIT 基线解质量的一个重要指标，其公式如下：

$$NRMS = \sqrt{\frac{\frac{1}{N}\sum_{i=1}^{n}(Y_i - Y)^2}{\delta_i^2}} \tag{2.9}$$

一般来说，*NRMS* 值的大小与基线解算精度成反比关系，即 *NRMS* 值越大，精度越低，反之亦然；其值一般应小于 0.3，若 *NRMS* 太大，则说明在数据处理过程中部分周跳可能未修复或者某一参数的解存在较大的偏差[101]。

基线重复性。各时段解的基线重复性反映基线解的内部精度，是衡量基线解质量的又一重要指标，计算公式如下：

$$R_L = \left[\frac{\frac{n}{n-1}\sum_{i=1}^{n}\frac{(L_i - \overline{L})^2}{\delta_i^2}}{\sum_{i=1}^{n}\frac{1}{\sigma_i^2}}\right]^{\frac{1}{2}} \tag{2.10}$$

$$R_r = \frac{R_L}{\overline{L}} \tag{2.11}$$

其中，$\overline{L}$ 的计算公式[101] 为

$$\overline{L} = \frac{\sum_{i=1}^{n}\frac{L_i}{\delta_i^2}}{\sum_{i=1}^{n}\frac{1}{\delta_i^2}} \tag{2.12}$$

式中：i 为观测的时段；R_L 为某一基线 L 的重复性统计值；R_r 为某一基线 L 相对重复性；δ_i 为第 i 时段基线 L 的中误差；L_i 为第 i 时段的基线解算结果；n 为总的时段数；$\overline{L}$ 为单天基线分量的加权平均值。

2.3.4.2 IGS 基准站的选用

GAMIT 利用双差技术进行数据解算，对于测站距离较近的两个测站，由于卫星高度角接近且信号传输路径基本相同，对流层延迟相关性强，获得的大气可降水量为测站间的相对可降水量，不能准确地计算出各测站间的绝对可降水量值[102]。常通过以下两种方法获取大气可降水量的绝对值：①加入水汽辐射计辅助求出大气可降水量；②引入超过 500km 的长基线减少相关性[103]。

在 IGS 测站的选择问题上，按照数据连续性原则、稳定性原则、高精度原则、多种解原则、平衡性原则和精度一致性原则六个方面[104,105]，本书中在 IGS 网中选取了以下 9 个 IGS 站，IGS 站在空间上尽量平均分布。

方案设置如下：

(1) 选取 0 个 IGS 站与实验站 czjd、nhri 进行计算。

(2) 选取 1 个 IGS 站 jfng 与实验站 czjd、nhri 进行计算。

(3) 选取 2 个 IGS 站 jfng、bjfs 与实验站 czjd、nhri 进行计算。

(4) 选取 3 个 IGS 站 jfng、bjfs、daej 与实验站 czjd、nhri 进行计算。

(5) 选取 4 个 IGS 站 jfng、bjfs、daej、aira 与实验站 czjd、nhri 进行计算。

(6) 选取 5 个 IGS 站 jfng、bjfs、daej、aira、twtf 与实验站 czjd、nhri 进行计算。

(7) 选取 6 个 IGS 站 jfng、bjfs、daej、aira、twtf、hksl 与实验站 czjd、nhri 进行计算。

(8) 选取 7 个 IGS 站 jfng、bjfs、daej、aira、twtf、hksl、yssk 与实验站 czjd、nhri 进行计算。

(9) 选取 8 个 IGS 站 jfng、bjfs、daej、aira、twtf、hksl、yssk、badg 与实验站 czjd、nhri 进行计算。

(10) 选取 9 个 IGS 站：jfng、bjfs、daej、aira、twtf、hksl、yssk、badg、pol2 与实验站 czjd、nhri 进行计算。

解算 2020 年 8 月的基线单日解，上述十种方案的 *NRMS* 结果如图 2.3 所示。所有设置方案的 *NRMS* 值均小于 0.3，所有基线解算的结果是可靠的。结果显示，未引入 IGS 测站的 *NRMS* 值在逐日的变化中不稳定，*NRMS* 值在逐日变化中突然增大或减少；随着引入 IGS 测站数量的增加，*NRMS* 值逐日解的变幅逐渐减少，当引入的 IGS 站数量大于等于 6 个时，其变化幅度基本相同。比较 2020 年 8 月的 *NRMS* 平均值可以发现，平均 *NRMS* 值均在 0.25 以下；随着 IGS 站的数量增加，平均 *NRMS* 值逐渐减少，当引入 IGS 站数量超过 6 个时，其值可以稳定在 0.2 以内变化。由 *NRMS* 的变化值可知，在长三角地区解算 GNSS 数据时推荐引入 IGS 站的数量为 6 个及以上。

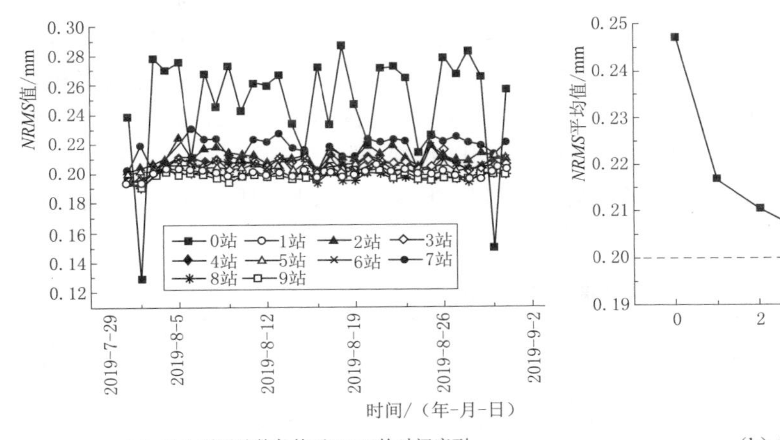

(a) 引入不同站数条件下*NRMS*的时间序列　　(b) 站数与*NRMS*平均值的关系

图 2.3 引入不同 IGS 站对天顶总延迟解算 *NRMS* 的影响

根据解算结果，提取滁州基地自设站逐日 8:00 的对流层延迟数据，并比较引入不同数量的 IGS 测站下天顶总延迟的变化情况。由图 2.4 可以发现，在不引入 IGS 测站时，解算获取的 *ZTD* 值无明显的起伏变化，这时获得的 *ZTD* 值为相对变化量；因此，局地测站或测站网解算时必须引入 IGS 站以获取绝对对流层延迟量，这与 Duan 等获得

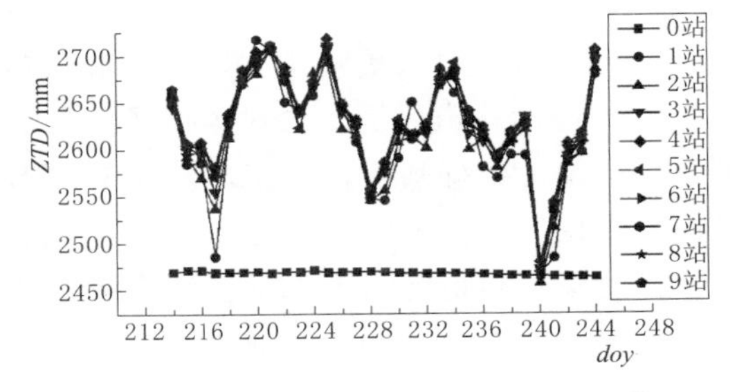

图 2.4 引入不同 IGS 站数条件下 *ZTD* 值的变化情况

的结论是一致的[103]。在引入较少的测站时，*ZTD* 值的极大值和极小值表现更加明显，解算的结果表现不如较多测站时的结果稳定。

从8月 *ZTD* 变化的平均值可见（见表2.2），当引入的IGS测站为4个时 *ZTD* 取最大值，5个及以上 *ZTD* 值不再发生较大的变化。由于CZJD站和NHRI站为相邻的两个站，理论上二者的值应是相同的，而两站的 *ZTD* 值相差1mm左右，推测这种差值是由于多路径造成的结果。

表2.2　　引入不同IGS站的 *ZTD* 平均值

引入IGS站数	1站	2站	3站	4站	5站	6站	7站	8站	9站
CZJD站	2615.87	2618.55	2626.67	2634.11	2629.43	2629.55	2630.69	2632.15	2632.70
NHRI站	2614.64	2617.07	2625.98	2633.32	2628.55	2628.69	2629.57	2631.01	2631.51

2.3.4.3　星历文件对解算结果的影响

星历文件用来确定某一时刻卫星所处的位置，并用来参与基线且直接影响基线解算的结果[106-108]。IGS最终星历是国际GNSS服务组织根据自身建立的卫星跟踪站对GNSS卫星精密观测后处理的结果，现在随着IGS中心全球跟踪站数目的增加、位置布局更加合理、GNSS定轨技术理论的发展、轨道计算模型的完善等，IGS确定的最终星历的精度已由最初的30cm提高到现在的2.5cm左右[109-111]。为了满足不同用户对精密轨道对轨道的更新时间和精度的不同需求，IGS数据处理中心推出了IGS最终星历、IGR快速星历和IGU超快速星历3种星历产品，由表2.3可知，3种星历产品的滞后时间、更新频率和轨道精度有明显差别，IGU超快速星历由更新时间前24h的观测数据和24h的预报部分组成，轨道最差的精度是5cm，其在100km基线上的误差也不超过0.1mm；此外，GAMIT解算中IGU和IGR的数据除了头文件信息以外其他格式均相同，这为利用IGU代替IGS提供了理论基础[112]。

表2.3　　不同类型精密星历的比较

星历类型	轨道精度/cm	滞后时间	更新频率	更 新 时 间
IGU超快速星历（预报）	5	实时	4次/天	UTC 3：00、9：00、15：00、21：00
IGU超快速星历（实测）	3	3～9h	4次/天	UTC 3：00、9：00、15：00、21：00
IGR快速星历	2.5	14～41h	1次/天	UTC 17：00
IGS精密星历	2.5	12～18d	1次/周	每周四

IGU的星历每天更新4次，可以根据数据观测的时间选择相应的IGU星历数据。表2.4为IGU的轨道星历。快速预报星历的实时获取为准实时获取GNSS大气可降水量序列提供了理论数据基础，为实现基于GNSS可降水量的短历时灾害性天气临近预报奠定了前提条件。而在获取大气可降水量的实际运用中，我们希望近实时或实时获取其变化情况，则比较不同精度的星历对解算结果的影响则显得尤为重要。

使用IGS精密星历、快速星历以及5种超快速星历分别进行基线解算，选用的数据为2020年8月1日至2020年8月31日的监测数据，包括2个自设站数据（czjd、nhri）和（aira、bjfs、daej、hksl、jfng、twtf）。NRMS的统计结果见表2.5，由此我们可以发

表 2.4　　IGU 超快速星历的数据情况（以 2020 年 8 月 1 日为例）

数据类型	文　件　名	发 布 时 间	轨 道 描 述
igu1	igu21666 _ 00. sp3	UTC 3：00	24h 预测
igu2	igu21666 _ 06. sp3	UTC 9：00	6h 观测＋18h 预测
igu3	igu21666 _ 12. sp3	UTC 15：00	12h 观测＋12h 预测
igu4	igu21666 _ 18. sp3	UTC 21：00	18h 观测＋6h 预测
igu5	igu21667 _ 00. sp3	第二天 UTC 3：00	24h 观测

现几种星历的解算结果的 NRMS 最大值均在 0.23 以下，所有数据的结果表现较好，且 NRMS 值的变化稳定，标准差在 0.0022 以下，数据分布集中。

表 2.5　　NRMS 统计结果表

统计量	igsf	igsr	igu1	igu2	igu3	igu4	igu5
平均值	0.2004	0.2005	0.2019	0.2022	0.2009	0.2002	0.2002
最大值	0.2070	0.2070	0.2069	0.2230	0.2063	0.2069	0.2072
标准差	0.0019	0.0018	0.0021	0.0015	0.0021	0.0018	0.0022

在基线解算中，除与 CZJD 互为备份的 NHRI 站，与 CZJD 相关的基线有 6 条，选择其中最短的一条基线 CZJD _ JFNG 进行分析，单天解基线重复性统计结果见表 2.6。从表 2.6 中可以看出，GAMIT/GLOBK 解算的基线质量较好，绝对基线的重复性小于 2mm，相对基线在 10～9m 量级，几种星历下解算得到的基线长的变化值在 6mm 之内，星历对基线长变化情况影响不大。

表 2.6　　单天解基线重复性统计表

星历类型	加权基线长/m	绝对基线重复性/mm	相对基线重复性/10^{-9}m
igf	404393.96722	1.57320	3.89026
igr	404393.96722	1.54566	3.82217
igu1	404393.96704	1.66872	4.12647
igu2	404393.96697	1.68395	4.16414
igu3	404393.96700	1.69276	4.18593
igu4	404393.96712	1.55503	3.84533
igu5	404393.96723	1.69064	4.18067

图 2.5（a）、图 2.5（b）分别反映不同星历获取的大气总延迟的逐日和逐小时的变化结果，星历不同 *ZTD* 值偏差可以忽略不计。

由以上分析可知，使用超快速星历不会对结果产生较大的影响，为近实时解算大气水汽含量奠定了基础。

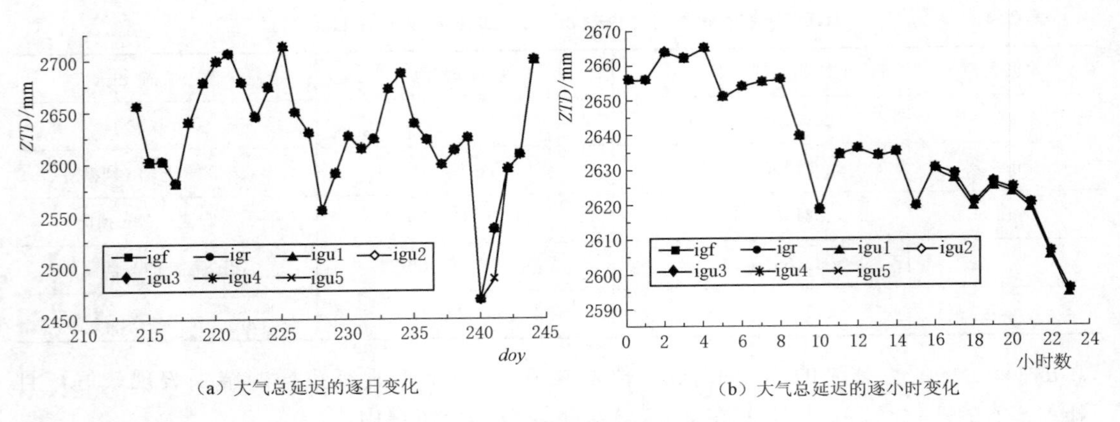

(a) 大气总延迟的逐日变化　　(b) 大气总延迟的逐小时变化

图 2.5　不同星历解算的天顶总延迟结果

2.3.4.4　卫星星座数据

为研究接收不同卫星的数据对解算精度的影响，本书选用了 hksl、hkws、jfng、lhaz、urum、wuh2、wuhn 总共 7 个永久 MGEX 跟踪站[113]。采样间隔均为 30s，采用 2020 年 8 月 1 日至 2020 年 8 月 15 日连续半个月的观测数据。从图 2.6 的 *NRMS* 变化情况，GPS 和 GLONASS 解算的 *NRMS* 值均在 0.25 以内变化，且二者值的大小基本相同，Galieleo 部分天数的值超过 0.35 且在年积日 214～228 内 *NRMS* 值均超过 0.25，在我国主要几个 IGS 测站的数据解算质量不佳。

由解算得到的 *ZTD* 变化值可以发现，四种卫星的监测数据解算得到的天顶总延迟的变化趋势一致，变化幅度也基本上一致的（图 2.7）。总体上看，BDS 和 Galileo 获得的数据要高于 GPS 解算所获得的数据。

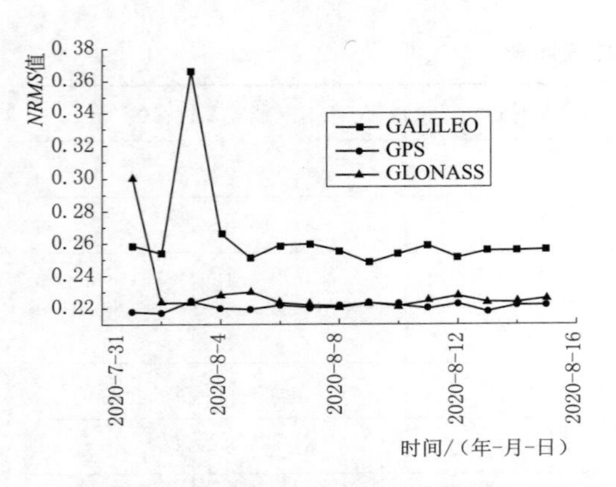

图 2.6　不同卫星的单天解基线重复性统计表

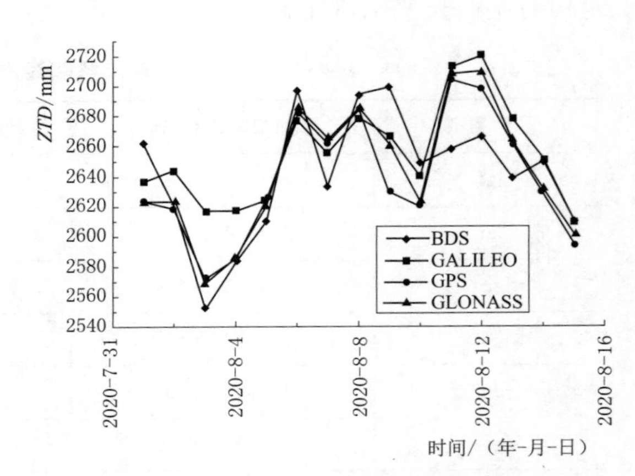

图 2.7　不同卫星的单天解 *ZTD* 变化情况

综上，几种全球 GNSS 系统获取数据的解算结果精度大致相同，GPS 作为老牌的导航定位系统，无论是卫星的轨道数据还是数据版本支持和软件支持方面要优于其他 GNSS 导航系统。北斗作为新兴的导航系统，轨道数据、GAMIT/GLOBK 软件支持等方面还需要进一步加强，如针对北斗导航系统的相关功能。

2.4 天顶静力学延迟计算方法

2.4.1 几种常见的对流层延迟模型

2.4.1.1 理论模型

天顶静力学延迟，又称大气干延迟，其计算模型分为理论模型和经验模型两种。理论模型的计算形式比较简单，主要是依据折射率进行计算，理论模型的实际计算公式可表示为[114]

$$ZHD = c_1 10^{-6} \int_S \frac{p}{T} \mathrm{d}S \tag{2.13}$$

式中：c_1 为常数；p 为压强，hPa；T 为绝对温度，K；dS 为积分路径，m。

通过理论模型计算大气干延迟时，通常采用探空资料计算和标准大气模型相结合的方式，即在探空气球可以到达的高度（通常最高在 20～30km）采用传感器获得的资料，而在高度之上选用标准大气模型，这是因为分析对流层延迟通常考虑 100km 以下的大气结构，而探空气球最大探测高度为 20～30km，探空气球探测不到的对流层以上的平流层对大气干延迟仍有 15%左右的贡献，为了全面计算大气干延迟，因此需要根据标准大气进行实测探空资料的续补[115,116]。

国际上有多种标准大气结构，其中应用最为广泛的为 1976 美国标准大气，其在中国应用可能存在一定不确定度；本书采用的标准结构为李延性根据 1976 美国标准大气结合华北的地区探空资料提出的中国标准大气模式，如表 2.7 所示[117,118]。

表 2.7 大气分层对应的参数

分层序号	下层面高度/km	上层面高度/km	温度递减指数/（K/km）
1	0	10	−5.613
2	10	11.5	−2.083
3	11.5	13.5	−0.985
4	13.5	20	0
5	20	32	0.99
6	32	47	2.756
7	47	51	0
8	51	71	−2.678
9	71	86	−1.957
10	86	91	0
11	91	100	0.94

计算大气干延迟时，在探空气球可达到的高度采用实测资料计算。在实测资料以上高度至 100km 高度时，采用标准大气进行续补计算每层大气气压和温度：

$$p_{i+1}=p_i\exp\left(-\frac{H_{i+1}-H_i}{H_p}\right) \tag{2.14}$$

$$T_{i+1}=T_i+\alpha_i(h_{i+1}-h_i) \tag{2.15}$$

$$H_p=\frac{2RT_{i+1}}{m(g_i+g_{i+1})} \tag{2.16}$$

$$g_i=9.80616[1-2.59\times10^{-3}\cos(2\varphi)](1-3.14\times10^{-7}h_i) \tag{2.17}$$

式中：h_{i+1} 和 h_i 分别为第 $i+1$ 层上界和下界的高度，km；p_{i+1} 和 p_i 为第 $i+1$ 层上界和下界的气压，hPa；T_{i+1} 和 T_i 分别为第 $i+1$ 层上界和下界的温度，K；α_i 为温度递减率；H_p 为气压标高；R 为气体通用常数，8.31J/(K/mol)；m 为空气分子量，29g/mol；g_i 为大气高度 h_i、纬度 φ 处的重力加速度。

2.4.1.2　Saastamonien 模型

Saastamonien 模型（以下简称"SA 模型"）早在 1973 年就被提出，该模型通常将大气层分 3 层，第一层是从地球表面至大约 12km 的对流层层顶；第二层是从 12km 左右的对流层层顶到距离地面近 70km 左右的平流层顶部，在平流层中，假定大气温度是一个固定值并且不随海拔的升高而改变；第三层为距离地面大概 70km 外的电离层[119-121]，其公式如下所示：

$$ZHD_{SAAS}=2.2768\frac{p_s}{1-0.0026\cos(2\varphi)-0.00028h_0} \tag{2.18}$$

式中：ZHD_{SAAS} 为天顶静力学延迟，mm；p_s 为测站气压，hPa；φ 为测站纬度；h_0 为相对于旋转椭球体的测站高度，简称大地高，km。

2.4.1.3　Hopfield 模型

Hopfield 模型（以下简称"H 模型"）是一种比较常用的对流层延迟模型，该模型过程比较简单，仅将大气层分为对流层和电离层两部分[122]；具体公式为

$$ZHD_H=0.01552[40136+14.872(T_s-273.16)-H_s]\frac{p_s}{T_s} \tag{2.19}$$

式中：ZHD_H 为天顶静力学延迟，mm；T_s 为测站绝对温度，K；p_s 为测站气压，hPa；H_s 为测站高程，m。

2.4.1.4　Black 模型

Black 模型（以下简称"B 模型"）在 1976 年由 H. D. Black 提出，在三种气象参数模型中，使用频率较高，它和 Hopfield 模型的区别是 Black 模型考虑了 GNSS 信号途中由于大气折射引起的部分路径弯曲[123]；具体公式为

$$ZHD_B=2.312(T_s-3.96)\frac{p_s}{T_s} \tag{2.20}$$

式中：ZHD_B 为天顶静力学延迟，mm；T_s 为测站绝对温度，K；p_s 为测站气压，hPa。

2.4.1.5　EGNOS 模型

EGNOS 模型是欧盟在 1°×1°格网的欧洲中尺度数值预报中心 ECMWF 资料的基础上发展起来的，该模型也提供了计算对流层延迟所需的 5 个气象参数：温度、气压、水汽

压、温度下降率和水汽压下降率，它们在平均海平面上的变化仅与纬度和年积日相关[124-126]（表2.8、表2.9）。

表2.8 EGNOS模型5各气象参数的年平均值

纬度/(°)	p/hPa	T_0/K	e_0/hPa	β	λ
≤15	1013.25	299.65	26.31	6.30E-03	2.77
30	1017.25	294.15	21.79	6.05E-03	3.15
45	1015.75	283.15	11.66	5.58E-03	2.57
60	1011.75	272.15	6.78	5.39E-03	1.81
≥75	1013	263.65	4.11	4.53E-03	1.55

表2.9 EGNOS模型5个气象参数的季节变化值

纬度/(°)	Δp/hPa	ΔT_0/K	Δe_0/hPa	$\Delta\beta$	$\Delta\lambda$
≤15	0	0	0	0.00E+00	0
30	−3.75	7	8.85	2.50E-04	0.33
45	−2.25	11	7.24	3.20E-04	0.46
60	−1.75	15	5.36	8.10E-04	0.74
≥75	−0.5	14.5	3.39	6.20E-04	0.3

该模型的ZHD计算公式为

$$ZHD=\frac{10^{-6}K_1R_\mathrm{d}p_0}{g_\mathrm{m}}\left[1-\frac{\beta h}{T_0}\right]^{\frac{g}{R_\mathrm{d}\beta}} \tag{2.21}$$

式中：T_0为平均海平面的温度，K；β为温度下降率；λ为水汽压下降率。

平均海平面的5个气象参数可根据纬度和年积日由各气象参数的年平均值和季节变化值推算出来。

EGOS模型计算对流层干延迟主要有以下几步：

(1) 计算平均海平面气象参数公式如下：

$$\xi(\varphi,doy)=\xi_0(\varphi)-\Delta\xi(\varphi)\times\cos\left[\frac{2\pi(doy-doy_\mathrm{min})}{365.25}\right] \tag{2.22}$$

式中：doy为年积日；$\xi_0(\varphi)$为各个气象参数的年平均值；$\Delta\xi(\varphi)$为各个气象参数的季节变化值，可由在纬度范围（$\varphi-\Delta\xi$，$\varphi+\Delta\xi$）内的全球或区域平均海平面内的各项参数求得$\xi_0(\varphi)$和$\Delta\xi(\varphi)$；doy_min为气象参数的年变化的最小值年积日，通常南半球取值为211，北半球取值为28。

(2) 解算平均海平面上的对流层天顶静力学延迟：

$$Z_\mathrm{dry}=\frac{10^{-6}K_1R_\mathrm{d}p_0}{g_\mathrm{m}} \tag{2.23}$$

式中：Z_dry表示平均海平面的对流层天顶静力学延迟；$K_1=77.60\mathrm{K/hPa}$；$R_\mathrm{d}=287.054\mathrm{J/(kg\cdot K)}$；$g_\mathrm{m}$为测站的重力加速度；$p_0$为平均海平面的气压，hPa。

(3) 根据计算出的平均海平面上的天顶静力学延迟得出地基GNSS站位置处的对流层天顶静力学延迟：

$$ZHD = Z_{\mathrm{dry}}\left[1-\frac{\beta h}{T_0}\right]^{\frac{g}{R_d \beta}} \tag{2.24}$$

式中：g 为地球表面平均重力加速度；h 为接收机相对于平均海平面的高度，m。

2.4.2　天顶静力学延迟本地化模型

目前对大气水汽含量探测精度要求一般为 1mm，由湿延迟与大气可降水量的转化关系可知大气湿延迟的误差不能超过 6mm，现阶段在使用高精度 GNSS 处理软件能够精确估计总的对流层延迟的前提下，干延迟的计算精度则成为影响大气湿延迟与大气水汽含量的主要因素[127]。以上天顶静力学延迟的经验模型均是在理想大气条件下推算得到的，但是大气实际上是处于自然条件下的非静力平衡状态，上述模型计算的结果则会与实际值存在一定的偏差。因此，为了提高 GNSS 水汽反演的精度，尤其在几天或者几小时的反演中，有必要根据测站附近的探空资料和标准大气模型建立局地订正模型。

一般可以采用线性回归方程来拟合大气干延迟值与地面气压、温度的关系，由于本书讨论的是局地订正模型，不需要考虑测站的高程及纬度因素，为此采用下面三种形式的模型[127]：

$$ZHD = a + b p_s \tag{2.25}$$

$$ZHD = a + b T_s \tag{2.26}$$

$$ZHD = a + b p_s + c T_s \tag{2.27}$$

为了比较不同时刻（0：00 时和 12：00 时模型的建模效果，分别使用 2010—2018 年 0：00 时数据、12：00 时数据以及 0：00 时和 12：00 时所有的数据进行了建模的分析（见表 2.10），选用的样本总数分别为 3135、2942、6077。

表 2.10　不同时间的建模系数

时间	0：00			12：00			0：00、12：00		
a	168.32	2829.61	117.79	189.13	2848.75	120.76	177.68	2831.26	132.79
b	2.122	—	2.160	2.101	—	2.152	2.112	—	2.146
c	—	−1.780	0.041	—	−1.835	0.056	—	−1.781	0.036
R^2	0.949	0.740	0.949	0.915	0.726	0.915	0.932	0.727	0.932

2.4.3　模型对比分析

由表 2.11 可知，不同的因子组合会对结果产生一定的影响，但主要影响大气干延迟结果的为气压，单独选用气压和同时选用气压、气温的结果相差不大。以选用逐日 0：00 时的探空数据的数据分析为例，以气压和同时选用气压、气温为主要因素的模型与探空数据获取的大气干延迟值的相关系数均达到 0.987，有很好的相关性，而以气温为主要因素的模型相关性达到 0.856。除此之外，以气温为主要因素的模型值的绝对误差、均方根误差、平均百分比误差值也明显高于其他两种方案的值。

表 2.11　　不同模型的效果与实际值的比较

时段选择	因子组合	*MAE*	*RMSE*	*MAPE*	R^2	样本数
0：00	*P*	2.399	3.344	0.104	0.987	354
	T	8.582	10.725	0.37	0.856	
	P+*T*	2.335	3.295	0.101	0.987	
12：00	*P*	2.491	3.648	0.107	0.985	329
	T	8.188	10.213	0.353	0.874	
	P+*T*	2.414	3.666	0.104	0.985	
0：00 和 12：00	*P*	2.348	3.439	0.101	0.986	683
	T	8.504	10.683	0.367	0.859	
	P+*T*	2.342	3.441	0.101	0.986	

由以上分析可知，选择气压和气温为主要因素进行建模的结果为最优，其绝对误差、均方根误差、平均百分比误差值均表现最好。为探究选择不同时段对建模结果的影响，选用不同时段（0：00、12：00、0：00 和 12：00）气温、气压为主要因素的建模结果分别进行结果分析。由表 2.12 可以发现，无论选用哪个时段的结果进行建模，其建模结果与理论值均表现较好的相关性且结果一致；选用 0：00 和 12：00 的模型结果的绝对误差值、均方根误差、平均百分比误差优于单独选用 0：00 和 12：00 进行建模的结果。

表 2.12　　选择不同时段对建模结果的影响

时段选择	因子组合	*MAE*	*RMSE*	*MAPE*	R^2	样本数
0：00	00－*P*+*T*	2.335	3.295	0.101	0.987	354
	12－*P*+*T*	2.297	3.28	0.099	0.987	
	00&12－*P*+*T*	2.28	3.258	0.098	0.987	
12：00	00－*P*+*T*	2.551	3.653	0.11	0.985	329
	12－*P*+*T*	2.414	3.666	0.104	0.985	
	00&12－*P*+*T*	2.409	3.627	0.104	0.985	
0：00 和 12：00	00－*P*+*T*	2.439	3.472	0.105	0.986	683
	12－*P*+*T*	2.353	3.471	0.102	0.986	
	00&12－*P*+*T*	2.342	3.441	0.101	0.986	

通过计算获取了探空理论值、三种气象参数模型和 EGNOS 非气象参数模型获取了其逐日变化值并分析其在 1 月、4 月、7 月、10 月的表现情况，四种模型计算结果与探空数据计算结果对比见图 2.8。通过分析可以得出以下结论：非气象参数模型的由于其采用气象参数的平均值，其变化幅度相对较为平缓，可适用在在无资料地区，但由于其变化以日为尺度，在更精细的小时尺度的水汽反演中可能作用不是很大。三种气象参数模型的计算结果与理论值非常接近，但四个典型月份的变化中均要小于理论模型，使用气象参数模型可能会造成最大可降水量计算值得偏大。在三种气象参数模型中，SA 模型的表现最优，其变化过程与理论值的变化过程也最为接近。

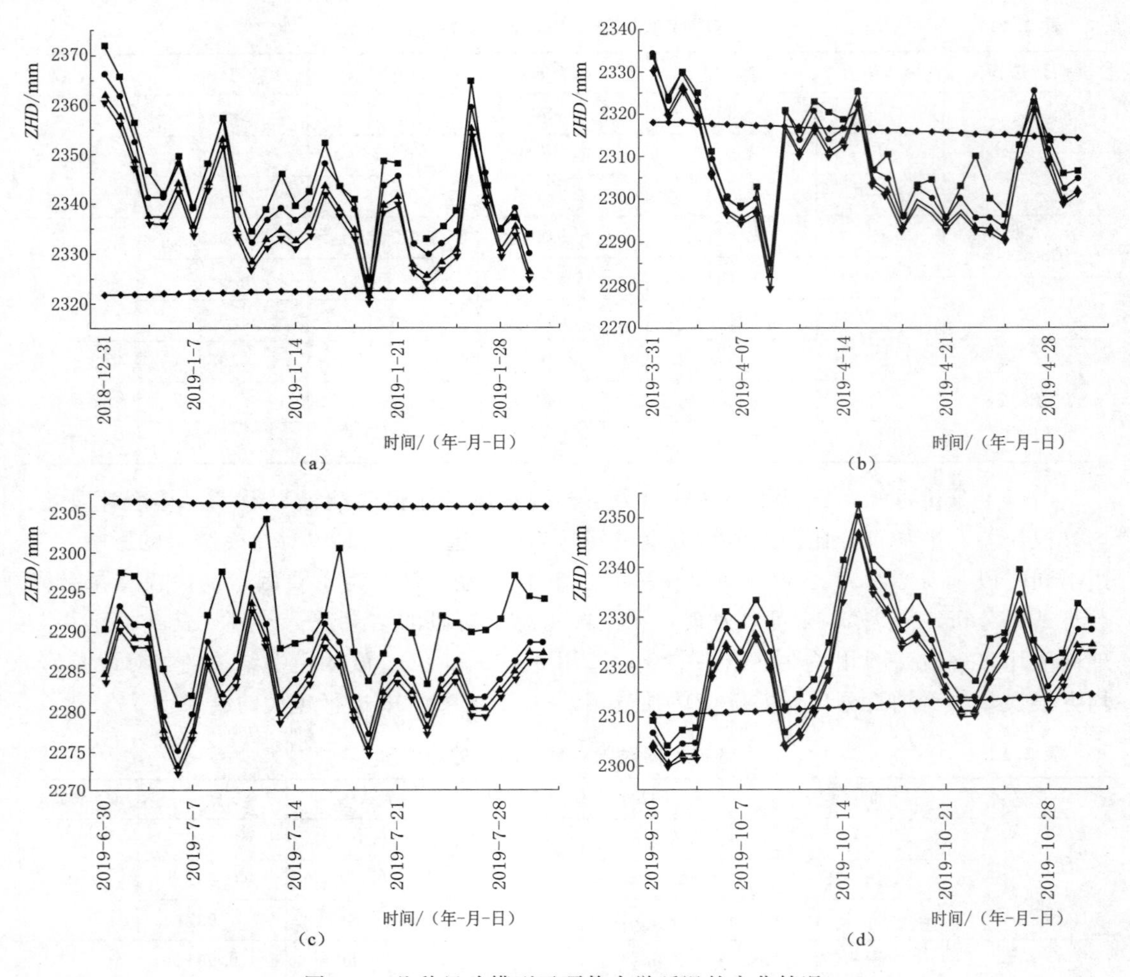

图 2.8　几种经验模型天顶静力学延迟的变化情况

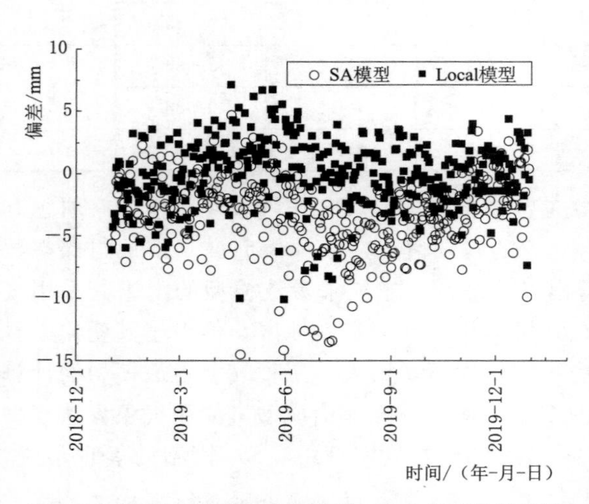

图 2.9　SA 气象模型、本地模型与探空值的计算差值

分别选择本地模型的最优结果与气象参数模型的最优结果与理论值进行对比分析，由表 2.13 可以发现二者的统计值的效果有所提升，效果并不是非常明显。利用两种模型的结果值与理论值求差值得到其偏差的统计图，由图 2.9 可以发现，利用本地模型得到的偏差值在 0 值附近分布，且多数的变化在±5mm 附近，这个偏差的精度在水汽解算中是可以接受的。而 SA 模型的偏差值偏负值较多，且有一部分值在－5mm 以外，因而在实际使用 SA 模型时最好根据气象资料进行修正，在探空资料获取不是非常方

便或邻近地区无探空站时，可以使用 SA 模型计算得到大气干延迟量，其精度能满足一定的使用需求。

表 2.13　　SA 与 local 建模效果比较

模型	*MAE*	*RMSE*	*MAPE*	R^2
SA	3.55	4.43	0.153	0.991
Local	2.198	2.814	0.095	0.991

2.5　加权平均温度的局地建模方法

基于 GNSS 解算大气可降水量的核心思想是将获得的天顶方向上的湿延迟通过水汽转换系数转化为大气可降水量，其之间关系如下：

$$PWV=\Pi ZWD \tag{2.28}$$

而无量纲水汽转换系数可表示为

$$\Pi=\frac{10^6}{\rho_w R_v[(k_3/T_m)+k_2']} \tag{2.29}$$

式中：ρ_v 为液态水的密度，其值为 10^3kg/m^3；$k_2'=k_2-k_1\frac{R_d}{R_w}=22.13$K/hPa，$k_3=3.776\times10^5$K^2/hPa；$R_v$ 为气体常数，其值为 461.495J/kg/K；T_m 为加权平均温度。

PWV 的相对误差，可表示为

$$\frac{\Delta PWV}{PWV}=\frac{\Delta\Pi}{\Pi}=\frac{1}{1+\frac{k_2'}{k_3}T_m}\frac{\Delta T_m}{T_m}\approx\frac{\Delta T_m}{T_m} \tag{2.30}$$

由此不难发现，大气水汽含量的相对误差与加权平均温度密切相关；参考相关文献可知，加权平均温度中 5K 的不确定性对应大气水汽含量 1.6%～2.1%的不确定性[128,129]。

加权平均温度定义为局地气柱中考虑了水汽压权重的垂直积分平均温度，由测站上空水汽压 e 和绝对温度 T 沿天顶方向的积分值算得[130]：

2.5.1　数据来源及计算方法

本章选择了长三角城市群 1975 年 1 月 1 日至 2019 年 12 月 31 日 9 个探空站的资料（见表 2.14）以及对应的地面气象资料进行分析，探空资料有每日 8：00 和 20：00 的大气垂直方向的位势高度、大气压、温度、露点温度、相对湿度、风向风速等，数据来源于怀俄明大学网站（http://weather.uwyo.edu/upperair/sounding.html）；地面气象资料主要有气压、气温、降水、温度等，数据来源于中国气象数据网（http://data.cma.cn）。除了实测资料外，还用了欧洲中期天气预报中心（European Centre for Medium - Range Weather Forecasts，ECMWF）的再分析资料和数值预报资料。

由于探空气球在升空过程中不可避免地出现一些意外情况造成数据的偏差，在使用探空资料之前应对数据进行质量控制，选择适宜的数据，可参照以下条件进行数据选择：

表 2.14　　　　　　　　　　**长三角地区探空站信息**

区站号	台站名	省（直辖市）名	纬度/(°)	经度/(°)	高度/m	选择数据序列
58027	徐州	江苏	34.28	117.15	41.2	1976—2019 年
58150	射阳	江苏	33.77	120.25	2	1976—2019 年
58203	阜阳	安徽	32.87	115.73	32.7	1976—2019 年
58238	南京	江苏	31.93	118.9	35.2	1976—2019 年
58362	宝山	上海	31.4	121.45	5.5	1992—2019 年
58424	安庆	安徽	30.62	116.97	62	1976—2019 年
58457	杭州	浙江	30.23	120.17	41.7	1976—2019 年
58633	衢州	浙江	29	118.9	82.4	1976—2019 年
58665	洪家	浙江	28.62	121.42	4.6	1992—2019 年

（1）除了标准等压面的观测资料外，还应该包括特性层的观测资料。

（2）探空资料最低层观测高度应等于或接近测站的高度，最高层的高度不得低于 300hPa（9000～10000m）。

（3）探空资料的层数不应少于 8 层，即相邻两层间的探空资料高度差不超过 200hPa，因为太稀的层次会造成较大的计算误差。

加权平均温度定义为局地气柱中考虑了水汽压权重的垂直积分平均温度，由测站上空水汽压 e 和绝对温度 T 沿天顶方向的积分值计算得到[130]：

$$T_{\mathrm{m}}=\frac{\int \frac{e}{T}\mathrm{d}z}{\int \frac{e}{T^{2}}\mathrm{d}z} \tag{2.31}$$

由于在实际过程中无法获得整个信号路径上连续的温度和水汽压，因此，需要将此计算公式离散化：

$$T_{\mathrm{m}}=\frac{\sum \frac{e_i}{T_i}\Delta h_i}{\sum \frac{e_i}{T_i^{2}}\Delta h_i} \tag{2.32}$$

式中：e_i 为第 i 层大气平均水汽压，hPa；T_i 为第 i 层大气温度的平均值，K；Δh_i 为第 i 层大气的厚度，m。

公式中的 T_i 和 h_i 都可以直接通过高空资料获得，但是 e_i 不是探空资料直接获取的观测量，需要通过探空数据中的露点温度、相对湿度计算得到[131]：

$$e_{\mathrm{s}}=6.11\exp\left(\frac{17.62t}{243.12+t}\right) \tag{2.33}$$

$$e_i=RH\ \frac{e_{\mathrm{s}}}{100} \tag{2.34}$$

目前，不同学者针对 T_{m} 的计算提出了很多方法；在一些精度要求较低的可降水量估计中，可将 T_{m} 近似取值 281K。Bevis 回归公式［$T_{\mathrm{m}}=70.2+0.72T_{\mathrm{s}}$］作为最常用的公

式被广泛使用[130]。

2.5.2 加权平均温度的变化特征

长三角地区加权平均温度年内变化特征如图2.10所示，由此不难发现，加权平均温度的年内变化呈现明显的单峰变化趋势，即在年内变化中9个探空站 T_m 的最大值均出现在7月，变化范围为287.18～288.53K，最小值一般出现在1月，变化范围在264.48～271.71K内；此外，9个探空站在1月、2月、12月冬季月份的最大最小极差值明显大于夏季月份。

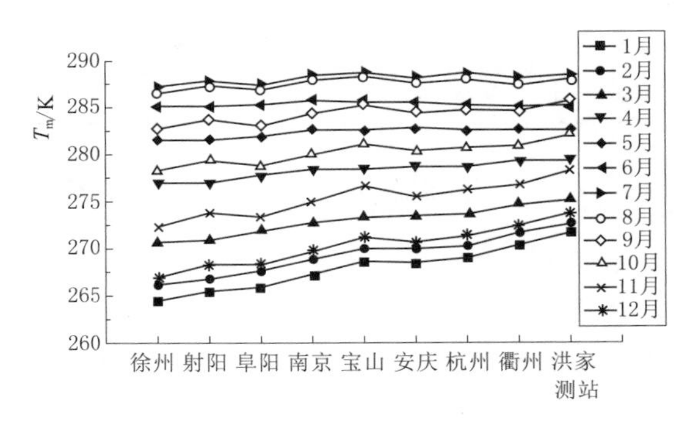

图2.10 加权平均温度的年内变化特征

对比各月不同测站间的大小关系，除了7月、8月的 T_m 最大值均出现在宝山站，其余各月的最大值均出现在洪家站；而各月 T_m 的最小值均出现在徐州站。由图2.10可知9个测站大致的位置，T_m 的变化与测站位置有以下大概的关系，即南方测站的 T_m 值大于北方测站的值，沿海的测站值高于内陆的测站值。

从图2.11和表2.15可知，各探空站的 T_m 在近45年的年际变化中，均表现出显著增加的变化趋势。其中，衢州的增幅最大，以1K/10a的变化率增加；其余各站大都以0.6K/10a的变化趋势增加。现今，气候变暖已成为不争的事实，随着全球气候变暖，加权平均温度作为温度的间接量也呈现出增加的变化趋势；在对加权平均温度进行分析建模

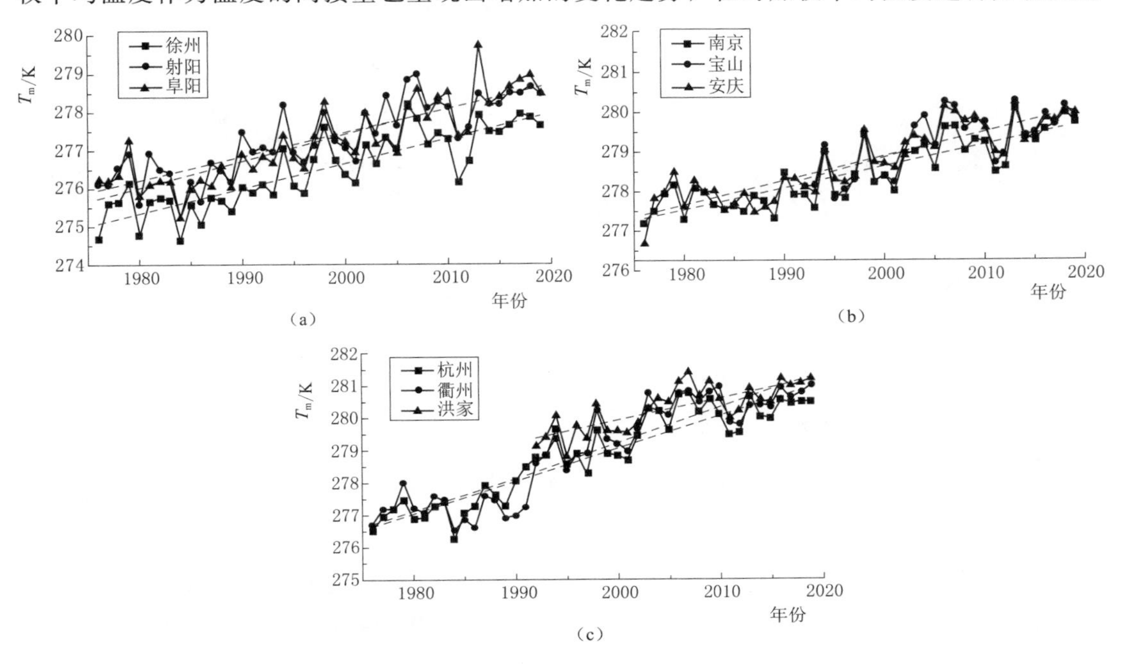

图2.11 加权平均温度的年际变化特征

时，仅从单一年份建立模型存在一定的不足，应考虑增加更长时段的数据提高模型的合理性及精度。

表 2.15　　加权平均温度的 MK 检验结果

站点	徐州	射阳	阜阳	南京	宝山	安庆	杭州	衢州	洪家
变化趋势斜率	0.066	0.061	0.069	0.056	0.072	0.062	0.096	0.106	0.069
检验统计量 z_c	6.564	6.362	6.503	6.321	3.694	6.382	6.847	6.868	4.327

2.5.3　加权平均温度与地面气象要素的关系

不同测站的位置影响着 T_m 的变化，且在全球气候变暖的背景下 T_m 呈现显著增加的变化趋势。由 T_m 的定义可知，其值由大气各层的温度和水汽压积分决定，而在常规监测中探空站的数量较少其时间分辨率低，就要采用地面的气象数据来推求；而地面监测数据（如气压、气温、水汽压等）与加权平均温度的相关性则直接影响着结果的准确性。

2.5.3.1　地面气温

图 2.12 是 2018—2019 年南京站的加权平均温度 T_m 与温站绝对温度 T_s 之间的关系。由图 2.12 可知，T_m 的变化线全部在 T_s 以下，其值普遍低于 T_s 的变化值；但两者对应的关系很好，升降趋势、幅度基本同步，呈现正相关关系（相关系数达 0.861）；以上的研究结论与李国平在华北地区的研究结论是一致的[132]。从图 2.12 可以看出，所有的散点大致分布在一条直线附近，且在趋势直线上下波动，说明 T_m 与 T_s 之间存在着较好的线性关系。

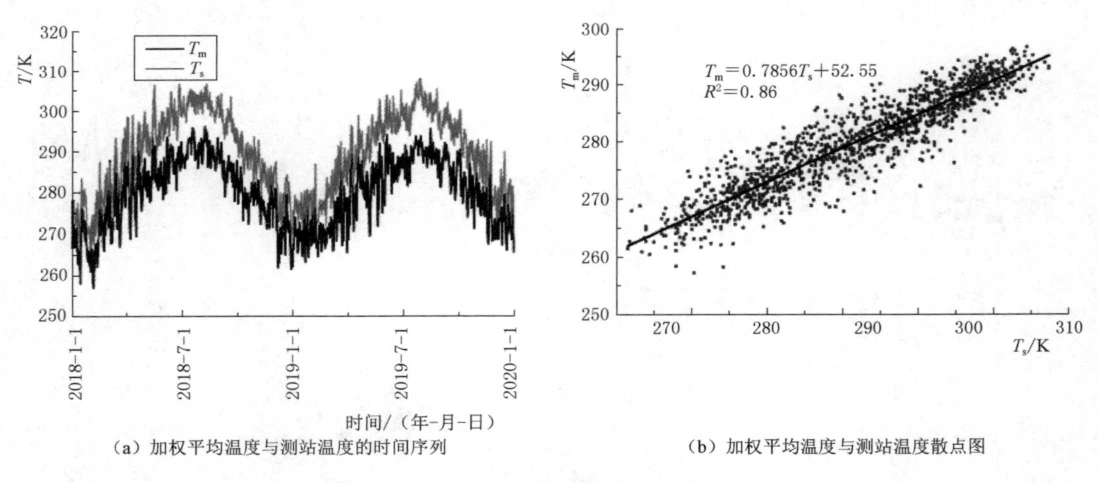

（a）加权平均温度与测站温度的时间序列　　（b）加权平均温度与测站温度散点图

图 2.12　加权平均温度与地面气温关系

2.5.3.2　地面气压

图 2.13 反映了 T_m 与测站气压 p_s 的时间演变关系。分析表明，p_s 的高值对应着 T_m 的低值，p_s 值的升高对应着 T_m 值的下降，呈现相反的变化趋势，升降幅度也大致相同；另外，二者的散点图及趋势线表明，两者之间基本呈现负相关关系（相关系数 0.745）。

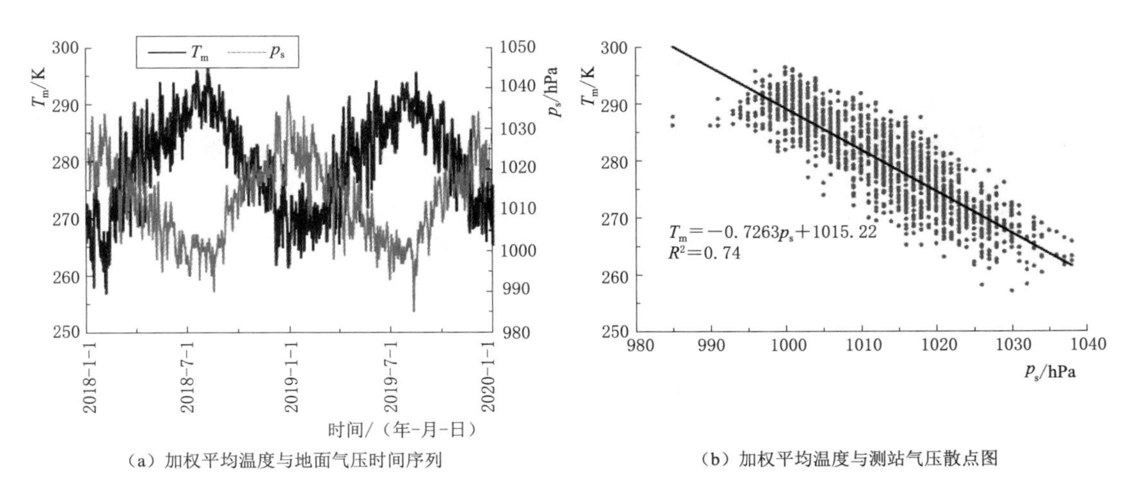

（a）加权平均温度与地面气压时间序列　　（b）加权平均温度与测站气压散点图

图 2.13　加权平均温度与地面气压关系

2.5.3.3　地面水汽压

图 2.14 反映的是 T_m 与测站水汽压 es 的时间演变关系。分析表明，es 的高值（低值）对应着 T_m 的高值（低值），升降趋势也基本相同，但升降的幅度略有差异。另外，二者的散点图及趋势线表明，两者之间基本呈现正相关关系（相关系数 0.815），但关系的表现形式并非直线，更倾向于对数关系。

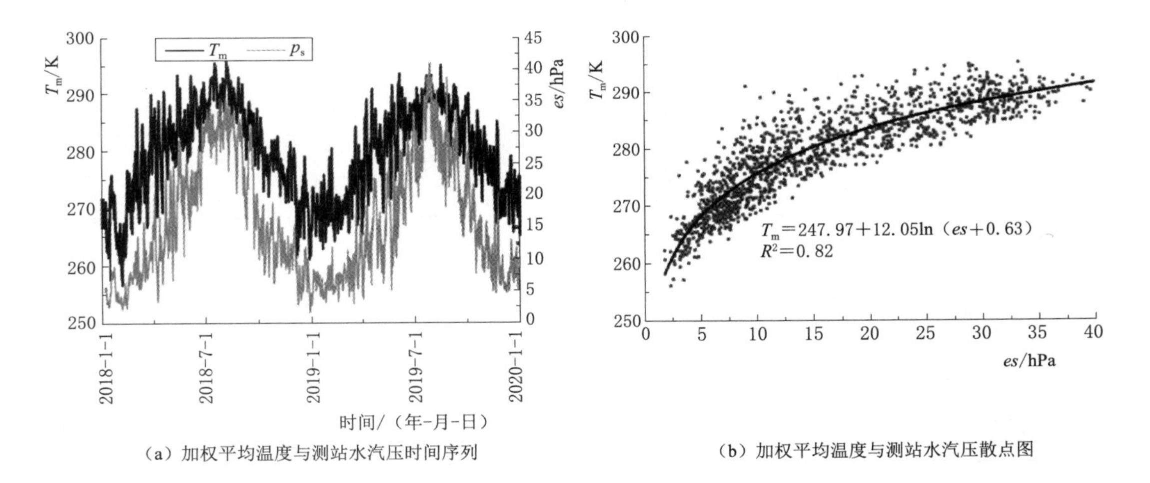

（a）加权平均温度与测站水汽压时间序列　　（b）加权平均温度与测站水汽压散点图

图 2.14　加权平均温度与地面水汽压关系

2.5.3.4　地面露点温度

图 2.15 是反映了加权平均温度 T_m 与测站露点温度 T_{ds} 之间的关系图。由图 2.15 可知，T_m 与 T_{ds} 两者对应的关系很好，升降趋势、幅度基本同步，呈现正相关关系（相关系数达 0.8151）。从图 2.15 可以看出，所有的散点大致分布在一条直线附近，且在趋势直线上下波动，说明 T_m 与 T_{ds} 之间存在着较好的线性关系。

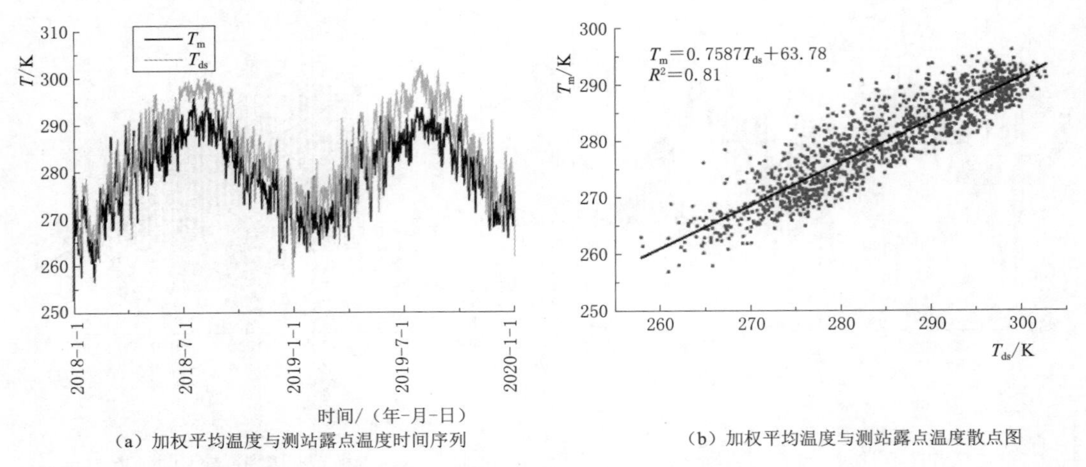

（a）加权平均温度与测站露点温度时间序列　　（b）加权平均温度与测站露点温度散点图

图 2.15　加权平均温度与地面露点温度的关系

对长三角地区各探空站的加权平均温度与地面气象要素进行相关性分析，由表 2.16 不难发现，T_m 与 T_s、p_s、es、T_{ds} 存在着强相关，其中与 T_s 的关系最密切，T_{ds} 次之。各站 T_s 与 T_m 的相关系数值均达到 0.92 以上，T_{ds} 与 T_m 的相关系数在 0.9 上下波动，es 与 T_m 的相关系数变化范围为 0.859～0.893，以上 3 个地面气象要素均与 T_m 正相关；p_s 与 T_m 有着负相关的关系，相关系数在－0.857～－0.824 内变化。

表 2.16　长三角地区探空站 T_m 与地面气象要素的相关性

站点	样本数	T_s	p_s	es	T_{ds}
徐州	29498	0.929	－0.857	0.859	0.906
射阳	30295	0.931	－0.832	0.881	0.923
阜阳	29214	0.928	－0.861	0.867	0.904
南京	31395	0.920	－0.856	0.875	0.905
宝山	20099	0.930	－0.835	0.882	0.969
安庆	30036	0.923	－0.852	0.880	0.888
杭州	29734	0.931	－0.847	0.875	0.901
衢州	28681	0.924	－0.847	0.875	0.891
洪家	19774	0.924	－0.824	0.893	0.912

2.5.4　本地加权平均温度模型构建

2.5.4.1　基于地面气温的单因子模型

基于加权平均温度（T_m）与地面气温（T_s）之间存在着良好的线性关系（相关性最强），假设回归方程的形式为：$T_m=a+b\times T_s$。为探寻最优回归方程的系数，根据统计学的最小二乘法原理，求得使样本的实际值与其相应的理论值的离差平方和达到最小的回归系数为

$$a=\frac{\sum_{i=1}^{n}T_{m_i}-b\sum_{i=1}^{n}T_{s_i}}{n}=\overline{T_m}-b\overline{T_s} \tag{2.35}$$

$$b=\frac{\sum_{i=1}^{n}(T_{m_i}-\overline{T_m})(T_{s_i}-\overline{T_s})}{\sum_{i=1}^{n}(T_{s_i}-\overline{T_s})} \tag{2.36}$$

其中 $\overline{T_m}=\frac{\sum_{i=1}^{n}T_{m_i}}{n}$　　$\overline{T_s}=\frac{\sum_{i=1}^{n}T_{s_i}}{n}$

由表2.17可以发现，各站的 b 值均在0.8上下波动，且各线性回归方程的相关系数均大于84%，线性回归方程表现较好。

表2.17　　加权平均温度的一元回归系数

测站	a	b	R^2	n
徐州	44.919	0.807	0.863	29498
射阳	36.977	0.838	0.866	30295
阜阳	48.181	0.796	0.862	29213
南京	52.457	0.784	0.847	31395
宝山	39.826	0.827	0.865	20099
安庆	59.715	0.757	0.852	30036
杭州	48.887	0.796	0.867	29734
衢州	70.688	0.721	0.854	28681
洪家	57.825	0.766	0.854	19865

2.5.4.2　基于地面气温和地面露点温度的多因子模型

以各站多年的逐日统计值为基础，以 T_m 的实际值为因变量，地面气象要素（T_s、p_s、es、T_{ds}）为自变量，利用多元线性回归分析，建立如下所示回归方程（见表2.18）。对比表2.17、表2.18两个表格可以发现相关系数值均明显变大。但在实际使用的过程中，由于引入的地面气象要素增多，有很多测站难以满足数据条件；此外，随着要素增加，数据监测本身的误差造成 T_m 误差增大的出现。

表2.18　　加权平均温度的多元回归方程

测站	多元拟合结果	R^2
徐州	$T_m=172.554+0.456T_s-0.126p_s-0.146es+0.364T_{ds}$	0.8916
射阳	$T_m=148.704+0.497T_s-0.113p_s-0.146es+0.364T_{ds}$	0.880742
阜阳	$T_m=207.342+0.464T_s-0.147p_s-0.115es+0.308T_{ds}$	0.884188
南京	$T_m=249.646+0.418T_s-0.167p_s-0.0543es+0.278T_{ds}$	0.871515
宝山	$T_m=118.772+0.55T_s-0.0913p_s-0.148es+0.338T_{ds}$	0.878569

续表

测站	多元拟合结果	R^2
安庆	$T_m=276.246+0.488T_s-0.165p_s+0.0381es+0.0982T_{ds}$	0.870744
杭州	$T_m=119.515+0.553T_s-0.0866p_s-0.149es+0.314T_{ds}$	0.881384
衢州	$T_m=225.797+0.514T_s-0.131p_s-0.0242es+0.129T_{ds}$	0.864544
洪家	$T_m=90.2+0.508T_s-0.0396p_s-0.0801es+0.294T_{ds}$	0.864645

2.5.4.3　模型效果检验

利用上述得到的单因子和多因子本地化计算模型，将南京站 2018—2019 年资料（因子的历史值）代入回归方程，计算得到 T_m 的回归值，与真值进行比较，得到两种本地化模型偏差随时间的分布情况，见图 2.16。

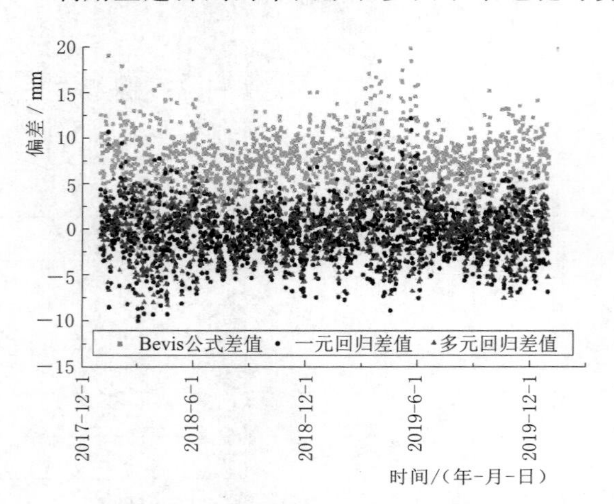

图 2.16　2018—2019 年两种本地化模型偏差对比

将本地化的结果与探空数据值与 Bevis 经验公式值进行对比分析，得到表 2.19 所示的数据，本地化回归模型结果精度有很大的提升，均方根误差相对比较稳定，本地多参数模型改进的效果更加显著。

还应值得注意的是，由于 T_m 随着时间呈现显著增加的变化趋势，在进行建模分析的时候，应尽可能选择长时间的序列数据，短时间序列数据可在最近几年精度表现较好，但随着时间增加可能会表现越来越差。

表 2.19　加权平均温度的本地化方程、Bevis 经验公式与探空值的比较

项　目	探空值	Bevis 经验公式	一元线性回归	多元线性回归
平均值/K	279.862	287.22	279.316	279.813
绝对误差/K	0.000	7.358	−0.547	−0.05
均方根误差/K	0.000	2.629	−0.195	−0.018
相对误差/%	0.000	7.972	3.097	2.792
相关系数	1.000	0.928	0.928	0.940

2.6　PWV 结果评价及变化特征分析

2.6.1　基于探空资料水汽含量的计算方法

目前，常用的可降水量推算方法主要有：探空法、经验公式法、GNSS 数据求解法、地面露点假绝热查算法等，本章主要对 GNSS 数据求解法、探空法获取值的精度进行评

价[133]。利用探空法反演出大气柱中的可降水量，基本原理是根据探空气球探测得到的大气对流层的温度、湿度、风速、压强等气象要素，从地面到对流层上界进行垂直积分求得大气可降水量，公式如下[134]：

$$W=\frac{1}{g}\int_{0}^{P_0} q\,\mathrm{d}q \tag{2.37}$$

式中：W 为可降水量，g/m^2；g 为重力加速度，m/s^2；q 为随气压变化的各气压层比湿，g/kg；p_0 为地面气压，hPa。

$$q=\frac{621.98e}{p}$$

式中：e 为饱和水汽压。

$$e=6.11\times 10^{\frac{7.45t}{235+t}} \tag{2.38}$$

式中：t 为露点温度，℃。

在计算时，通常采用分层积分到300hPa[135]。公式为

$$W=\frac{1}{g}\sum_{300}^{P_0} q\Delta q \tag{2.39}$$

2.6.2 *PWV* 的变化特征

通过探空数据计算大气可降水量（*PWV*），由图2.17、图2.18可以明显看出 *PWV* 在各站均是先增加后减小的变化趋势，在7月达到最大值。各站点在不同月份的水汽含量的差值在10～20mm之内变化，7月各个站点的水汽含量值基本相同。9个站点中，衢州和洪家、安庆和杭州、徐州和射阳、阜阳与南京、宝山这四组的变化基本都是一样的。

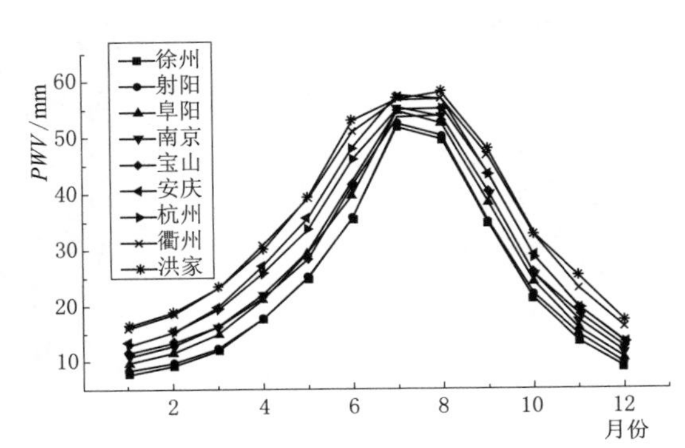

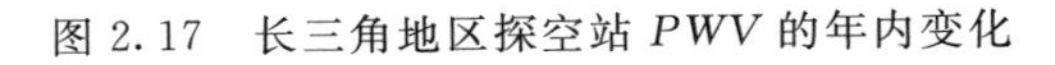
图2.17 长三角地区探空站 *PWV* 的年内变化

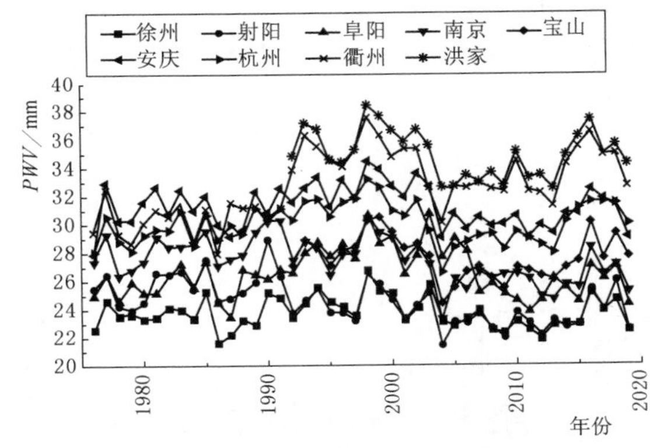

图2.18 长三角地区探空站 *PWV* 的年际变化

从表2.19可知，各探空站的 *PWV* 在近45年的年际变化中，除杭州、衢州表现出显著增加的变化趋势，其余各站均表现出减小的变化趋势。其中，衢州的增幅最大，以1mm/10a的变化率增加，且增加的变化趋势通过显著性水平检验。射阳、南京、洪家分别通过99%、99%、95%置信水平检验，并分别以－0.72mm/10a、－0.72mm/10a、－0.66mm/10a的变化率呈现显著减小的变化趋势。

表 2.20 ***PWV* 的 MK 检验结果**

站点	徐州	射阳	阜阳	南京	宝山	安庆	杭州	衢州	洪家
变化趋势斜率	−0.014	−0.072	0.007	−0.072	−0.041	−0.015	0.017	0.103	−0.066
检验统计量 Z_c	−1.102	−3.995	0.354	−3.489	−1.245	−0.839	0.88	3.651	−1.363

2.6.3 GNSS/PWV 解算效果评价

为更好地在同一时间尺度下对比不同数据源的大气水汽含量的精度情况，需要将得到的逐小时 GNSS/PWV 数据与逐小时的再分析资料转化为逐日变化数据。研究站所在的滁州境内无探空站，于是选择了临近的南京站进行代替；虽然与滁州本地的实际水汽含量的变化情况有一定的差距，也仍具有一定的代表性。再分析资料为滁州综合水文实验基地所在的格点，所选用的为欧洲气象中心的 ERA5 数据集。

2019 年 7 月 1 日至 2019 年 8 月 21 日逐日 0：00 时大气水汽含量变化的 PWV GNSS 水汽与探空、再分析资料的结果对比如图 2.19 所示。从图 2.19 中可以看出，GNSS 站与探空数据计算以及再分析资料获取的水汽变化量在趋势是一致的，且变化的幅度也基本一致。但是，由于南京站距离滁州基地还有一定的距离，在进行逐日的差值比较时还存在一定的波动，尤其是在水汽含量发生变化时。再分析资料与探空资料的一致性较好，能够反映区域内大气水汽含量的变化情况，再分析资料有小时变化的数据，能够进一步比较 GNSS 解算的大气水汽含量在小时尺度上的精度情况。

选用 2020 年 5 月 14—20 日逐小时的 GNSS 和再分析资料的大气可降水量进行分析，由图 2.20 可以发现：再分析资料在变化趋势上平滑增加或减少，而 GNSS 解算得到的大气水汽含量在很多情况下出现锯齿状的变化，即大气水汽含量在不同时刻的表现呈现变化波动，图 2.20 反映最为明显的就是 2020 年 5 月 16 日 12：00—23：00 的变化值。从整体变化的趋势来看，GNSS - PWV 与再分析- PWV 的变化趋势一致，增加/减少的拐点、幅度也基本是相同的。

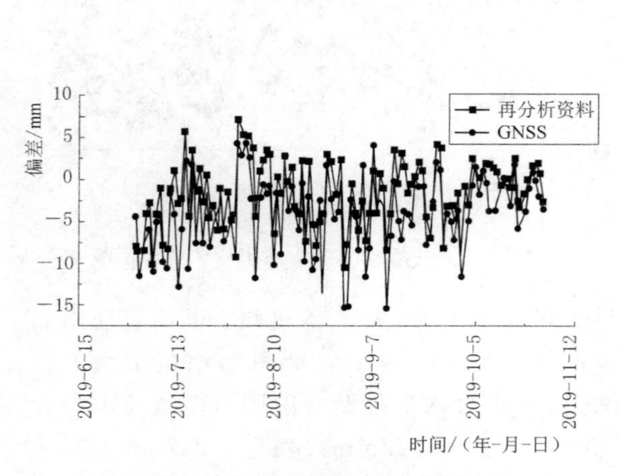

图 2.19 不同数据源日尺度结果比较

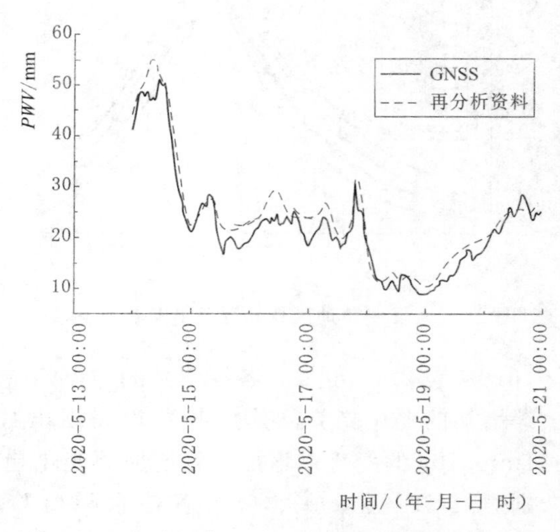

图 2.20 小时尺度上 GNSS 与再分析资料的对比

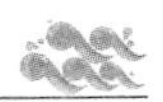

根据2019年6月20日至10月29日逐小时的GNSS解算的大气水汽含量与再分析资料的差值情况（总计3168个样本），多数样本中两者的差距均控制在±15mm内，两者的数据可以在一定程度上得到相互验证。探究大气水汽含量与降水的关系时，可以采用两种数据；但是基于大气水汽含量对降水进行预测分析时，考虑到获取再分析资料的时间滞后性，基于GNSS获取大气水汽含量的方法则是更好的选择。

2.6.4　*PWV* 与降水的变化关系

为了探究大气水汽含量与降水之间可能存在的关系，以南京站2018年、2019年6—8月探空数据获得的0：00与12：00的大气可降水量与对应日期的日降水量进行对比分析。由图2.21可以看出：实际降水发生的日期与大气可降水量的变化有着十分密切的关系。降水发生时对应着大气可降水量的高值，且降水量越大对应的大气可降水量也越大。降水发生前的几天，大气可降水量的值逐渐增加或处于不小于50mm的高值区；降水发生后，大气水汽含量的值会出现明显下降的现象，下降的幅度一般超过10mm，如果下降的幅度不大且仍处于高值区，则会有持续降水发生。

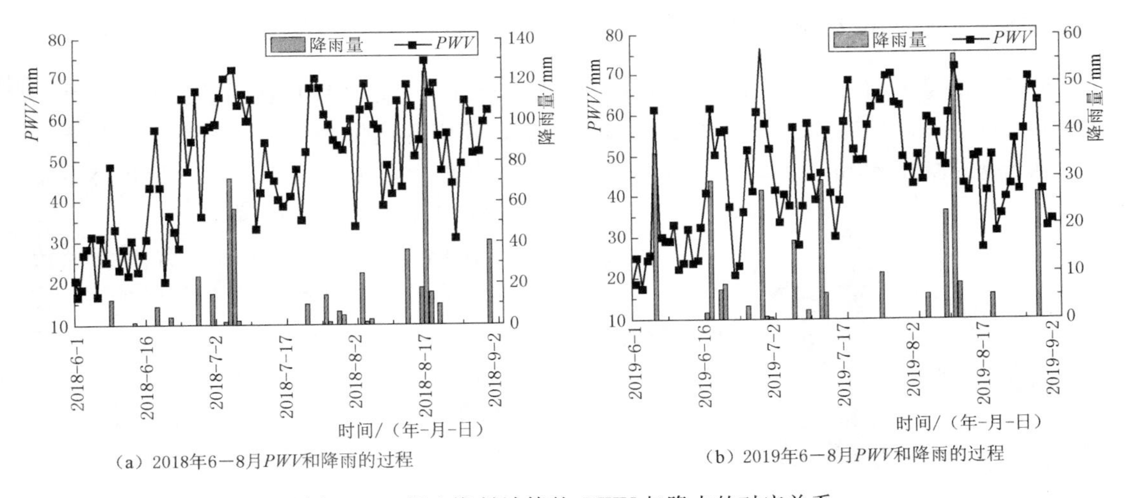

（a）2018年6—8月*PWV*和降雨的过程　　（b）2019年6—8月*PWV*和降雨的过程

图2.21　探空资料计算的*PWV*与降水的对应关系

一般来讲，降水发生后大气水汽含量会有明显的向下的变化趋势；如果此时大气水汽含量的值没有减少反而表现出增加的变化趋势，则当大气水汽含量增加到高值区时还会再次发生降水。图2.22中2018年8月12日23：00发生降水，大气水汽含量开始逐渐减少；2018年8月13日2：00降水持续后，大气水汽含量此时未继续下降反而呈现增加的趋势且最高处2020年8月13日5：00达到了68.73mm的极大值，则在接下来的2020年8月13日12：00降水量达到9.9mm。

以滁州水文实验基地2018年7月22日至9月29日、2019年6月17日至10月29日以及2020年7月10日至9月30日的GNSS大气可降水量数据和地面气象数据进行分析统计，大气可降水量达到70mm及以上时，则该时刻一般情况都会正在发生降水；且大气可降水量持续在70mm以上的时间越长，降水的持续时间也越长、降水量也越大。如在 2020 年 8 月 17 日 0：00 大气可降水量超过了 70mm，同步的降水量也达到 25mm。在 2018 年 8 月 17 日 8：00 大气可降水量超过了 70mm 并持续至当日 18：00，持续时间超过 10h，对应的时段的降水达到了 76.5mm（见图 2.23）。

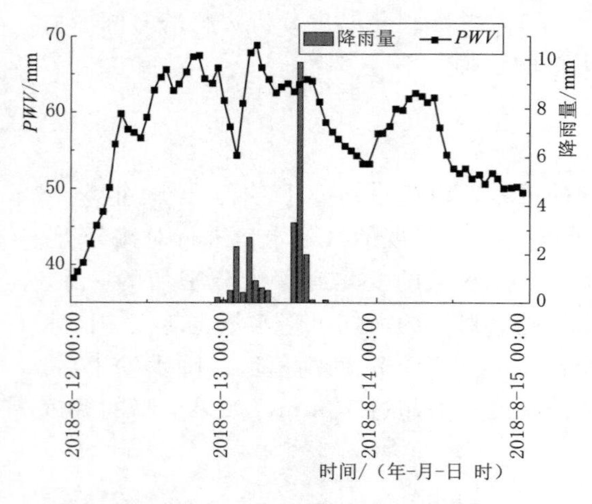

图 2.22　GNSS - *PWV* 与降水的对应关系

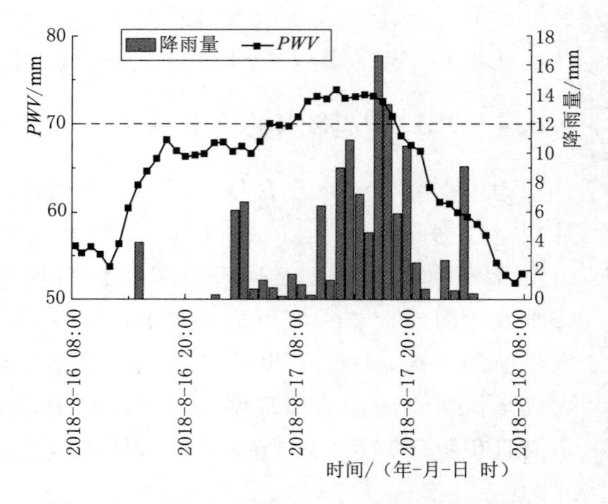

图 2.23　*PWV* 达到 70mm 时对应的降水情况

小时降雨量未超过 10mm，发生降雨前大气水汽含量会不断增加达到最大值（一般超过 60mm），之后维持高大气水汽含量一段时间后，降水开始发生。降水发生后，如果水汽含量迅速减少至 40mm 附近时，该场次的降雨过程结束；如果大气水汽含量依然保存高值，则还有可能发生降水。

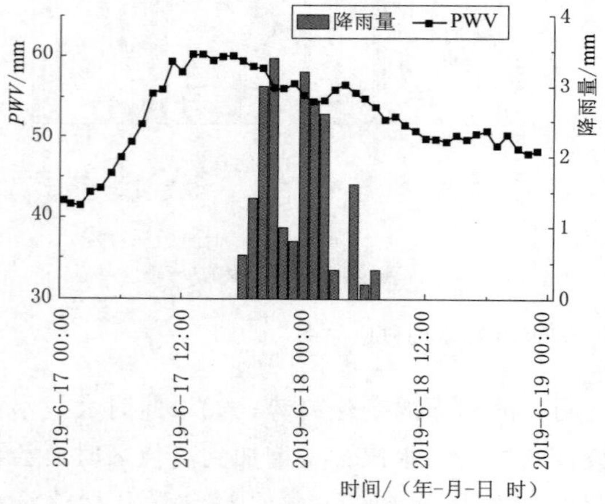

降雨发生前，大气水汽含量会经历“水汽含量增加—高值保持—降水发生”的变化过程。在 2019 年 6 月 17 日 0：00 水汽含量从 42mm 左右不断地增加，在 6 月 17 日 11：00 水汽含量的值达到 60mm 附近，11h 内水汽的变化量达到 18mm。此后，在接下来的 8h 内大气水汽含量一直维持在 60mm 附近，6 月 17 日 18：00—6 月 18 日 7：00 降水持续发生，大气水汽含量逐渐减少，此时大气水汽含量减少至 50mm 附近（见图 2.24）。

图 2.24　降水开始前 *PWV* 的变化情况

第3章 卫星降雨监测

3.1 概述

热带气旋（tropical cyclone，TC），是发生在热带或副热带洋面上的低压涡旋，我国把底层中心最大平均风力为12级或以上的热带气旋称为台风[136]。热带气旋具有充足的水汽供应，上升运动强烈，易形成暴雨[137]。热带气旋暴雨较其他类型暴雨而言，具有发生频率高、突发性强、影响范围广、成灾强度大等特点[138]。热带气旋暴雨中心日降水量可达100～300mm，有时甚至会产生500～800mm的特大暴雨[139]。热带气旋登陆时，受到地形抬升作用以及地表拖曳效应，往往会使暴雨强度加大，持续性的热带气旋暴雨会导致山洪暴发和河流洪水泛滥，进而淹没农田及道路等，造成人员伤亡等巨大损失[140]。沿海城市受热带气旋侵扰后，极易出现严重的城市内涝灾害[141]。

中国是世界上热带气旋登陆次数最多、灾害最严重的国家之一，平均每年有9个热带气旋登陆中国，就中国而言，由热带气旋引起的大暴雨次数较多，多年平均次数占全年暴雨总次数的52.7%[142,143]。广东省位于西北太平洋沿岸，紧邻南海，是中国每年热带气旋登陆数量排名第一的省份[138]。绝大多数登陆我国华南沿海的热带气旋都能带来暴雨，其中，70%能造成大暴雨，大暴雨中30%为特大暴雨[142]。近80%的热带气旋暴雨发生于每年的7—9月，这段时间广东省产生的降雨主要为台风雨[144]。广东省人口密集，大部分城镇分布在低洼地区，地貌效应和日益增加的极端降水共同作用，导致洪涝灾害频发，造成严重的影响。广东沿海各中小河流均有台风暴雨导致的洪涝记录，据《广东水旱风灾害》，1915年（1506号台风）、1949年（4902号台风）、1994年（9403号台风）的流域性特大洪水都由台风暴雨引起，并造成了严重的生命财产损失[145]。近年来随着我国城市化的不断推进，华南地区因台风降雨而引发的城市洪涝灾害呈上升趋势，如2017年登陆我国华南地区的“天鸽”台风，在华南区域多个城市引起了非常严重的城市洪涝灾害，损失巨大。因此，台风暴雨监测是城市暴雨洪涝监测的重要内容。

地面雨量站受站点密度的影响，难以开展大范围降雨监测，在对台风这种发生范围大的降雨进行监测时，具有明显的不足。地基雷达的测量较地面雨量站有了一定提高，但仍不能完全满足对台风大尺度降雨监测的需要。气象卫星降雨观测具有覆盖范围大的优点，是监测台风降雨的有效手段。

基于PERSIANN卫星估算降雨，对天鸽台风降水过程特征进行了分析，在此基础上，基于PERSIANN卫星估算降雨，对发生在粤港澳大湾区的18场典型台风，进行了台风螺旋雨带特征的分析。利用现有的地面雨量站观测结果，对GPM降雨在粤港澳大湾区的精度进行了评估，并采用四种不同的方法，对GPM降雨进行了校正。

3.2 基于PERSIANN的“天鸽”台风降水过程特征分析

3.2.1 “天鸽”台风简介

“天鸽”台风（Typhoon Hato，国际编号：1713，联合台风警报中心编号：15W，菲律宾大气地球物理和天文管理局编号：Isang）为2017年太平洋台风季第13个被命名的风暴。台风“天鸽”于2017年8月20日14：00在西北太平洋洋面上生成，之后强度不断加强。8月22日8：00加强为强热带风暴，15：00加强为台风，8月23日7：00加强为强台风，一天连跳两级，最强达16级，强度增强之迅速十分罕见。12：50前后以强台风级在中国广东省珠海市金湾区沿海地区登陆，登陆时中心附近最大风力达14级（45m/s），中心气压最低值为950hPa，随后迅速加强至15级，8月24日14：00减弱为热带低压，17：00中央气象台对其停止编号（中央气象台台风网：http：//typhoon. nmc. cn)。“天鸽”台风为2017年登陆中国的最强台风[146]，对珠三角和华南地区带来明显影响。此次台风造成24人死亡和68.2亿美元的经济损失，珠三角、粤西和广西部分地区都出现了大于250mm的特大暴雨[147]。

根据浙江省水利厅台风中心气压数据及台风移动速度数据（https：//typhoon. zjwater. gov. cn/default. aspx)，绘制台风中心气压及移动速度随时间的变化曲线。可以发现台风生成至登陆前中心气压不断降低，至登陆前2h中心气压达到最低（940hPa），登陆后中心气压升高直至台风消散。

3.2.2 “天鸽”台风累计降雨分布

为了研究“天鸽”台风降水的时空特征，从PERSIANN数据网站下载了“天鸽”台风整个生命周期内的PERSIANN-CCS数据，即2017年8月19日18：00到8月30日0：00。根据“天鸽”台风运动路径，确定一个包含其运动轨迹的矩形区域，其经纬度范围为102.82°E～132.90°E，8.62°N～30.43°N。“天鸽”台风在矩形区域内产生的累计降水量（8月20日14：00至8月24日17：00)，其中，累计降水量最大值为506mm，出现在菲律宾，中国累计降水量最大值为259mm，出现在广东省茂名市。根据图中降水量的空间分布，将受影响区域划分为三大强降雨区，分别位于广东省西南部、海南省东部边缘和广西壮族自治区南部。其中，广东省西南部是降雨时间最长、降雨量最大的强降雨区，降水量超过200mm的位置主要位于湛江市、茂名市、阳江市、江门市；海南省东部边缘的强降雨主要是由于台风西南象限的云带影响；而广西壮族自治区南部的强降雨主要是台风破碎雨带扩大的结果。

3.2.3 “天鸽”台风降水时空分布特征

台风生成后38h（登陆前45h）在洋面形成螺旋雨带，自8月22日22：00开始，广东省出现弱降水，23日4：00降水开始加强，强降水区主要集中在粤西区域，随后降水区逐渐扩大。至23日10：00台风登陆前夕，螺旋雨带外围区域开始影响广东省沿海区

域。在登陆前台风眼区无降水产生，螺旋雨带结构饱满。台风登陆后，螺旋雨带半径减小，至 24 日 7：00 消散。随着螺旋结构雨带的消散，广东省的降水则由大范围降水转变为小范围、多区域降水。至 25 日 1：00 时台风停编，广东省内降水强度减弱，至 25 日 10：00 广东省范围内降雨停止。2017 年“天鸽”台风自生成后至停止编号历经 111h，降水持续了近三天直至台风在广西消散。在台风发展运动的过程中，台风生成期及衰亡期的降水较弱，在台风成熟期的降水较强，尤其是台风中心在岸上登陆时，登陆点附近的降雨量达到最大值。台风降水外围虽有所扩大，但强降水区仍接近台风中心并跟随台风路径运动，并且“天鸽”台风的降水主要集中在台风中心的西南部，集中于距台风中心 200km 半径的螺旋雨带内。

分别计算了三大强降雨区域所在省份的面平均降水和三省区域面平均降水的时间序列变化，可将“天鸽”台风降雨分为三个阶段，见表 3.1。

表 3.1　“天鸽”台风降水的三个阶段

阶段	每个阶段的时间范围/(月-日 时)	相应的时间节点
1	8-21 13：00—8-23 8：00 (43h)	台风形成后 32h 至登陆前 5h
2	8-23 8：00—8-25 0：00 (40h)	台风登陆前 5h 至登陆后 35h
3	8-25 0：00—8-30 8：00 (128h)	台风登陆后 35h 至区域无大面积降水

3.2.4 “天鸽”台风降雨三个阶段的降雨特征

3.2.4.1 第一阶段

将第一阶段降雨分为三个部分（见表 3.2），此阶段台风中心始终位于海上。

表 3.2　“天鸽”台风降水第一阶段的三个部分

部分	第一阶段三个部分的时间范围（月-日 时）	相应的时间节点
1	8-21 13：00—8-22 7：00 (18h)	台风形成后 32h 至登陆前 30h
2	8-22 7：00—8-23 0：00 (17h)	台风登陆前 30h 至登陆前 13h
3	8-23 0：00—8-23 8：00 (8h)	台风登陆前 13h 至登陆前 5h

在“天鸽”台风降雨第一阶段的第一部分，台风中心位于海上，还未到达东沙群岛，在台湾省东南部形成了螺旋雨带。此阶段降水在 8 月 21 日 19：00 达到最大，主要集中在广东省东部的汕头市和惠州市。此时台风中心（台湾省南部海域）距离中国华南地区超过 500km，因此这一阶段的降水属于台风的远距离降水。在“天鸽”台风降雨第一阶段的第二部分，台风中心向西朝中国华南地区移动。由于台风的逆时针旋转，降水区域由广东省东部转移至西部。台风中心移动到距离中国华南地区 200km 时，降水明显增加，特别是珠海、深圳和中山市，此时降水主要受到“天鸽”台风外围环流的影响。在“天鸽”台风降雨第一阶段的第三部分，台风中心移动到距离中国华南地区 100km 的区域。此阶段，降水主要集中在海南省，而广东省降水不强，这时期的降水主要是由台风结构的螺旋雨带引起的。

3.2.4.2 第二阶段

在“天鸽”台风降雨第二阶段，台风在广东省珠海市金湾区沿海地区登陆，并向西移动。由于受到台风本体的影响，此阶段降水持续时间长，降水强度大，覆盖面积最广。三省（自治区）大部分区域都出现了强降水，尤其是广东省南部、广西壮族自治区中南部和海南省东部边缘地区。根据下载的 PERSSIAN－CSS 降雨数据，绘制了“天鸽”台风降水第二阶段的累计分布图，根据这一结果，将第二阶段的降雨分为两个部分，见表 3－3。

表 3.3　“天鸽”台风降水第二阶段的两个部分

阶段	第二阶段两个部分的时间范围/(月-日 时)	相应的时间节点
1	8－23 8：00—23：00（15h）	登陆前 5h 至登陆后 10h
2	8－23 23：00—8－25 0：00（25h）	登陆后 10～35h

在“天鸽”台风降雨第二阶段的第一部分，降水范围在 8 月 23 日 8：00 左右波及着陆地，即珠海市。当台风中心靠近珠海市时，螺旋雨带再次加强。“天鸽”台风于 8 月 23 日 12：50 在珠海市金湾区登陆，产生两个主要的降水中心，分别是广东省中西部的江门市和中山市。台风登陆后，螺旋雨带结构略有分散，此时降水随着台风中心向西移动，降水区域主要集中在广东省，其中珠海、中山、江门、佛山市降水量最大，持续了约 4h。台风中心于 8 月 23 日 20：00 进入广西壮族自治区境内，减弱为强热带风暴级别，降雨中心也随之进入该区域。到 22：00，台风减弱为热带风暴级别（风速 23m/s，中心气压 990hPa），降雨量有所降低，主要集中在广西壮族自治区南部的玉林和钦州市。另外，PERSSIAN－CCS 卫星降水的逐时数据也可以很好地捕捉到“天鸽”台风的螺旋雨带现象。从降水量上来看，三省（自治区）的区域平均降水仅在 8h 内就从 8 月 23 日 8：00 的 0.01mm/h 增加到 16：00 的 0.13mm/h。其中，广东省的区域平均降水变化为从 0.31mm/h 到 2.81mm/h，广西壮族自治区的变化为从 0.17mm/h 到 2.46mm/h。该阶段的强降雨主要是由台风的螺旋雨带结构引起的，随着台风主环流向西移动，螺旋云带破裂，此时雨量降至最低（8 月 23 日 23：00）。

在“天鸽”台风降雨第二阶段的第二部分，台风在广西壮族自治区内向西移动，同时雨带也位于广西壮族自治区，随着台风逐渐消散，台风中心移至广西壮族自治区西南部的百色市。在此期间，广东省降水减弱，位于广西壮族自治区中南部的主要降水区域向西移动。8 月 24 日 14：00，“天鸽”台风在百色市境内减弱为热带低压。随着螺旋雨带向台风的西南象限演化，反射率带逐渐分裂为多个强云团中心。随着断裂雨带向广西壮族自治区移动，广西壮族自治区的降水在 8 月 24 日 7：00 达到峰值。8 月 24 日 2：00—11：00，降水的空间分布较为分散，台风中心附近雨量较少，周边雨量较多。从 8 月 24 日 17：00 至台风消失，受影响区域降水不多。“天鸽”台风并没有像其他登陆南海的台风一样带来持续降水，只有广西壮族自治区南部受热带低压和西南季风共同影响产生短时降水。

3.2.4.3　第三阶段

在“天鸽”台风降雨第三阶段，随着台风强度的减弱，降水强度也逐渐衰减。同时该阶段主雨带断裂，台风结构变的不对称。台风消散后，主雨带分散并且消失，但是受到台风外环流和分散的雨带聚集的影响，共出现 5 次降雨峰值，其中 4 次出现在海南省，1 次出现在广西壮族自治区。

3.3 基于 PERSIANN 的台风螺旋雨带特征分析

采用卫星降水产品进行大尺度降水分析时，台风及以上强度热带气旋的降水过程特征更明显，因此选取 18 场典型台风，采用 PERSIANN - CCS 卫星降水产品（空间分辨率：0.04°×0.04°，时间分辨率包括：1h、3h、6h、日）展现台风带来的大范围降水的时空分布特征。18 场典型台风的情况见表 3.4，由于获取的台风资料中台风中心的位置及强度为每 6h 一个数据，因此每场台风的卫星降水图采用与台风资料时间一致，时间分辨率为 1h 的数据进行展示。

表 3.4　　典型台风信息

序号	年份	台风名称	英文名称	生命周期 /(月-日)	登陆时间 /(月-日 时)	登陆地点
1	2017	天鸽	HATO	8-20—8-24	8-23 12：50	广东珠海
2	2016	海马	HAIMA	10-15—10-22	10-21 12：40	广东汕尾
3	2016	莎莉嘉	SARIKA	10-13—10-19	10-18 09：50	海南万宁
4	2016	妮妲	NIDA	7-29—8-3	8-2 3：35	广东深圳
5	2015	彩虹	MUJIGEA	10-1—10-5	10-4 13：04	广东湛江
6	2015	莲花	LINFA	7-2—7-10	7-9 12：15	广东陆丰
7	2014	海鸥	KALMAEGI	9-12—9-17	9-16 9：40	广东陆丰
8	2014	威马逊	RAMMASUN	7-10—7-20	7-18 15：30	海南文昌
9	2013	天兔	USAGI	9-16—9-23	9-22 19：40	广东汕尾
10	2013	尤特	UTOR	8-9—8-18	8-14 15：50	广东阳江
11	2012	启德	KAITAK	8-13—8-18	8-17 12：30	广东湛江
12	2012	韦森特	VICENTE	7-18—7-25	7-24 4：15	广东台山
13	2011	纳沙	NESAT	9-24—9-30	9-29 14：30	广东深圳
14	2010	灿都	CHANTHU	7-19—7-23	7-22 13：45	福建厦门
15	2010	康森	CONSON	7-12—7-18	7-16 19：50	海南万宁
16	2009	巨爵	KOPPU	9-12—9-15	9-15 0：00	广东汕尾
17	2009	莫拉菲	MOLAVE	7-15—7-19	7-18 18：00	广东珠海
18	2008	黑格比	HAGUPIT	9-17—9-26	9-24 0：00	广东电白

结合台风降水图可以发现，降水分布不均，台风眼区几乎无降水，但眼墙区的雨强很大，并且每一场台风均可发现螺旋雨带的生成及运动轨迹，表 3.5 为 18 场台风的螺旋雨带相应属性。

针对 18 场台风的强降水区及螺旋雨带属性进行总结如下：

（1）螺旋雨带生成的时间约为台风生成后 0～60h（0～3 天），最快生成时间为热带气旋被定义的时间，最慢的为生成后 60h。

表 3.5　　　强降水出现时间、位置及最大螺旋雨带半径、时间

台风名称	最大降水与登陆时间差/h	强降水区位置（登陆前）	强降水区位置（登陆后）	螺旋雨带最大半径/km	雨带消散与登陆时间差/h
天鸽	2	台风中心左侧	台风眼区附近 80km 半径	140	1
海马	3	台风中心为圆心	台风眼区左侧 50km 半径	370	1
莎莉嘉	−3	台风中心右侧	台风中心左上方	200	4
妮妲	14	台风中心左后方	台风中心左侧 370km 处条带	240（登陆后）	4
彩虹	0	台风中心左前方	台风中心后方	320	7
莲花	−175	台风中心左侧	台风中心左前方	240	2
海鸥	2	台风中心左后方	台风中心左侧	300	16
威马逊	0，20	台风中心左侧	台风中心附近	220	16
天兔	−5	台风中心左侧	台风中心左侧	400	6
尤特	2，30，54，70，145	台风中心左前方	台风中心左侧	230	22
启德	−17，0	台风中心左前方	台风中心后方 300km 处条带	320	2
韦森特	−32，3，14，38	台风中心左前方	台风中心左侧	306	4
纳沙	6	台风中心左后方	台风中心左侧	370	11
灿都	−4，115，135	台风中心左侧	台风中心右侧	230	6
康森	0，27，101，126	台风中心左侧	台风中心左侧	217	18
巨爵	−96，−4，14	台风中心左后方	台风中心左侧	210	8
莫拉菲	5，7，25	台风中心左侧	台风中心左侧	260	14
黑格比	−8，6，68	台风中心左后方	台风中心左侧	260	14

（2）台风登陆后螺旋雨带持续时间为 1～22h，即登陆后 1 天内螺旋雨带会消散产生局部降水。

（3）螺旋雨带最大半径为 300km 左右，最小 140km，最大 400km（大部分在海上）。

（4）台风登陆前，强降水主要位于台风路径的左侧，少部分位于右侧及右后方。

（5）广东省的强降水主要出现在登陆前后 10h 内，强降水区为以登陆地点为中心的 100km 半径的圆，并向越南、我国广西壮族自治区移动，或登陆后螺旋雨带即消散为零星降水。

3.4 GPM IMERG 降水产品精度评估

3.4.1 概述

除探测方式本身带来的系统误差外，卫星估测降水精度会受位置、地形等因素影响，在不同地区有不同的估测效果。目前已有较多对多源遥感降水产品的评估研究，研究多针对 TRMM 产品、COMRPH 产品、GPM IMERG 等主流卫星反演降水产品在全球不同地区的精度进行评估，而针对雷达和卫星产品的对比研究相对较少，尤其是对比新一代 GPM IMERG 系列产品和多普勒雷达反演降水在相同场次降水监测上的优劣研究。目前

评估的研究多以日、月时间尺度针对流域范围的研究较多，由于小时降雨数据难以获取等原因，较少以小时为单位对比评价新的 GPM IMERG 系列产品和 QPE 雷达定量估测降雨产品的适用性的研究。对于暴雨洪涝频发的地区，对卫星和雷达产品在小时尺度上进行详细的评估分析，探索其应用潜力，尤其是区域洪水预报预警具有重要的现实意义。

以中国南部沿海的粤港澳大湾区为研究区，收集 2017 年夏季共四场典型场次暴雨资料，从 1h 和 3h 的时间尺度，网格累积、区域平均和网格尺度的多空间尺度对比评估三个 GPM IMERG 系列降水产品（包括准实时的 ER、LR 和后处理 FR 产品）和 QPE 雷达估测产品共四个产品的降雨探测效果，探索其在城市化地区的暴雨洪水研究的潜力，为城市区域洪水预报和水文预报预警等方面的应用提供依据。笔者主要关注卫星和雷达两种观测方式对场次降雨量估测的准确性，以及对比降雨时间变化趋势和空间分布的监测能力和降雨事件的捕捉能力，讨论卫星产品和雷达产品在洪水预报预警等不同研究方向的应用潜力。以往的研究中，卫星和雷达获得的数据偏离地面观测的部分原因可能是观测地点缺乏空间代表性。为了更精确地评估 GPM 卫星降水产品和 QPE 雷达估测降雨产品，收集研究区高密度自动站站点降水数据作为降雨“真值”，站点基本覆盖所有研究区范围内的网格，避免空间插值步骤带来的误差，可以更精确地对场次降雨的空间分布情况的描述进行评估。

3.4.2 研究区概况

粤港澳大湾区（Guangdong - Hong Kong - Macao Greater Bay Area，GBA）作为国家级三大城市群之一，位于中国南部沿海珠江三角洲，覆盖广州、佛山、深圳、东莞、惠州、珠海、中山、江门、肇庆 9 市，并包含香港和澳门。总面积 5.6 万 km^2，20 世纪 70 年代以来，中国经历了城市化快速发展时期，2017 年年末总人口已达 7000 万人，是中国人口集聚程度高、活力强的高度城市化区域之一，在国家发展大局中具有重要战略地位（中共中央 国务院印发《粤港澳大湾区发展规划纲要》新华网 [引用日期 2019 - 02 - 18] http：//www.xinhuanet.com/politics/2019 - 02/18/c _ 1124131474.htm）。根据世界银行的报告仅内地的珠三角 9 市已成为全世界面积最大、人口最多的城市群。

粤港澳大湾区处于气候系统复杂的热带季风气候的沿海地区，所在的珠江三角洲水系密布，在此背景下，台风、城市暴雨等极端灾害天气频发，地区仍面临城市内涝、洪水灾害等水安全问题的严峻考验。尤其是城市化进程仍在持续，一旦发生洪水，将损失惨重。2019 年，中共中央、国务院针对粤港澳大湾区未来发展问题印发了《粤港澳大湾区发展规划纲要》，特别提出“强化水资源安全保障”，即“完善水利基础设施”和“完善水利防灾减灾体系”。因此，研究粤港澳大湾区不同来源降雨的探测效果、提高对高度城市化地区的降水探测能力对区域气象预报和洪水预警预报具有重要的现实意义，也是保障粤港澳大湾区经济发展的基础和助力。

研究区北面为粤北山区，有华南最大的山脉——南岭，南部的三角洲的是开放的低地。研究区所处的珠江三角洲平原形成于珠江的三条主要支流——西江、北江和东江，区内水系发达，河网纵横交错。珠江三角洲被认为拥有世界上最复杂的河网之一。这个由三条主要河流组成的复合水系主要包括东江、西江和北江，分别向海洋贡献了 72%、14%

和 7.6%的排放[148]，三条河流汇入珠江口，形成了珠江。珠江三角洲受南亚热带季风气候影响较大，年平均气温为 22～22.5℃，年平均降水量为 1500～2200mm[148]。受夏季风的影响，年降水量的 80%左右发生在雨季（4—9 月），20%左右发生在旱季（10 月至次年 3 月）[149]。由于复杂的地形和东亚季风气候影响，区域洪涝灾害频繁发生[150]。

3.4.3 数据来源

选取粤港澳大湾区 2017 年夏季的四场典型降雨时段进行评估，四场降雨相关信息见表 3.6。收集研究区范围内对应时段的 1100 多个密集自动雨量站 1h 降水数据，数据由广东省气象局提供。所有雨量资料每小时累积一次，精度为 0.1mm。

表 3.6 选取降水时间相关信息

降雨事件	开始时间 /(年-月-日 时)	结束时间 /(年-月-日 时)	历时/h	站点数量	网格数量
"20170419"	2017-4-19 00：00	2017-4-22 15：00	88	1169	419
"20170505"	2017-5-5 15：00	2017-5-10 15：00	121	1170	420
"20170523"	2017-5-23 00：00	2017-5-25 15：00	64	1170	420
"20170701"	2017-7-1 1：00	2017-7-5 15：00	111	1154	4100

同时收集研究区范围内 2017 年夏季的四场典型小时尺度的雷达 QPE 数据。由于地物和折射的非降水回波会影响雷达 QPE 数据的质量。因此，本节中使用的 QPE 产品已经用雨量计观测值通过变分法进行了校正。QPE 产品由广东省气象局提供，具有 0.01°×0.01°的空间分辨率和小时时间分辨率。

卫星降水产品为 GPM IMERG 系列产品，包括 ER、LR 和 FR 产品。IMERG 是一套非常高的空间（0.1°）和时间（0.5h）分辨率的多卫星降水产品。最新的 IMERG V05 于 2017 年 11 月发布，从降水测量任务（PMM）网站（https：//pmm.nasa.gov/GPM）下载得到。

地面数据和卫星、雷达数据具有时区差异和时间尺度差异，气象站点观测数据为北京时（UTC+8），卫星和雷达数据为世界时间。为了统一时间，将气象站点数据的北京时减去 8h 转化为 UTC 世界时间；为了评估不同时间尺度下的降水精度，并将气象站点 1h 降水数据、IMERG 的 0.5h 数据选取对应时段分别处理为 1h 和 3h 数据。雷达数据空间分辨率为 0.01°，通过最邻近法重采样统一到 IMERG 数据 0.1°分辨率下进行评估。

3.4.4 研究方法

以地面自动站降水量为"真值"，提取站点对应网格降水产品数据。由于收集到的是高密度站点，一个网格包含 0～15 个站点（见图 3.1），对于多个站点对应一个网格的情况，采用多站点平均值作为该网格对应的"真值"。

参照中华人民共和国气象行业标准中的气象卫星定量产品质量评价指标内容，采用的统计指标有相关系数 R、偏差 $BIAS$、均方根误差 $RMSE$ 等。相关系数 R 用于反映卫星雷达降水产品与站点观测值的线性关系，值越接近 1 越好；偏差 $BIAS$ 衡量卫星雷达降水

产品数据的系统偏差，也成为相对误差，值越接近 0 越好；均方根误差 *RMSE* 用于衡量平均误差的大小，值越接近 0 越好。三个常规评价指标公式如下：

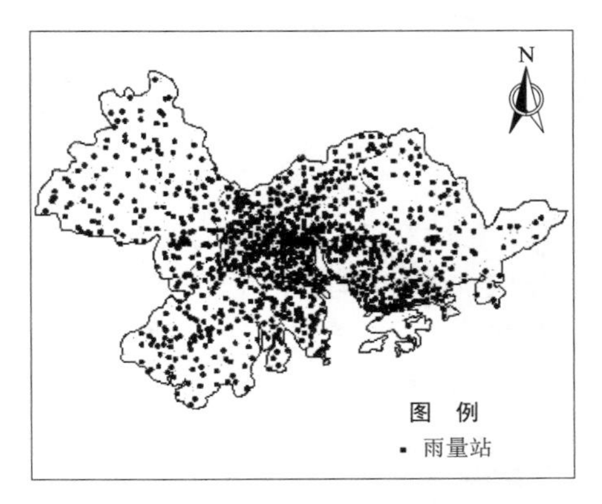

图 3.1 研究区自动雨量站点位置示意图

$$CORR=\frac{\sum_{i=1}^{n}(y_i-\bar{y})(x_i-\bar{x})}{\sqrt{\sum_{i=1}^{n}(y_i-\bar{y})^2\sum_{i=1}^{n}(x_i-\bar{x})^2}} \tag{3.1}$$

$$BIAS=\frac{\sum_{i=1}^{n}(y_i-x_i)}{\sum_{i=1}^{n}x_i} \tag{3.2}$$

$$RMSE=\sqrt{\sum_{i=1}^{n}\frac{(y_i-x_i)^2}{n}} \tag{3.3}$$

式中：y_i 为卫星降水估测值；x_i 为台站降水实测值，即“真值”；$\bar{y}$ 和 $\bar{x}$ 分别为估测和实测降水量平均值；n 为样本容量。

以上常规统计指标都是针对降水量对卫星产品的准确度进行评估，实际应用中，还需要考虑降水产品与观测降雨在降雨发生时间是否保持一致，即对降水事件的捕捉能力。本节采用分类评分指标来衡量 GPM IMERG 产品对降水事件的探测能力，包括探测率 *POD*（probability of detection）、假报率 *FAR*（false alarm ratio）和 Heidke 评分 HSS（heidke skill score）。*POD* 反映降水产品准确监测降水事件的概率，取值范围为 0～1，值越大，说明卫星降水产品对降水事件的漏报程度越小；*FAR* 反映降水产品误报降水事件的概率，取值范围 0～1，值越高，表示错报程度越高；*HSS* 越高，表明探测能力越强。其中，*POD* 和 *HSS* 越接近 1 越好，*FAR* 越接近 0 越好。公式如下：

$$POD=\frac{N_{11}}{N_{11}+N_{01}} \tag{3.4}$$

$$FAR=\frac{N_{10}}{N_{11}+N_{10}} \tag{3.5}$$

$$HSS=\frac{2(N_{11}N_{00}-N_{10}N_{01})}{|(N_{11}+N_{01})(N_{01}+N_{00})+(N_{11}+N_{10})(N_{10}+N_{00})|} \tag{3.6}$$

式中：N_{11}、N_{01}、N_{10} 和 N_{00} 分别代表四类降水事件，其定义见表 3.7。

表 3.7　　四类降水事件定义表

卫星降水产品	站点降水	
	站点探测有降水事件	站点探测无降水事件
降水产品探测有降水事件	N_{11}	N_{10}
降水产品探测无降水事件	N_{01}	N_{00}

水文和能量循环的响应不仅取决于降水总量，还取决于降水的空间格局、强度和持续时间等特征[151]。分别从网格累积尺度、流域平均尺度和网格尺度对四场降雨时段的多源遥感降水产品（GPM IMERG 系列产品和 QPE 雷达定量估测产品）基于站点观测数据计算了 1h 和 3h 时间尺度的各项评估指标。网格累积尺度评估是将所有网格的所有时刻的降水数据累积为同一序列进行评估；流域平均尺度是将各产品在空间上按研究区网格数求平均得到各时刻平均值序列进行评估；网格尺度是对各网格的产品数据各自进行评估。这样从整体出发与单个网格的评估相结合进行精度检验，全面反映出降水产品和“真值”之间的差异。除了量级和空间分布外，还考虑时间趋势的一致性、对于不同雨强降雨的捕捉能力以及误差特征，达到全面综合评估的目的。

3.4.5 网格累积尺度评估结果

随机选取粤港澳大湾区 2017 年夏季的四场降水过程，对三个 GPM IMERG 系列卫星降水产品和 QPE 雷达降水产品在网格累积尺度的精度进行评估，各产品在 1h 和 3h 的评估结果见表 3.8 和表 3.9。从四场降雨结果来看，三个 GPM IMERG 产品结果都比较接近，各场次的评估结果具有一致性，除“20170523”场次 FR 产品相对 ER 和 LR 产品有明显的高估外，其他评估结果都保持比较均匀和接近一致的效果。三个 GPM IMERG 产品的相关性指标 *CORR* 在 1h 时间尺度中达到 0.35～0.56，均方根误差 *RMSE* 为 2.16～4.08mm，偏差指标 *BIAS* 结果为−0.24～0.63。探测效果来看，三个 GPM IMERG 产品探测率指标 *POD* 结果为 0.61～0.79，错报率 *FAR* 为 0.34～0.59，Heidke 评分指标 *HSS* 为 0.39～0.60。QPE 产品 *CORR* 为 0.83～0.85，相对于三个 GPM IMERG 产品更高，*RMSE* 为 1.40～2.01mm，*BIAS* 为−0.23～−0.16，存在普遍的低估现象。探测效果来说，QPE 产品的 *POD* 为 0.33～0.42，*FAR* 为 0.08～0.09，*HSS* 为 0.41～0.51，相对于 GPM IMERG 产品来说，QPE 产品假报较少，但是对降水监测的探测率较低。而 3h 尺度上（见表 3.9），三个 GPM IMERG 产品的 *CORR* 为 0.47～0.69，*RMSE* 为 3.73～9.09mm，*BIAS* 为−0.24～0.63，从探测效果来看，三个 GPM IMERG 产品的 *POD* 为 0.64～0.85，*FAR* 为 0.25～0.57，*HSS* 为 0.35～0.62。QPE 产品在各场降水中的 *CORR* 为 0.86～0.89，相对于卫星产品更高，*RMSE* 为 2.52～4.43mm，*BIAS* 为−0.23～−0.16，存在普遍的低估现象，探测效果来说，QPE 产品的 *POD* 为 0.40～0.49，*FAR* 为 0.06～0.07，*HSS* 为 0.45～0.55，同 1h 尺度评估结论接近，相对于 GPM IMERG 产品来说，QPE 产品假报较少，但是对降水监测的探测率较低。

表 3.8　　多源遥感降雨 1h 网格累积尺度精度评估结果

降雨事件	遥感降水产品	*CORR*	*RMSE*	*BIAS*	*POD*	*FAR*	*HSS*
“20170419”	ER	0.55	2.16	−0.14	0.61	0.44	0.46
	LR	0.51	2.17	−0.24	0.66	0.45	0.47
	FR	0.53	2.23	0.00	0.66	0.45	0.47
	QPE	0.83	1.40	−0.16	0.33	0.08	0.41

续表

降雨事件	遥感降水产品	*CORR*	*RMSE*	*BIAS*	*POD*	*FAR*	*HSS*
"20170505"	ER	0.35	2.64	−0.16	0.63	0.59	0.39
	LR	0.45	2.45	−0.20	0.65	0.58	0.41
	FR	0.44	2.62	0.13	0.65	0.58	0.41
	QPE	0.85	1.45	−0.17	0.37	0.09	0.49
"20170523"	ER	0.56	3.35	0.16	0.71	0.34	0.60
	LR	0.50	3.53	0.13	0.72	0.36	0.60
	FR	0.53	4.08	0.63	0.73	0.36	0.60
	QPE	0.85	2.01	−0.16	0.42	0.08	0.51
"20170701"	ER	0.43	3.34	0.11	0.77	0.44	0.47
	LR	0.43	3.31	0.08	0.79	0.45	0.46
	FR	0.43	3.40	0.23	0.79	0.45	0.47
	QPE	0.85	1.84	−0.23	0.38	0.08	0.43

表 3.9　多源遥感降雨产品 3h 网格累积尺度精度评估结果

降雨事件	遥感降水产品	*CORR*	*RMSE*	*BIAS*	*POD*	*FAR*	*HSS*
"20170419"	ER	0.66	3.84	−0.14	0.68	0.38	0.47
	LR	0.67	3.73	−0.24	0.72	0.38	0.49
	FR	0.69	3.77	0.00	0.72	0.38	0.50
	QPE	0.87	2.52	−0.16	0.40	0.06	0.45
"20170505"	ER	0.47	5.54	−0.16	0.64	0.57	0.35
	LR	0.54	5.20	−0.20	0.64	0.55	0.37
	FR	0.54	5.58	0.13	0.64	0.55	0.37
	QPE	0.88	2.90	−0.17	0.42	0.07	0.51
"20170523"	ER	0.67	7.15	0.16	0.68	0.25	0.61
	LR	0.63	7.50	0.13	0.69	0.26	0.61
	FR	0.67	9.09	0.63	0.70	0.26	0.62
	QPE	0.86	4.43	−0.16	0.49	0.06	0.55
"20170701"	ER	0.57	6.99	0.11	0.84	0.32	0.57
	LR	0.56	7.14	0.08	0.85	0.32	0.58
	FR	0.55	7.45	0.23	0.85	0.32	0.58
	QPE	0.89	3.74	−0.23	0.49	0.06	0.48

总之，从四场降雨中各产品在网格累积尺度的评估结果来看，对于1h尺度，三个IMERG产品结果基本一致。虽然FR产品为经过站点校正的后处理产品，但是在1h和3h尺度上评估结果来看，其精度并没有表现有明显提高。且在其中一场降雨的探测中出现估测结果异常偏高的现象，这可能与用于产品校正的是全球降水气候中心（Global Precipitation Climatology Centre，GPCC）的月尺度降水数据且站点较少有关，因此对小时尺度降水的校正没有明显的效果。故对比三个GPM IMERG产品，ER更具有滞后时间短、精度高的优势。与IMERG产品相比，QPE雷达估测产品的相关性系数*CORR*明显更高，*CORR*达到0.83以上，但是偏差*BIAS*显示出对降雨的估测普遍存在明显的低估现象，低估16%～23%。从探测效果来说，QPE产品的探测率*POD*明显低于三个GPM IMERG卫星产品，但是同时假报率*FAR*也较低，说明雷达产品基本不会误报，但是有些降雨的捕捉能力不足。同时凸显了GPM IMERG产品对瞬时降水尤其是微量降雨估测准确的优势。对于3h尺度的评估结果，各产品的偏差与1h尺度结果一致，其他评估指标随时间尺度的增大而越大。

为了进一步考察粤港澳大湾区各场次降水中，四个遥感降水产品反映小时降水频数与站点降水的差异程度及不同强度等级的降水探测能力。笔者将降水分为五个等级，本文主要评估有降水的情况，把小于0.1mm/h的情况认为是无降水，不做统计。划分等级分别为0.1～1mm/h，1～2.5mm/h，2.5～8mm/h，8～16mm/h和不小于16mm/h，基本对应小雨、中雨、大雨、暴雨和大暴雨级别，以此来评估四种遥感降水产品在反映不同强度等级的降水频数的能力。

对四个遥感降雨产品与站点测雨在反映不同强度等级降雨的频数百分率进行对比，由图3.2可以看出在小雨、中雨和大雨雨强下（0.1～1mm/h、1～2.5mm/h、2.5～8mm/h），3个GPM IMERG产品的频数百分率与站点降水的频数百分率更为相符，而在暴雨和大暴雨这样的高强度雨强下（8～16mm/h和不小于16mm/h），其频数百分率则有所低估。QPE产品在小雨雨强下（0.1～1mm/h）频数百分率几乎为0，对小雨有极为严重的低估，同时在其他等级雨强下则明显高估频数百分率。整体上，GPM IMERG系列产品在不同雨强的频数百分率与真实情况更为符合，相较于QPE产品也体现出GPM IMERG系列产品在小雨雨强下的探测优势。

统计不同雨强下各遥感降水产品的误差指标结果，可以发现，降水强度越大，四个降水产品的平均偏差与均方根误差越大。在小于8mm/h的小雨、中雨和大雨强度下，其平均偏差和均方根误差都比较小，大于8mm/h的降雨强度等级下，其误差开始明显增大。三个IMERG系列产品的误差结果接近，在暴雨和大暴雨雨强下误差增大明显，表现为对暴雨和大暴雨的明显低估。而QPE产品相对三个IMERG系列产品在不同雨强下的误差变化更稳定。

通过进一步评估四个遥感降雨产品在不同等级雨强下对降水事件的捕捉效果。四场降雨在不同等级降雨强度下，三个IMERG系列产品和雷达估测降雨产品QPE的表现有明显差异。雨强越大，各产品的探测率*POD*越高。其中，ER、LR、FR产品的探测率接近，在小雨雨强下的探测率基本可以达到0.7以上。QPE产品在小雨雨强下的探测率只有0.1左右，但在大雨、暴雨和大暴雨的雨强下会有比ER、LR、FR产品更高的探测率。

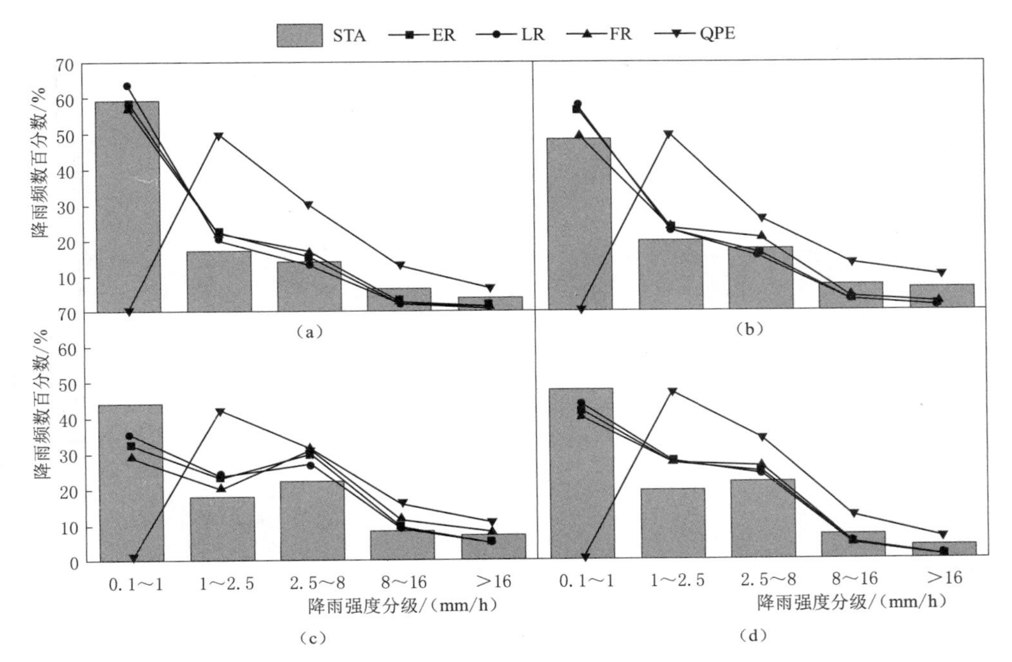

图 3.2 大湾区小时尺度上不同强度等级的多源遥感降雨的频数百分率

总体可见，雷达对降雨的探测效果与雨强有密切的关系。因为在划分雨强等级时不考虑无雨情况（小于 0.1mm）的降水，这里不再对假报率 *FAR* 进行分析。不同雨强下的各产品的 *HSS* 评分结果可以得到对降雨事件捕捉效果的综合结果，在小雨和中雨强度下，三个 GPM IMERG 系列产品的探测效果明显好于 QPE 雷达产品，在大雨、暴雨和大暴雨下 QPE 产品对降雨事件的探测效果略好于 ER、LR、FR 产品。

3.4.6 区域平均尺度评估结果

使用泰勒图和平均降雨时间分布图可以全面、直观地比较三个 GPM IMERG 系列产品和 QPE 雷达估测降雨产品在区域平均尺度上的降雨探测效果。泰勒图是由相关系数、标准偏差和均方根误差组成的极坐标图，可以直观地看出各遥感估测降雨值与真值距离，也可以对比不同估测结果精度的差异[152]。从泰勒图（见图 3.3）可以看出，在区域平均尺度上，QPE 雷达产品的精度最高，三个 GPM IMERG 系列产品效果接近，ER 和 LR 相比 FR 产品探测效果更好。各降水产品的区域平均 1h 降水量对比图（见图 3.4）显示，四个遥感产品对四场降水的时间分布特征和趋势把握都比较准，三个 GPM IMERG 产品接近，FR 产品多出现高估降水的现象，QPE 产品与降水的“真值”最为接近，但是普遍低估实际降水。

结合表 3.10、表 3.11 的评估指标结果可以看出，在区域平均尺度上，卫星和雷达产品相对于站点降水来说都有比较好的相关性，且时间尺度越大，各产品的评估结果越好。在 1h 时间尺度上（见表 3.10），GPM IMERG 的三个产品的相关性在 0.80～0.98，均方根误差在 0.22～1.18，QPE 产品最接近站点真值 STA，相关性在 0.98～0.99，均方根误

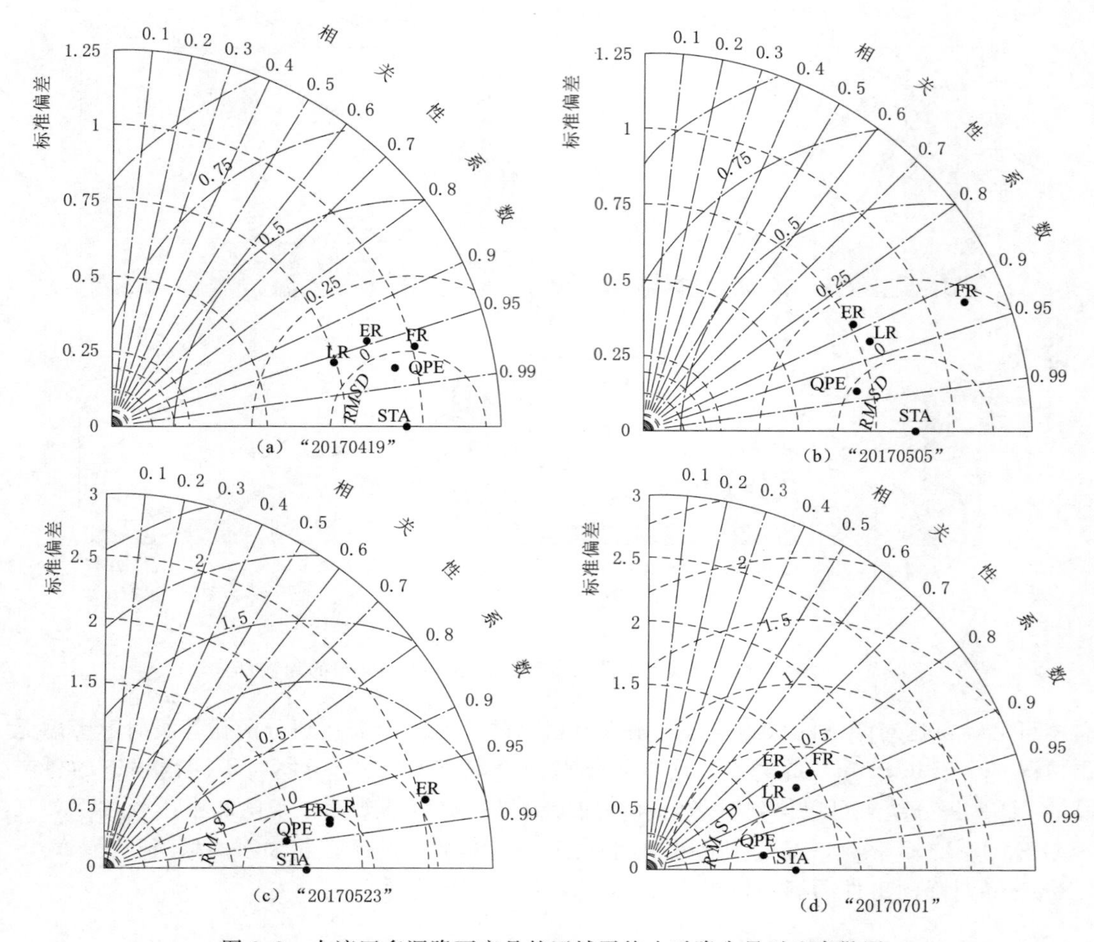

图 3.3　大湾区多源降雨产品的区域平均小时降水量对比泰勒图

差在 0.22～0.35。区域平均尺度上，各遥感产品的 *BIAS* 指标结果同其在网格累积尺度上的结果相同。在 3h 时间尺度上（见表 3.11），GPM IMERG 的三个产品的相关性在 0.86～0.99，均方根误差在 0.67～3.23，QPE 相关性在 0.99～1.00，均方根误差在 0.41～0.99，*BIAS* 同网格累积尺度结果相同。从 1h 和 3h 尺度降水事件的捕捉效果来说（见表 3.10、表 3.11），三个 GPM IMERG 产品探测率 *POD* 基本都优于 QPE 产品，假报率 *FAR* 相同，*HSS* 指标结果显示三个卫星产品降水事件的捕捉效果综合来说优于雷达产品。

总体看来，从区域平均尺度上，四个遥感降水产品对四场降水的时间分布特征和趋势把握都比较准，QPE 产品与降水的"真值"最为接近，但是普遍低估实际降水。三个 GPM IMERG 产品接近，但作为经过校正的后处理产品，FR 产品效果反而不如准实时的 ER 和 LR 产品，容易出现高估降水的现象，这可能与 FR 产品用于校正的站点数据是相对稀疏的月值数据有关，不足以提高在小时尺度的降水精度。对降水事件的探测效果来说，三个 IMERG 产品对降水事件的捕捉能力都优于 QPE 雷达产品，区域平均尺度的评估结果未能明显突出雷达产品的优势。

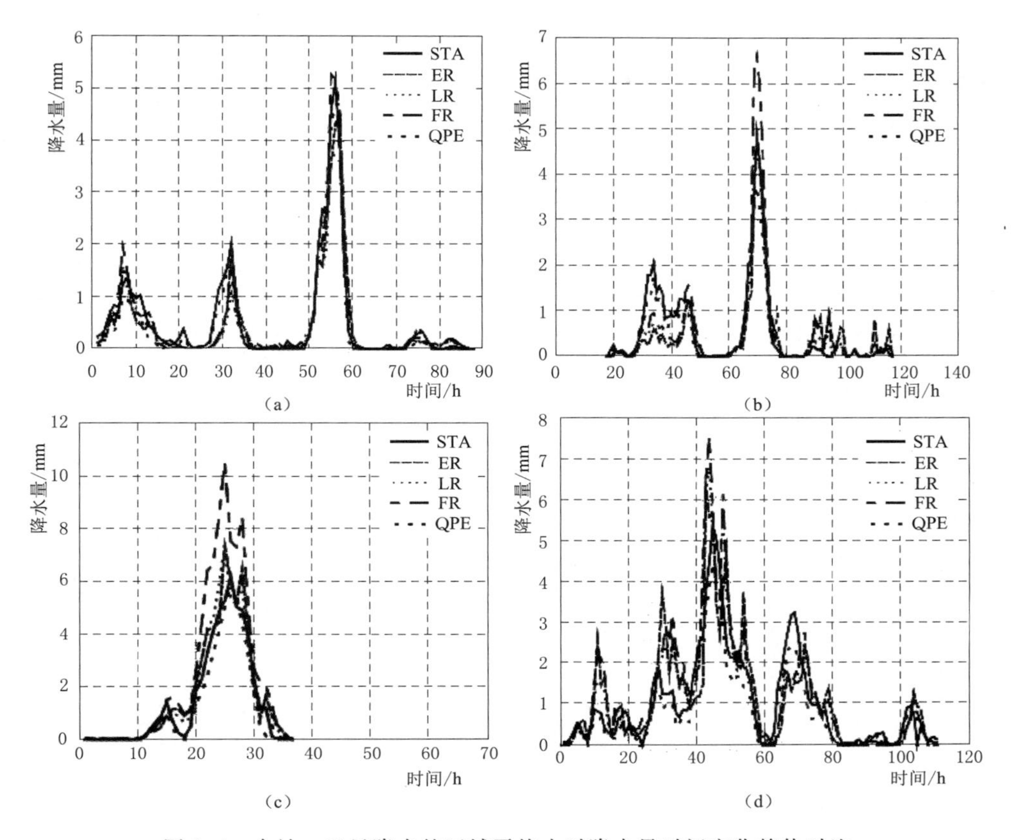

图 3.4 台站、卫星降水的区域平均小时降水量时间变化趋势对比

表 3.10 **多源遥感降雨产品 1h 区域平均尺度精度评估结果**

降雨事件	遥感降水产品	*CORR*	*RMSE* /(mm/h)	*BIAS*	*POD*	*FAR*	*HSS*
"20170419"	ER	0.95	0.32	−0.14	0.94	0.00	0.94
	LR	0.96	0.34	−0.24	0.94	0.00	0.94
	FR	0.96	0.27	0.00	0.94	0.00	0.94
	QPE	0.98	0.22	−0.16	0.74	0.00	0.71
"20170505"	ER	0.89	0.41	−0.16	0.81	0.00	0.79
	LR	0.92	0.35	−0.20	0.83	0.00	0.81
	FR	0.92	0.46	0.13	0.83	0.00	0.81
	QPE	0.98	0.24	−0.17	0.67	0.00	0.62
"20170523"	ER	0.98	0.44	0.16	0.64	0.00	0.58
	LR	0.98	0.43	0.13	0.69	0.00	0.64
	FR	0.97	1.18	0.63	0.69	0.00	0.64
	QPE	0.99	0.31	−0.16	0.56	0.00	0.48
"20170701"	ER	0.80	0.79	0.11	0.99	0.02	0.97
	LR	0.86	0.67	0.08	1.00	0.02	0.98

续表

降雨事件	遥感降水产品	*CORR*	*RMSE* /(mm/h)	*BIAS*	*POD*	*FAR*	*HSS*
“20170701”	FR	0.85	0.81	0.23	1.00	0.02	0.98
	QPE	0.99	0.35	−0.23	1.00	0.02	0.98

表 3.11　多源遥感降雨产品 3h 区域平均尺度精度评估结果

降雨事件	遥感降水产品	*CORR*	*RMSE* /(mm/3h)	*BIAS*	*POD*	*FAR*	*HSS*
“20170419”	ER	0.97	0.74	−0.14	1.00	0.00	1.00
	LR	0.97	0.91	−0.24	1.00	0.00	1.00
	FR	0.97	0.67	0.00	1.00	0.00	1.00
	QPE	0.99	0.41	−0.16	0.79	0.00	0.77
“20170505”	ER	0.90	1.15	−0.16	0.88	0.00	0.87
	LR	0.94	0.95	−0.20	0.88	0.00	0.87
	FR	0.93	1.23	0.13	0.88	0.00	0.87
	QPE	0.99	0.65	−0.17	0.80	0.00	0.78
“20170523”	ER	0.99	0.91	0.16	0.76	0.00	0.73
	LR	0.99	0.83	0.13	0.81	0.00	0.79
	FR	0.99	3.23	0.63	0.81	0.00	0.79
	QPE	0.99	0.80	−0.16	0.62	0.00	0.55
“20170701”	ER	0.86	1.91	0.11	1.00	0.00	1.00
	LR	0.92	1.48	0.08	1.00	0.00	1.00
	FR	0.91	1.97	0.23	1.00	0.00	1.00
	QPE	1.00	0.99	−0.23	1.00	0.00	1.00

3.4.7 网格尺度评估结果

3.4.7.1 场次降雨空间分布特征

由于遥感降水探测受多种因素影响，如地形地势、经纬度、海拔、大气环流、距海远近等，具有较大的时间变率和空间异质性，仅仅对数据从整体精度检验不能反映单个网格上卫星雷达降水数据与“真值”的差异。因此，除对网格累积尺度和区域平均尺度进行评估外，同时对比研究三个产品在网格尺度的降水及误差的空间分布情况。

针对 2017 年夏季四个场次降雨，制作站点、卫星产品（以 ER 产品为代表）和 QPE 雷达产品在区域 1h 平均降水空间分布图，观察四个产品的降水空间捕捉能力。四场降水分别主要集中在大湾区北部、中部、东北部和西南部，其中“20170701”场次降雨西南部网格平均 1h 降水最多，最高达到 4.5mm/h。比较 IMERG ER 卫星产品和 QPE 雷达降水产品空间分布情况，可见两种降水产品对降雨空间分布描述与站点降水分布基本一致，但是普遍在降雨集中的高值区域都有一定的低估。相比较来看，雷达探测雨量与站点“真值”结果更为接近。

四个遥感降水产品在大湾区网格尺度评估指标结果的箱型图（见图 3.5），可以看出

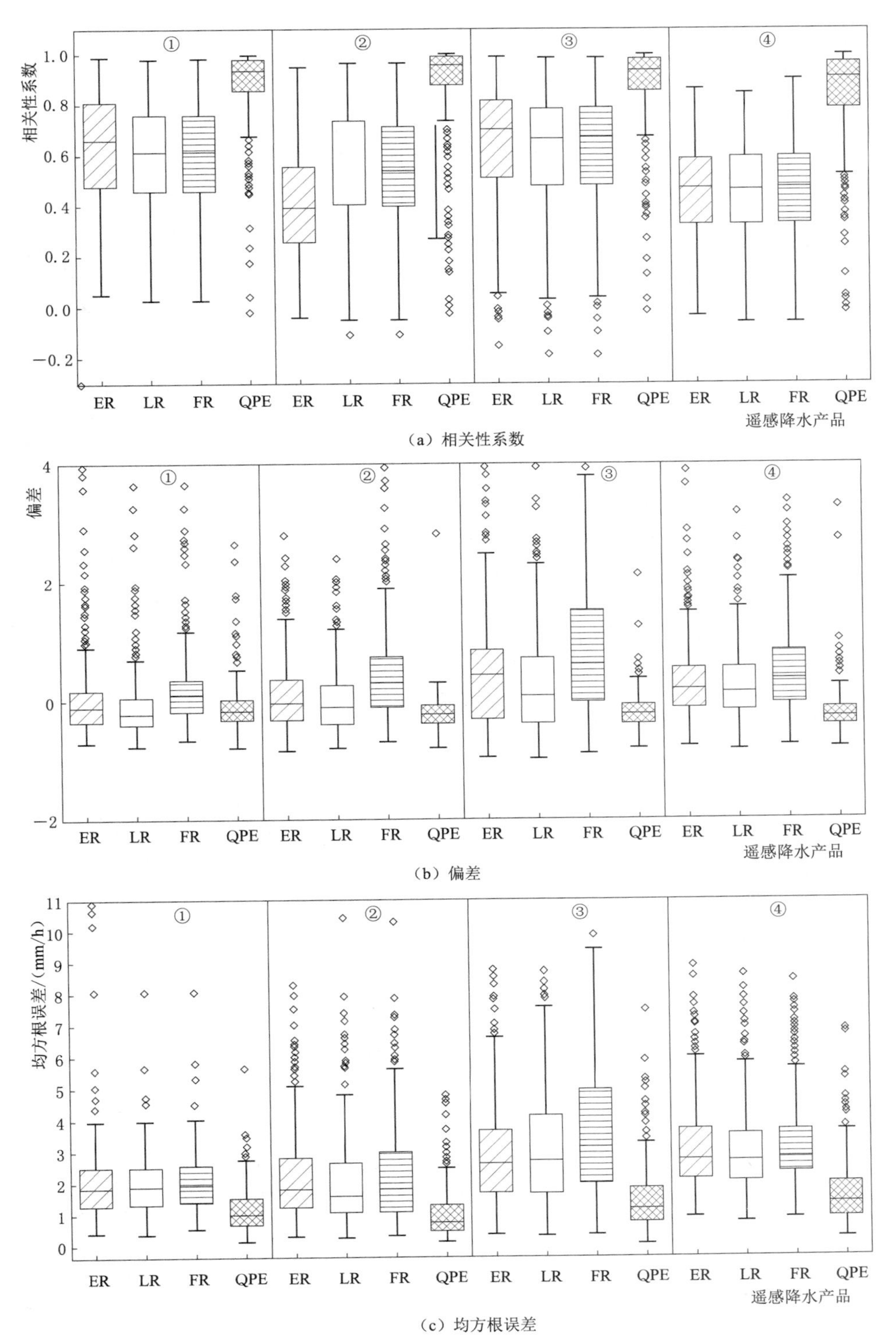

(a) 相关性系数

(b) 偏差

(c) 均方根误差

图 3.5（一） 大湾区网格尺度 1h 降雨各产品评估结果箱型图

①—“20170419”；②—“20170504”；③—“20170523”；④—“20170701”

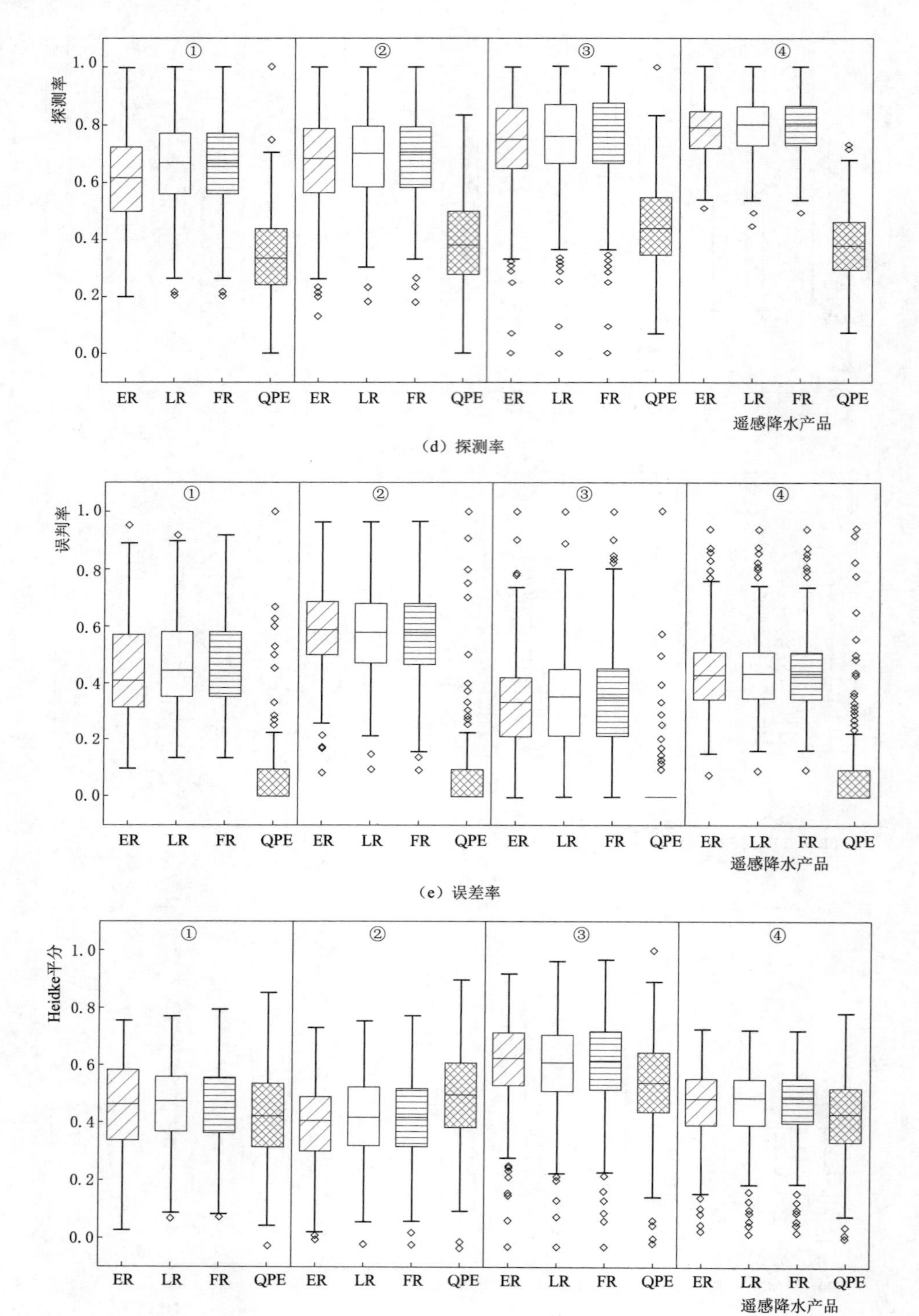

(d) 探测率

(e) 误差率

(f) Heidke平分

图 3.5(二) 大湾区网格尺度 1h 降雨各产品评估结果箱型图

①—“20170419”;②—“20170504”;③—“20170523”;④—“20170701”

三个 GPM IMERG 产品的 *CORR*、*RMSE*、*BIAS* 及 *FAR* 等指标结果均有较 QPE 产品更大的分布范围，表明 IMERG 系列产品的不确定性相对较高。

对于 *CORR* 指标结果，三个 IMERG 产品表现出相似的性能，QPE 产品的值较低。对于 RMSE 指标结果，QPE 产品表现出比 IMERG 产品更好（RMSE 更低）的性能；同样，三个 IMERG 产品表现出类似的性能。对于 *BIAS* 指标结果，QPE 产品低估了四个降雨事件的降雨量；三个 IMERG 产品明显高估或低估了四个降雨事件的降雨量。综合对于各产品的 *CORR*、*BIAS* 和 *RMSE* 指标结果，四个降雨事件中均以 QPE 产品精度最高。

从对降水事件的探测能力上（见图 3.5），*POD* 指标结果显示出三个 GPM IMERG 产品有较高的探测率，IMERG 产品表现出更高的 *POD*（即正确探测降雨事件的概率较高）和 *FAR*（即与 QPE 相比，错误识别降雨事件的概率更高），从而导致相似的 *HSS* 值（*HSS* 提供分类得分的综合度量）。可见，卫星和雷达两种产品对降雨事件的捕捉能力各有优势。也印证了前文的结果 GPM 卫星产品对小雨降雨事件的捕捉能力上更具优势，而雷达在小雨雨强上只有极低的探测率（见 3.4.5 小节）。

3.4.7.2　评估指标的空间分布特征

四场降雨中 ER 产品和 QPE 产品相关性 *CORR* 和均方根误差 *RMSE* 的网格尺度空间分布显示出，相比较 ER 产品，QPE 与站点雨量的相关性更高，均方根误差更小，误差在空间上分布比较均匀。从各降雨产品分布情况看，四场降雨分别集中在大湾区北部、中部、东北部和西南部。对于 ER 产品来说，在雨强较大的位置，其均方根误差也更大。可见在小时尺度上，降水误差的大小可能与降水尺度的强度有关。

从四场降雨 ER 产品和 QPE 产品探测效果的网格尺度空间分布情况可以看出卫星和雷达对空间上降雨事件的捕捉能力。对于 POD 探测率来说，ER 产品对四场降雨的探测率普遍高于 QPE 产品，QPE 产品假报率则低于 ER 产品。对比发现，两种产品在同一场次降雨中会出现同样的假报率高的网格，这种情况可能是由站点测量误差或数据异常等产生的。

3.5　地面-卫星降雨数据融合校正研究

3.5.1　概述

多源数据融合是指通过多种方法基于一定的准则将不同观测数据进行综合，吸收不同来源数据的优势部分，从而获得更优的产品。如何针对多源降水信息的优缺点，综合不同来源降水资料的优势，发展多源降水融合技术生成高质量降水产品，成为近几十年来国际气象水文研究者关注的热点问题[153]。

遥感卫星产品虽然因其覆盖范围大、时空分辨率较高的优势而有巨大的应用潜力，但由于数据精度受到系统误差和反演误差的双重影响，其精度及不确定性仍然不可忽视。遥感卫星的降雨产品主要通过综合各个波长上的辐射信息建立数值反演模型完成雨量估计[154]。作为一种间接的降雨探测方式，卫星反演降雨误差受到降水变率、时空采样、仪器能力和检索算法等多种因素的限制[155-157]，往往存在对降雨类型的敏感性、对地形降雨的低估、有错过降雪的倾向、无法捕捉短降雨事件和山区的系统偏差等问题[158]。

为了解决上述卫星降雨产品的缺陷，目前多发展了多源降水数据的融合方法研究，从而提高区域降雨的精度[8-10]。总体来讲，融合降水产品的探索也从月值发展到日值，甚至日以内分辨率，从点与面的二源融合（地面-卫星/雷达）发展到三源融合（地面-雷达-卫星），再到面与面的卫星资料融合（雷达/卫星-卫星），并且出现了融合多种降水数据集的产品。

其中，将遥感观测雨量资料与雨量计资料结合的研究较多。NOAA/CPC 采用的概率密度函数＋最优插值两步融合法生成一套 0.25°的日尺度的 CMORPH Blended 降水产品[12]。中国气象业务部门也利用“概率密度函数＋最优插值”方法得到地面-卫星二源融合产品，如我国卫星气象中心研制的风云（FY）系列卫星降水产品、地面与风云卫星（或 CMORPH）的二源融合产品等[159]，卫星产品在 10km 左右能提供比较准确的降水信息。为了提高分辨率的同时保证降水产品精度，后续引入气象探测中心的 1km 雷达降水研制了质量较高的地面-雷达-卫星三源融合降水产品，也已经广泛应用于业务部门[159,160]。此外，欧盟联合研究中心（EU/JRC）合并了地面观测、卫星和再分析数据，研制了一套多源集合权重降水产品（MSWEP)，它不仅考虑了气候上地形和风效应的低估，还融合了 CMORPH、TRMA 3B42、GsMAP - MVK、ERA - Interim 多种数据[161]，成为融合降水产物的典型代表之一。

基于偏差校正的降水融合方法也是常见的融合思路，其通过利用地面数据纠正卫星数据中的偏差达到提高降雨产品精度的目的[158]。总体来说，常用的融合校正方法包括了平均偏差去除法（mean bias - removal，MBR)，乘法比例法（multiplicative ratio，MR)，标准化重构法（standardized reconstruction，SR)，线性回归法以及累积分布函数（CDF）匹配法等[162]。此外，由于地理和气候因素会对卫星监测降雨的精度产生影响[163]，基于地形因子的地理加权回归方法也较多用于卫星降雨数据的误差校正中[155]。Lu 等采用逐步回归（STEP）和地理加权回归（GWR）两种方法对研究区的 IMERG 降水资料进行融合校正[164]。

除基于地面站点校正外，利用卫星获取的近实时土壤水分已被证明是改进卫星遥感估测降水的一种非常有应用潜力的工具[165]。由于在某一降水事件发生后的几天内，土壤水分动态会受到降雨累积量的影响，因此土壤水分数据中固有的降雨信息可以用来改进卫星降雨估计[166]。在此背景下，近几年出现较多研究利用了这种关系基于不同的方法改进卫星降水估计[167]。研究证实卫星土壤水分反演降雨可为改进卫星降水产品提供有价值的信息，在无资料地区有重要的应用价值，但由于土壤含水量对降雨变化的反馈在干旱、半干旱地区更敏感，因此这种利用卫星土壤数据融合的思路更容易受到研究区下垫面条件限制。

以上融合方法的使用大多比较依赖于同步的参考数据，无法利用可能仍然包含关于降雨的空间/时间模式的有用信息的历史数据[168]。分位数映射（QM）方法（或称累积分布函数方法）则可以成功地避免这些局限性，其根据适当的累积密度函数对数据进行校正，是区域气候模式资料校正领域较为常见的方法且均取得了良好的应用效果[169]。目前，分位数映射方法在对卫星数据的偏差校正中也已有应用[170-172]。未来现代化气象业务的需求对降雨产品的时效性、分辨率和准确度的要求越来越高，针对海量观测数据，传统的校正

融合方法可能并不适用[159]，如非参数的 QM 方法，当历史采样数据不足时，不能很好地处理极端事件[158]。

传统方法存在固有的局限性，而机器学习可以更灵活地描述复杂非线性关系，近年来收到了广泛的关注。机器学习作为一种强大的数据驱动工具，侧重于通过计算和统计方法从数据中自动提取信息，可以用于对时间序列数据进行建模和预测。机器学习包括各种用于分类、回归、聚类、预测等的算法，常见的机器学习方法如人工神经网络（ANN）、决策树、自组织映射、支持向量机（SVM）、随机森林、集成学习等[173]。目前，机器学习已广泛应用于气象、水文和遥感等领域[174-176]。一些研究也探索了机器学习在降雨数据校正、融合和降尺度等方面研究中的潜力[154,176,177]，这些研究使用机器学习将目标变量和其他预测因子联系起来，试图找到一般的联系规律[178]。其中，较为常见的支持向量机方法 SVM 是一种有效的小样本机器学习方法，将基于内核函数输入数据映射到一个高维特征空间[179]。类似的处理非线性回归的另一种机器学习算法是高斯过程回归模型（Gaussian Process Regression，GPR）。作为一种新型监督学习算法，高斯过程根据历史数据集中学习输入与输出之间的非线性映射关系，样本少的情况下也能较好地处理非线性问题[180]。虽然，近年来卫星反演、融合方法及反演降水产品研究比较广泛，但是其反演技术仍有一定的缺陷，未来融合方法将朝着算法优化、分钟级降水研制、机器学习新方法应用方面开展研究工作[159]。

笔者建立卫星降水产品 FR 产品与站点降水观测之间的直接关系。除了传统的分位数映射方法进行校正外，尝试了支持向量机（SVM）和高斯过程回归模型（GPR）等机器学习方法对粤港澳大湾区的地面雨量站点和 GPM IMERG FR 日降水数据进行点面的二源融合实验。由于目前一般认为卫星反演降水误差与降水强度有密切关系，笔者进一步建立了不同雨强等级下的高斯过程回归的融合方案，最后通过实验对比新算法与现有经典融合校正方法对原始卫星产品的精度提高效果。

3.5.2 数据来源

使用的卫星降雨产品为 GPM IMERG 后处理 Final Run（FR）产品，空间分辨率为 0.1°，时间分辨率为日尺度。使用版本为于 2017 年 11 月发布的 IMERG V05，2014—2017 年的日降雨数据可从降雨测量任务（PMM）网站（https：//pmm.nasa.gov/GPM）下载得到。

气象数据来源于国家气象数据网站（https：//data.cma.cn），下载得到研究区包含 10 个国家站日降雨数据。由于中国气象数据是北京时间 20：00—8：00 和 8：00—20：00 的两次观测降雨数据，IMERG FR 产品是世界时，比北京时间早 8h。因此，把中国气象数据前一晚 20：00—8：00 加当天 8：00—20：00 两个时段降雨数据整合就是对应的当天的世界时的站点降雨数据。

3.5.3 研究方法

3.5.3.1 分位数映射方法

分位数映射方法是当遥感估测降雨值和附近雨量站的观测数据的历史信息都可用时，

对卫星反演降水校正的一种方法[158]。参照时段内，根据观测值（雨量站点降水）和模拟值（卫星反演降水）的累积概率分布函数，由此生成不同分位数下观测值和模拟值，用以构建两者之间的传递函数[181]。建立累积密度函数的方法主要有解析函数法和经验函数法。解析函数法通常采用 Gamma 或 Gamma Bernoulli 混合分布近似表达样本的累积概率密度函数，然而这种方法的精度受限于所采用的解析函数形式，当观测降雨和卫星降雨数据的分布规律偏离指定的解析函数事，则可能导致较大的误差[182,183]，同时其计算效率也比较低。因此，笔者采用基于经验累积密度分布获取观测值与模拟值的等分位数匹配数据建立传递函数。假设 x_{obs} 为实测雨量，x_{sim} 为预测雨量，定义其经验累积密度函数分别为 F_{obs} 以及 F_{sim}，则校正后的预测雨量可以通过如下公式进行计算：

$$x_{obs}=F_{obs}^{-1}[F_{sim}(x_{sim})] \tag{3.7}$$

传递函数根据其具体的函数形式进一步分为参数转换和非参数转换。参数转换通常采用经典的解析函数进行建模，如线性函数、指数函数以及对数函数等[184]。其具有明确的数学形式，可以采用传统的优化算法快速确定模型的参数，并且后续的应用计算效率也较高，然后其校正效果也依赖于函数形式的准确性及适用性。非参数转换方法则无须预设传递函数具体数学形式，可自动根据原始数据中特征确定函数形式及结构，因此适用性更广泛[181]，经典的方法包括了 PTF 算法、DIST 算法、QUANT 算法，RQUANT 算法及 SSPLIN 算法等，算法描述见参考文献［184，185］。

分位数映射偏差校正方法目前已有较多的研究及应用[186-188]，也有了开源的工具箱供研究使用（https：//CRAN. R - project. org/package＝qmap［2016 - 10 - 30］），因此笔者后续研究的相关实验也将基于该工具箱实现。

3.5.3.2 支持向量机方法

支持向量机（support vector machine，SVM）方法是一种监督机器学习方法。最早的支持向量机方法是由 Vapnik 和 Chervonenkis 在 1963 年开发的[189]。目前已被广泛应用于遥感数据分类（support vector classification，SVC）和回归（support vector regression，SVR）问题。由于核函数的应用，该方法在解决非线性问题方面具有一定的优势。将数据向量从低维空间映射到高维空间，允许支持向量模型将非线性问题转换为高维的线性问题，从而实现更准确的预测[189,190]。并能避免 ANN 算法网络结构参数难以确定以及优化求解容易陷入局部最优的缺陷。其具体的求解过程可以表示为如下的目标函数：

$$\text{minimize}\ \frac{1}{2}\|\omega\|^2 \tag{3.8}$$

$$\text{subject to}\ |y_{train}-\langle\omega,x_{train}\rangle-b|\leqslant\varepsilon \tag{3.9}$$

式中，ε 为松弛变量；b 为截距变量；ω 为超平面的法向量。

3.5.3.3 高斯过程回归方法

高斯过程回归（Gaussian Process Regression，GPR）是一种基于贝叶斯理论和统计学习理论发展的监督的机器学习方法，对处理小样本、高维数、非线性等复杂问题具有较好的适应性[180]，其假设随机变量的概率分布在任何时刻都满足高斯分布的随机过程。

假设 $x_{train}=\{x_1,x_2,\cdots,x_N\}$ 为训练期的 FR 降水产品数据，$y_{train}=\{y_1,y_2,\cdots,y_N\}$ 为相应的站点观测数据，x_{test} 令为待校正的 FR 数据，则其对应的校正值 y_{test} 服从联合的

多维正态分布：

$$\begin{bmatrix} y_{\text{train}} \\ y_{\text{test}} \end{bmatrix} \sim N\left(0, \begin{bmatrix} \boldsymbol{C}+\sigma^2 I_n & \boldsymbol{c}_* \\ c_*^{\tau} & c_{**}+\sigma^2 \end{bmatrix}\right) \tag{3.10}$$

式中：$\boldsymbol{C}$ 为 x_{train} 的协方差矩阵；c_* 为 x_{test} 与 x_{train} 之间的协方差向量；c_{**} 为 x_{test} 的方差；σ^2 为模型噪声的方差。

根据以上的联合分布，可以推导得到 y_{test} 的独立后验分布为

$$p(y_{\text{test}} \mid x_{\text{test}} D) = N(y_{\text{test}} \mid \mu_{GP*}, \sigma_{GP*}^2) \tag{3.11}$$

$$\mu_{GP*} = c_*^{\tau}(\boldsymbol{C}+\sigma^2 I_n)^{-1} y \tag{3.12}$$

$$\sigma_{GP*}^2 = \sigma^2 + c_{**} - \boldsymbol{c}_*^{\tau}(\boldsymbol{C}+\sigma^2 I_n)^{-1} \boldsymbol{c}_* \tag{3.13}$$

根据参考文献［191］中的设定，我们采用如下的平方指数核函数计算得到上述各协方差矩阵中样本的相似度：

$$c(\boldsymbol{x}_m^{\mathrm{T}}, \boldsymbol{x}_n) = v^2 \exp\left(-\frac{\boldsymbol{x}_m^{\mathrm{T}} \boldsymbol{x}_n}{2\lambda d}\right) \tag{3.14}$$

在构建高斯过程回归模型前首先对降雨数据进行归一化处理。此外，尝试提出一种基于不同雨量分级分别进行高斯过程建模的方法，并进行对比实验。

3.5.3.4 评估指标

相关系数 *CORR*、均方根误差 *RMSE* 和偏差 *BIAS* 被用以检验多种方法对 GPM IMERG FR 产品的偏差校正效果。*CORR* 用于检验卫星降水估测值和雨量站点观测值的线性一致性；*RMSE* 则用以表示校正结果的偏差大小；*BIAS* 用于表现预测结果的总体趋势和系统误差。各指标公式见 3.4.4 小节。

3.5.4 多方案的地面-卫星降雨数据融合效果对比

采用了粤港澳大湾区 2014—2017 年 GPM IMERG FR 产品的日降水数据进行融合校正实验。融合校正方法除了分位数映射方法、支持向量机模型方法和高斯过程回归方法之外，提出的新的卫星雨量校正方法——基于雨强分级的高斯过程回归模型方法，并将实验结果进行对比分析。实验中，我们以 2014—2015 年的卫星及相应的实测降雨数据完成模型的训练（率定），然后将 2016—2017 年的卫星雨量数据代入模型中获取校正后雨量数据，并将其与相应的实测数据进行匹配计算获取反演精度。

对比实验中四种融合校正方案对 FR 产品的精度提高效果，结果如表 3.12 所示。可以看出 QM 方案校正结果在训练期 *CORR* 由原始的 0.64 提高到 0.66，*RMSE* 只有轻微的降低，由 13.58mm/d 降低到 13.56mm/d，*BIAS* 由 −0.15 改善到 0.01。而验证期虽然 *CORR* 和 *BIAS* 指标得到提高，但是 *RMSE* 反而增加了，未能对均方根误差有降低效果。

由表 3.12 中 SVM 方法的效果显示，其训练期 FR 产品的 *CORR* 由 0.64 提高到 0.65，*RMSE* 由 13.58mm/d 降低到 12.74mm/d，验证期的 *CORR* 和 *RMSE* 同样得到了改善，但是整体的 *BIAS* 指标显示偏差反而更大。可见 SVM 方法在此次实验中并不适用。

方案三 GPR1 则是直接利用高斯过程模型方法进行偏差校正，建模前首先对降雨数据进行归一化。结果显示，*CORR* 由 0.64 提高到 0.67，*RMSE* 由 13.58mm/d 降低到 12.28mm/d，*BIAS* 由−0.15 改善到 0.00，验证期 *CORR* 由 0.55 提高到 0.59，*RMSE* 由 14.37mm/d 降低到 12.86mm/d，*BIAS* 由−0.14 改善到 0.03。可见，相对于 QM 方法和 SVM 方法，GPR1 方法的效果明显更好。

一般认为卫星反演降雨误差受降雨强度影响[192]，降雨误差方差与降雨强度成正比[12]。为了进一步提高校正效果，笔者提出了一种根据不同雨量分级分别建模的高斯过程回归方法。通过在建模时尝试多种分级方案实验（5～12 级），最终确定分 10 级的方案得到最好的效果，结果见表 3.12 中 GPR2 _ FR。由表 3.12 可见，训练期 *CORR* 由 0.64 提高的 0.76，*RMSE* 由 13.58mm/d 降低到 10.64mm/d，*BIAS* 由−0.15 改善到 0.00，验证期 *CORR* 由 0.55 提高到 0.59，*RMSE* 由 14.37mm/d 降低到 12.79mm/d，*BIAS* 由−0.14 改善到 0.03。GPR2 方案的精度提高效果最为明显。

表 3.12 多种校正方案（QM，SVM，GPR1 和 GPR2）效果对比

校正方案	参照期			验证期		
	CORR	*RMSE*/(mm/d)	*BIAS*	*CORR*	*RMSE*/(mm/d)	*BIAS*
Ori - FR	0.64	13.58	−0.15	0.55	14.37	−0.14
QM - FR	0.66	13.56	0.01	0.56	14.73	0.03
SVM - FR	0.65	12.74	−0.21	0.57	13.07	−0.20
GPR1 - FR	0.67	12.28	0.00	0.59	12.86	0.03
GPR2 - FR	0.76	10.64	0.00	0.59	12.79	0.03

图 3.6 是显示验证期不同方法对 FR 产品校正效果的泰勒图，由图 3.6 可以看出 QM 方法得到的均方根误差未得到降低，而 SVM、GPR1 和基于雨强分级的 GPR2 方法得到的结果相对较好，两种 GPR 方案得到相近的结果，虽然泰勒图显示 SVM 的标准差最小，最接近 STA，但由表 3.12 的 *BIAS* 结果可见，偏差仍然比较大。因此，整体看来，基于雨强分级的高斯过程回归方案 GPR2 效果最优，其次是直接高斯过程方案 GPR1，QM 和 SVM 方法效果最差。

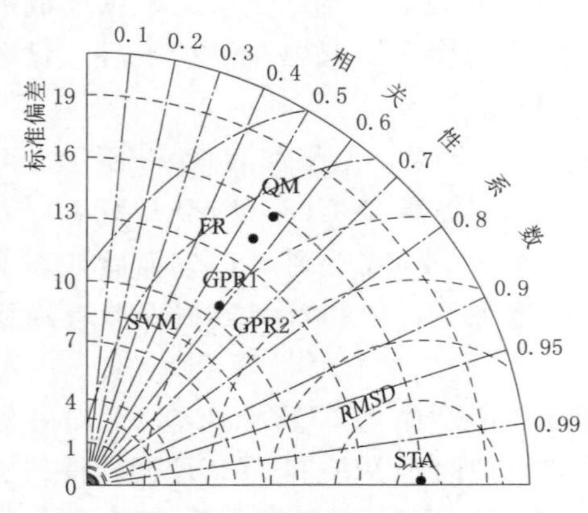

图 3.6 验证期多种校正方案（QM，SVM，GPR1 和 GPR2）效果泰勒图

总体可见，基于四种校正方案，对于验证期 FR 产品 Ori - FR 的相关性系数 *CORR* 由原始的 0.55 提高到 0.56～0.59，*RMSE* 由 14.37mm/d 最多可以降低到 12.79mm/d，*BIAS* 由−0.14 最多降低到 0.03。四种校正方案都对 Ori - FR 精度有一定的提高，尤其以基于雨量分级的 GPR2 产品误差降低最明显，校正效果最好。其次是直接利用高斯过程模型 GPR1 校正。而 QM 和 SVM 方法提高效果最差。

3.5.5 基于雨强分级的高斯过程回归方法在验证期的效果

本节尝试建立了不同雨强等级下的高斯过程回归的降雨融合方案，该方法对 FR 产品在验证期不同雨强的精度提高情况见图 3.7。由图 3.7 可见基于雨强分级的高斯过程方法对误差的降低程度随着雨强的变化而变化。可以明显降低 FR 产品在中雨（10～25mm/d）和大雨（25～50mm/d）雨强的误差，而大于 50mm/d 雨强的降雨误差未得到有效降低，这可能与参与训练的大于 50mm/d 的降雨样本较少有关。因此，该方案可以明显改善中雨和大雨雨强的误差，对于较少出现的暴雨和大暴雨的降雨误差降低能力有限。未来可尝试通过改变实验时间序列长度，增加暴雨及更大雨强降雨的样本数量，以改善对暴雨、大暴雨误差校正弱的问题。另外由图 3.7 可见，小雨雨强的降雨也未达到较好的校正效果。

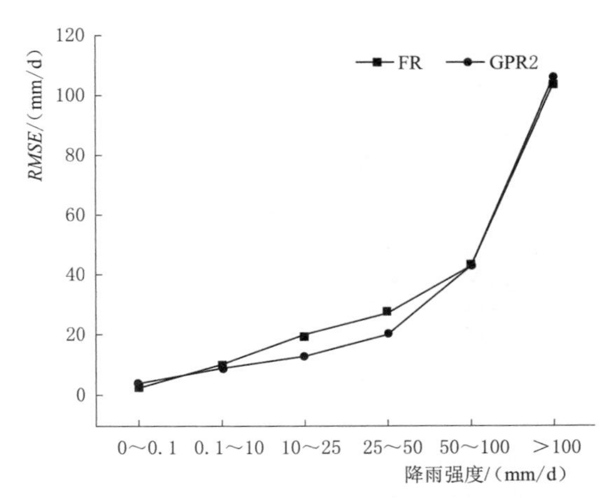

图 3.7 验证期 GPR2 对不同降雨强度的校正效果对比

将验证期的日降雨产品校正结果累积到月尺度，观察基于雨强分级的高斯过程回归方法对 FR 产品的校正效果。由图 3.8 可见，经过基于不同雨强的高斯过程回归模型方法校正后的降雨数据与站点降雨数据的时间变化趋势更为接近，该方法有效改变了 IMERG 产品在雨季对降雨低估的情况。但在 12 月至次年 2 月的少雨期则出现高估降雨的情况。

图 3.8 GPR2 校正前后的验证期月降雨过程变化

通过对验证期 FR 产品的校正效果分季节进行评估（见图 3.9），结果显示 GPR2 方案对于在春季、夏季和秋季的 FR 降雨产品的 *CORR* 的提高效果明显，提高了 0.03～0.04，*RMSE* 得到明显降低，降低了 0.84～2.47mm/d。而冬季则出现 *CORR* 降低，*RMSE* 增加的情况。这与上文得到的结果一致，即少雨的月份不能得到精度的提高。可见 GPR2 方案对春夏秋三季校正效果较好，但无法对冬季少雨季节达到同样的校正效果。原因可能是 GPR2 方案未能对小雨达到较好的校正效果，反而加大了误差。

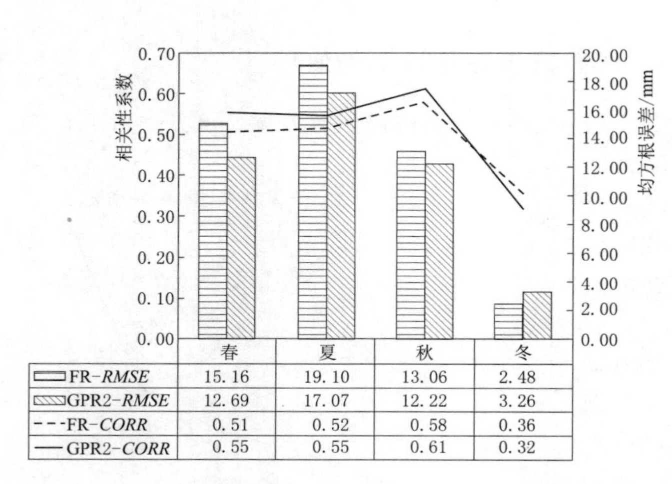

	春	夏	秋	冬
FR-*RMSE*	15.16	19.10	13.06	2.48
GPR2-*RMSE*	12.69	17.07	12.22	3.26
FR-*CORR*	0.51	0.52	0.58	0.36
GPR2-*CORR*	0.55	0.55	0.61	0.32

图 3.9 验证期 GPR2 对 FR 产品不同季节降雨的提高效果对比

为了进一步深入分析验证期校正前后 FR 产品对不同雨强降雨的监测效果，制作混淆矩阵图进行对比分析（见图 3.10）。图 3.10（a）和图 3.10（b）表现 GPR2 方案校正前、后卫星产品对不同雨强的检测效果。行对应不同雨强的卫星降水估算（FR 产品），列对应不同雨强的真实类别（雨量计观测）。混淆矩阵图中对角线位置分布的单元格（绿色块）对应于正确分类的观察值。非对角线位置分布的单元格（红色块）对应于分类不正确的观测值。每个单元格中都显示了观察次数和总观察次数的百分比。由图 3.10 可见，校正前卫星产品除了 0～0.1mm/d 雨强外，在 0.1～10mm/d、10～25mm/d、25～50mm/d、50～1000mm/d 和大于 100mm/d 雨强下，都出现低估，更多分类在更小一级的雨强降雨中。校正后，虽然仍有低估，但是这些低估得到了改善，尤其是 10～25mm/d 和 25～50mm/d 的中雨和大雨雨强。然而，我们可以发现 0～0.1mm/d 和 0.1～10mm/d 雨强下，校正后的数据则出现一定的偏差。对于部分高强度降雨事件存在低估现象。

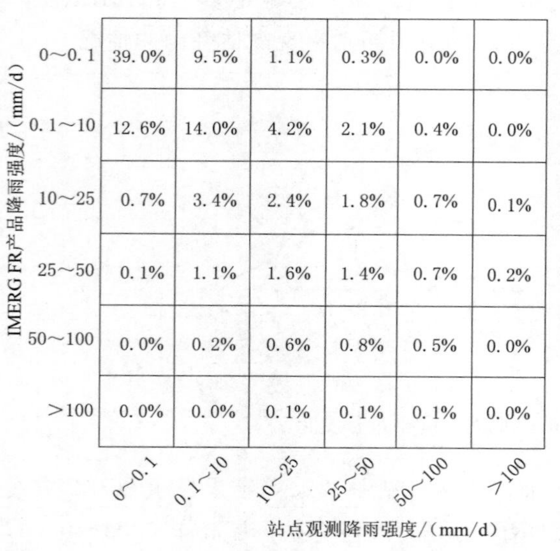

IMERG FR产品降雨强度/(mm/d) \ 站点观测降雨强度/(mm/d)	0～0.1	0.1～10	10～25	25～50	50～100	>100
0～0.1	39.0%	9.5%	1.1%	0.3%	0.0%	0.0%
0.1～10	12.6%	14.0%	4.2%	2.1%	0.4%	0.0%
10～25	0.7%	3.4%	2.4%	1.8%	0.7%	0.1%
25～50	0.1%	1.1%	1.6%	1.4%	0.7%	0.2%
50～100	0.0%	0.2%	0.6%	0.8%	0.5%	0.0%
>100	0.0%	0.0%	0.1%	0.1%	0.1%	0.0%

（a）GPR2方案校正前FR卫星产品的检测能力

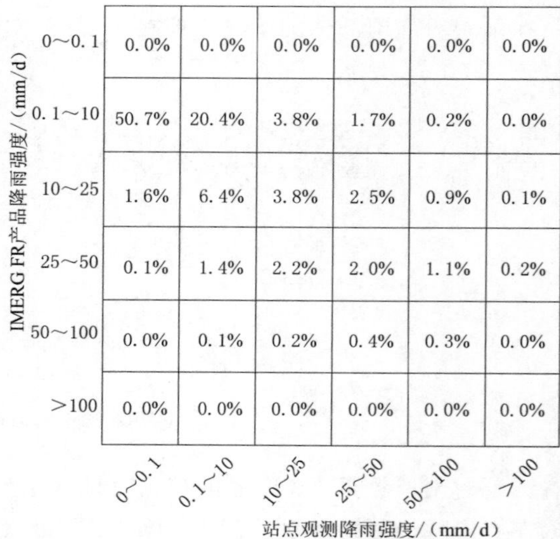

IMERG FR产品降雨强度/(mm/d) \ 站点观测降雨强度/(mm/d)	0～0.1	0.1～10	10～25	25～50	50～100	>100
0～0.1	0.0%	0.0%	0.0%	0.0%	0.0%	0.0%
0.1～10	50.7%	20.4%	3.8%	1.7%	0.2%	0.0%
10～25	1.6%	6.4%	3.8%	2.5%	0.9%	0.1%
25～50	0.1%	1.4%	2.2%	2.0%	1.1%	0.2%
50～100	0.0%	0.1%	0.2%	0.4%	0.3%	0.0%
>100	0.0%	0.0%	0.0%	0.0%	0.0%	0.0%

（b）为GPR2方案校正后FR卫星产品的检测能力

图 3.10 混淆矩阵

图 3.11 为用于 GPR2 建模的训练期 FR 产品和站点降雨数据在不同雨强下估测降雨

的样本分布，纵轴代表 FR 产品估测的降雨量，横轴代表地面站点估测的降雨量。由图 3.11（a）可见，在 0～0.1mm/d 的雨强下，卫星数据样本有较多明显的异常值，即当站点降雨较大时，卫星仍然探测是无雨。这一缺陷可能是引起小雨建模结果异常的主要原因，也从而导致冬季校正效果差。而其他雨强下，没有这一明显的漏报现象。由图 3.11（e）和图 3.11（f）可见，训练样本相对较少，这也是图 3.11 显示暴雨、大暴雨雨强下 FR 产品的校正效果相对中雨、大雨雨强的校正效果来说较差的原因。在其他降雨强度下，则没有这种明显的遗漏。未来可以增加训练期的时序长度，增加暴雨、大暴雨的样本数，以提高更强降雨的校正精度。而 FR 产品出现的漏报与原始探测数据缺陷有关，未来需要 GPM 开发人员进一步改进。整体看来，卫星产品的整体精度通过基于不同雨强分级的高斯过程回归模型得到了明显提高，尤其是中雨和大雨雨强的降雨。使用该方法做 GPM FR 产品做卫星校正更适用于多雨的夏秋季节，冬季慎用。

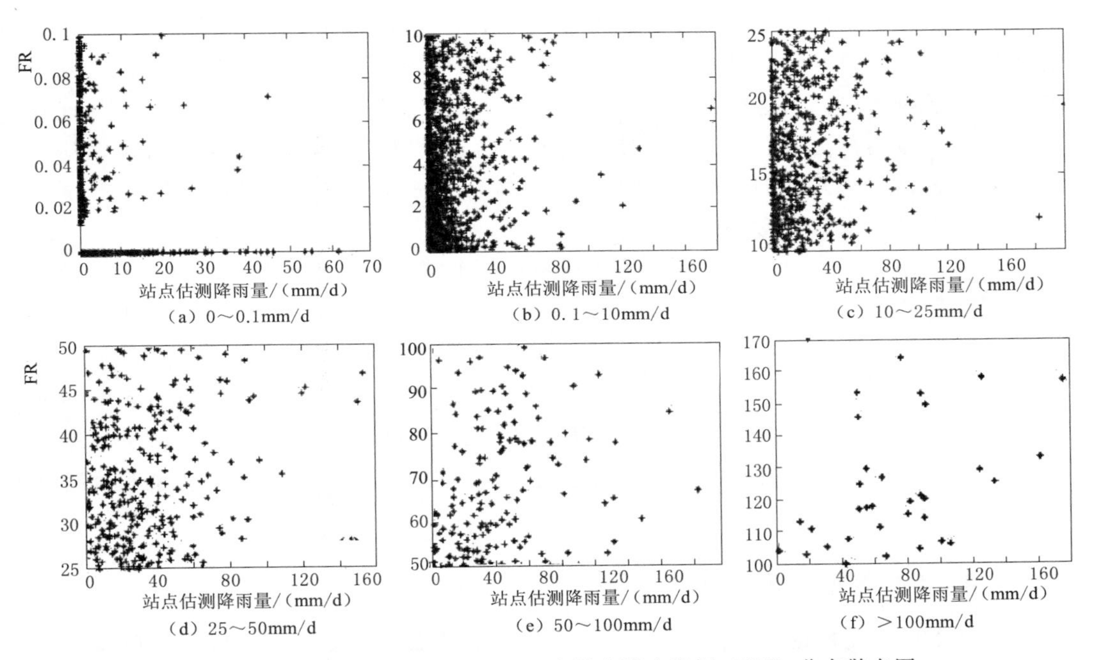

图 3.11　不同雨强 FR 产品（YT）和站点降水数据（XT）分布散点图

总体来看，本节提出的新的融合校正方案——基于雨强分级的高斯过程回归方法为利用规范观测对现有日尺度卫星产品进行偏差调整提供了有价值的参考，相较于传统校正方法来说，可以更好地修正卫星产品的误差。对于日尺度降雨校正来说，GPM 卫星估测本身出现的漏报现象影响了该方法对冬季日尺度降雨的校正效果。未来建议 GPM 开发人员进一步改进这一缺陷。在后续的研究中，我们也将尝试将本文所应用的方法进一步推广应用于卫星原始的辐射产品中，建立新的遥感降雨反演模型并避免现有缺陷的影响。

第4章　双偏振多普勒雷达降雨估算技术

4.1　概述

20世纪，随着雷达测雨研究的快速发展，双偏振雷达被逐渐应用起来。相比较于单偏振雷达，双偏振测雨雷达可以探测降雨粒子形状、大小、方向、速度等信息。这些信息可以用于反算雨滴谱的分布，确定降雨类型，订正雨衰和消除杂波影响等。而且由于不同偏振波传播相位的差异性，可以避免雨衰对电磁波的影响和局部遮挡的影响。综合利用双偏振雷达的各种参数，雷达测雨技术已经转变到对反演算法的不断改进上来，在保证降雨信息高质量采集的情况下，雷达测雨算法逐渐提高了降雨估算精度。尽管双偏振雷达技术已在C波段和S波段广泛且成熟应用，但由于高频电磁波对雨滴探测性更强，使得X波段在雷达测雨领域逐渐变为一种趋势。

由于双线偏振雷达能发射和接收水平和垂直两个偏振方向的脉冲电磁波，当发射电磁波在大气中传播遇到雨滴、云滴等悬浮粒子时，这些粒子会使发射的电磁波产生各个方向的散射，雷达天线能接受到这其中返回雷达方向的那部分散射电磁波，即粒子的后向散射回波[193]。由于探测到的粒子群形状、大小、密度等物理属性不同，返回雷达天线的散射电磁波的偏振方向和能量也不同，且这些被雷达天线接收的电磁波能量十分微弱，最后经过雷达接收系统放大、滤波等信号处理后，这些信号被加工生成为能反映探测目标特征的回波信号。

4.1.1　双偏振多普勒雷达测量数据

单偏振雷达监测数据主要包括 Z、V、W，而双偏振探测量除了可以测量单偏振雷达的物理量之外，还有 Z_{DR}（差分反射率因子）、ρ_{HV}/CC（协相关系数）、Φ_{DP}（差分相移）、K_{DP}（差分相移率因子）、L_{DR}（退偏振比因子）。

反射率因子，通常用 Z 表示：反映的是所监测的气象目标内部降水粒子的尺度和密度分布，通常为降水粒子直径6次方的总和（单位 mm^6/m^3），单位为dBz。

双偏振雷达可以交替发射和接受水平与垂直向偏振的电磁波，它从降水目标后向散射获得的电压时间序列分别用 H_n 和 V_{n+1}（$n=1, 2, \cdots, n$）表示。使用上述序列，经运算后可以得到以下物理量：

（1）水平偏振的反射率因子 Z_H。

（2）垂直偏振的反射率因子 Z_V。

以上两个变量，可以用水平与垂直偏振时的雷达测量参数求得，其平均取样功率为

$$S_h=\frac{1}{M}\sum_{i=1}^{M}|H_{2i}|^2-N_H$$

$$S_h=\frac{1}{M}\sum_{i=1}^{M}|V_{2i}|^2-N_V \tag{4.1}$$

$$Z_{HH}=10\lg(S_h)$$

$$Z_{VV}=10\lg(S_v) \tag{4.2}$$

式中：M 为某一方位水平或垂直偏振回波信号的样本数目：S 和 Z 分别为雷达波的发射状态和接收状态；H_{2i} 和 V_{2i} 为接受水平与垂直线的偏振从降水目标后向散射获得的电压时间序列；"H"表示水平偏振，"V"表示垂直偏振；M 为样本数；| | 代表为复数的模，下标"i"表示样本在时间序列中的位置；N_H 和 N_V 分别为接收机接收水平和垂直偏振波时的白噪声功率。

差分反射率因子 Z_{DR} 的定义为

$$Z_{DR}=10\lg\frac{S_h}{S_v} \tag{4.3}$$

显然，对于球形降水粒子，$S_h=S_v$，故 $Z_{DR}=0$。常用的反射率算法为：算术平均、平方律平均算法等。由于雷达的电磁回波的分布可以看作是服从 Gamma 分布的信号数据，因此其最佳的估值方式是平均算法。即先分别对水平偏振波和垂直偏振波的功率进行方位和距离平均，然后再计算 Z_{DR}（dB）。这种方法要比先计算 Z_{DR} 再平均的做法的精度高，且更稳定：

$$Z_{DR}=Z_{HH}-Z_{VV} \tag{4.4}$$

$$L_{DR}=10\times\lg\frac{Z_{HV}}{Z_{HH}} \tag{4.5}$$

式中：L_{DR} 为退偏振因子。

双程差示传播相位变量 Φ_{DP} 采用下式估算：

$$\Phi_{DP}=0.5arg(R_aR_b^*)(\mathrm{rad}) \tag{4.6}$$

$$R_a=\frac{1}{M}\sum H_i^*V_{i+1} \tag{4.7}$$

$$R_b=\frac{1}{M}\sum V_{2i}^*H_{2i+2} \tag{4.8}$$

式中：上标 * 为取共轨；arg(·) 为取幅角度的函数，(°)。

Φ_{DP} 是由于电磁波在非球形降水粒子区中传播时，水平偏振与垂直偏振的传播常数不相同造成的相位差，故 Φ_{DP} 与传播距离有关，并且

$$K_{DP}=K_h-K_v \tag{4.9}$$

其中传播相位常数为 K_h 及 K_v。K_{DP} 为差传播相移率或特定的传播相位常数。显然有

$$\Phi_{DP}=2\int_0^n K_{DP}\mathrm{d}r \tag{4.10}$$

若在降水区中相邻距离 r_n 与 r_{n+1} 处测得的双程差示传播相位变量分别为 Φ_{DP}（r_n）及 Φ_{DP}（r_{n+1}），则有

$$K_{DP}=K_h-K_v \tag{4.11}$$

相关系数 ρ 可用下式计算：

$$\rho(2T)=\frac{\left|\sum_{i=1}^{M}(H_{2i}^{*}H_{2i+2}+V_{2i+1}^{*}V_{2i+3})\right|}{M(S_{h}+S_{v})} \tag{4.12}$$

式中：T 为电磁波的发射脉冲周期；$\rho(2T)$ 为样本之间的自相关系数。

如果相隔一个周期 T，由于交替发射水平与垂直偏振波，它们所取得的回波样本之间的相关系数的模 $|\rho_{hv}(T)|$ 由下式给出：

$$|\rho_{hv}(T)|=\frac{|R_{a}|+|R_{b}|}{2[S_{h}+S_{v}]^{0.5}} \tag{4.13}$$

同时可得

$$|\rho_{hv}(0)|=\frac{|\rho_{hv}(T)|}{\rho(2T)^{0.25}} \tag{4.14}$$

式中：$|\rho_{hv}(0)|$ 为发射水平与垂直偏振波时取得的回波样本之间的相关系数的模。多普勒相移 Ψ_{d} 及多普勒速度 V_{r} 在一个脉冲周期 T 的间隔内所获得的正交回波复电压乘积平均值组成的，包含着多普勒相移及双程差示传播相位变量两种信息，即有

$$\begin{aligned} argR_{a}&=\Psi_{d1}+\Phi_{DP} \\ argR_{b}&=\Psi_{d2}-\Phi_{DP} \end{aligned} \tag{4.15}$$

式中：Ψ_{d1}、Ψ_{d2} 分别为包含在 R_{a} 及 R_{b} 中的多普勒相移值，故我们可取多普勒相移 Ψ_{d} 为

$$\Psi_{d}=\frac{\Psi_{d1}+\Psi_{d2}}{2} \tag{4.16}$$

于是多普勒速度 v_{r} 应为

$$v_{r}=\frac{\lambda\Psi_{d}}{4\pi T} \tag{4.17}$$

差分反射率因子 Z_{DR} 是由降水粒子对水平垂直偏振电磁波所携带的能量后向散射的差异造成的，而差传播相移 K_{DP} 则是前向散射的相位差造成的。差分反射率因子、线退偏振比依赖于返回偏振信号的强度，相关系数依赖于返回偏振信号的强度和相位。

差分反射率因子 Z_{DR} 与水成物的大小和椭球形轴对称比相关，表达一个探测空间体（距离库）的平均的粒子形状，Z_{DR} 的值与雨滴大小密切相关，例如，Z_{DR} 的值小则是冰雹存在的一个显著特征。

差传播相位 Φ_{DP} 是水平和垂直通道相位差。电磁波在雨中传播速度变慢，水平极化的电磁波传播相比垂直慢一些，它与粒子形状相关，也与粒子密度有关。冰雹的 Φ_{DP} 趋近于零，Φ_{DP} 是累积效应，它随着距离的增加产生累积效应，因此不方便直接使用。需要引入参数 K_{DP}。K_{DP} 与降水率成比例，它可用来估测降水，且 K_{DP} 与反射率估算降水相比，K_{DP} 计算降水不受冰雹影响。由于 K_{DP} 是双通道相位的差值，因此它不需要标定便可以使用。

退偏振比 L_{DR}：L_{DR} 需要在雷达内部进行单通道发射，双通道接收的模式下生成。L_{DR} 的主要作用是显示粒子的退偏振特性，因工作模式限制，L_{DR} 通常在雷达的反演计算

中应用较少。

综上所述，双偏振数据能够更好地描述粒子的尺寸/形状/降水类型及天气；能够区分气象/非气象回波；能够更好地去除异常传播、地物及海杂波等非气象回波；更准确地估计降水和降雪；以及探测和预警冰雹区域等众多的应用领域。

4.1.2 雷达数据处理

（1）雷达地形遮挡分析。天气雷达受硬件以及地形等客观因素的影响，不可避免地会对雷达观测资料造成干扰。雷达波束遮挡主要是雷达发射的波束被周围的山脉以及高层建筑等障碍物局部或全部遮挡，这会导致雷达观测信号失真和无法获得遮挡区域的降水资料。特别是丘陵地貌与复杂山脉结合，高层建筑繁多，所以布设的天气雷达在低仰角区域可能存在部分或全部雷达波束被遮挡的情况（见图 4.1）。

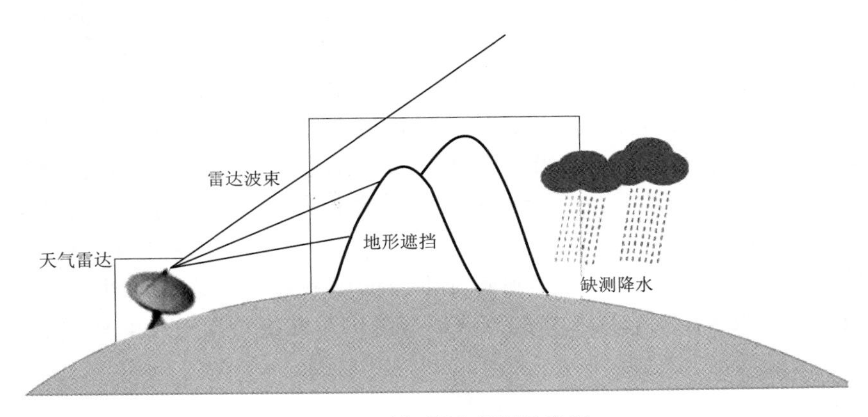

图 4.1 天气雷达观测示意图

（2）Φ_{DP} 的去折叠处理。雷达水平和垂直极化的电磁波通过相同长度的降水区域时，散射回雷达天线处的相位之差是距离的累积量，一般情况会随着距离的增加而增大。例如，雷达发射的水平极化电磁波在单位长度上有更大的相位移，传播速度也要比垂直偏振波的传播速度慢，而垂直轴长于水平轴的正好相反。Φ_{DP} 值是一个径向距离的累积量（见图 4.2），因此仅观测 Φ_{DP} 无法判断降水区域内的降水强度。

在雷达观测中，地物杂波污染、周围的噪声以及与之有关的波动都会对差分相位的估计造成干扰，导致相邻雷达库间出现波动，且在双发双收的电磁波发射模式中，Φ_{DP} 的取值范围在 $-180°\sim180°$ 之间，当 Φ_{DP} 值高于 180°时，会发生相位折叠，其探测值会重新从 0°开始递增，因此需要对差分相移做去折叠处理。采用径向连续性检查开展雷达差分相位的去折叠处理，具体步骤如下：

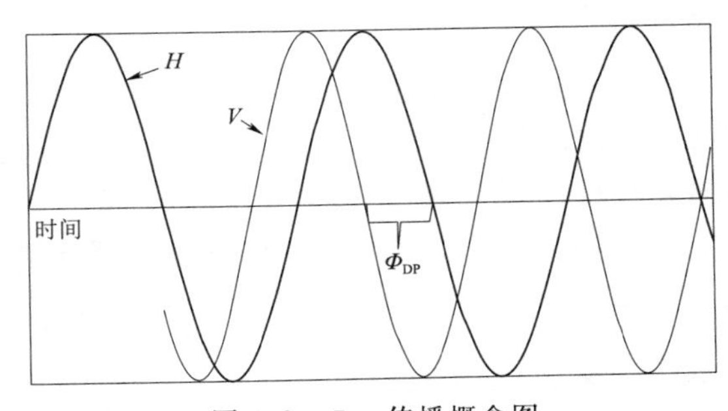

图 4.2 Φ_{DP} 传播概念图

H—水平偏振信号；*V*—垂直偏振信号

1）计算邻近 10 个雷达库的标准

差 σ。

2）对于不是降水回波的雷达径向数据，低的相关系数（ρ_{nv}）会导致差分相位出现较大的脉动，而雷达差分相位的折叠是针对降水回波而言。因此，沿径向计算雷达测量库的标准差，并判断降水回波的起始位置。所以当 $\rho_{nv}>5$ 且最近 5 个雷达库的 $\rho_{nv}>0.9$ 则认为 Φ_{DP} 发生了折叠。

3）若发生了折叠，则接着计算当前雷达库最近 5 个雷达库的 Φ_{DP} 的平均值和线性拟合一个斜率 a。

4）如果 $\sigma<15$ 且 $-5<\sigma<20$，则更新雷达反射率因子 Z。

5）如果 $\Phi_{DP}-Z<-80°$，则更新当前雷达库的 Φ_{DP} 值，加上 180°。

（3）K_{DP} 估计。设 r_m 和 r_n 是降雨区内相邻两个雷达库的中心离雷达的距离，Φ_{DP}（r_m）和 Φ_{DP}（r_n）是这两个雷达库上分别获得的差分相移值。我们可以知道 K_{DP} 是通过 Φ_{DP} 计算而来，K_{DP} 的估计与降水率密切相关。K_{DP} 是 Φ_{DP} 随距离的变化程度，因此取决于降水粒子前向散射的相位差异。在实际测量中，K_{DP} 受电磁波衰减的影响很小，不受雷达标定误差的影响，而 K_{DP} 与降水强度呈现线性关系，对雨滴谱的变化不敏感，在强降水过程中利用估计降水可以提高估计精度。另外，雷达波束部分被遮挡的影响也相当小。因此 K_{DP} 在电磁波衰减订正中被广泛利用。但因为 K_{DP} 不是雷达直接观测到的参数，而是通过估计得到的，所以 K_{DP} 的质量直接影响估计值的准确度，在雷达定量估计降水中，常常重新估计。

（4）过滤噪点。天气雷达因为受到硬件方面的影响，对雷达数据进行简单的质量控制，可以去除原始数据中存在的孤立的点或线等噪声对雷达数据的污染，利用以下方程进行过滤：

$$P_x=\frac{N}{N_{total}} \tag{4.18}$$

式中：x 为雷达数据的第 x 个雷达测量库，以 x 为圆心，周围的雷达测量库为一个单元窗口，其中雷达库的有效个数为 N，总个数为 N_{total}；P_x 为有效雷达库占总个数的百分比，若小于某一阈值时（一般为 55%），则认为是雷达噪声将其过滤。

4.2　滁州双偏振雷达与降雨观测

4.2.1　雷达安装情况

南京水利科学研究院在安徽滁州综合水文实验基地安装了 X 波段双偏振测雨雷达，安装在南京水利科学研究院滁州综合水文实验基地西北侧的山坡顶部。实验系统由 1 部 X 波段双偏振雨量监测雷达、4 台雨滴谱仪、20 多个地面雨量站、1 个数据处理单元(DPU)，以及计算机和通信网络设备等部分组成。滁州实验基地坐落在滁州城郊，距离南京约 80km，实验范围约 $80km^2$（见图 4.3）。

4.2.2　雷达运行方式

滁州基地的雷达有三种扫描方式：PPI 扫描（360°水平扫描）、RHI 扫描（指向某一

个特定方向的垂直扫描）和顶点扫描（指向天空的自转扫描）。雷达的扫描周期设置为5min，一个完整的PPI扫描需要36s，RHI扫描需要60s，顶点扫描需要30s。因此在一个扫描周期内，可以设置只进行单一的扫描方式，或是进行组合的扫描方式。设计了一种独特的"5+2"扫描策略，即在一个5min周期内做5个PPI扫描，1个RHI垂直扫描和1个顶点扫描。其中PPI扫描5个不同的近地面仰角，RHI扫描指向滁州基地水文气象综合观测场，在此观测场中配置了多个雨量桶和雨滴谱仪，以比较雷达测雨强度和实际观测的降雨强度。雷达库长选择30m，即雷达采集到的数据在每一个方向上，以每30m为一个单位输出数据。雷达所在高程50m，流域边界最大高程为350m，流域边界距雷达最远距离8km，因此雷达PPI扫描最低仰角设置为

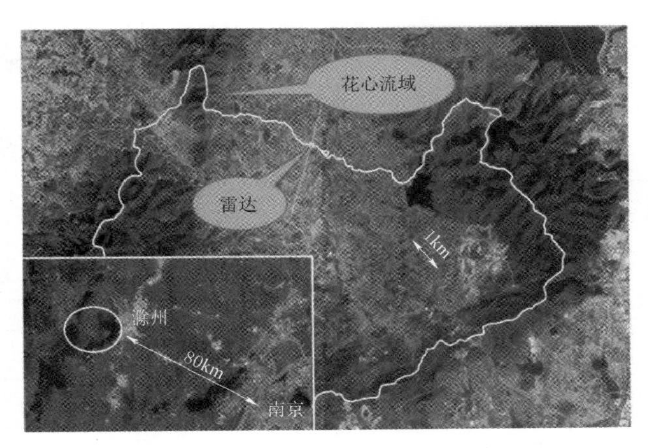

图4.3 滁州基地X波段双偏振雷达地理位置

$$\tan^{-1}\left(\frac{350-50}{8000}\right)\approx 2.0° \tag{4.19}$$

考虑到周围地势的影响，PPI扫描的仰角设置为2.0°、3.0°、4.0°、5.0°、7.5°。顶点扫描可以监测同一地点不同高度上的水汽速度，它可以在雨降落到地面之前探测到降雨事件。RHI扫描可以提供某一特定地点上，不同高度上的降雨参数，通过分析不同高度上降雨参数的变化情况（见图4.4），找寻其中的规律，可以为使用雷达降雨参数反算雨滴谱分布提供帮助。RHI扫描的最高仰角波束与顶点扫描都对同一块区域进行了扫描（见图4.5），而得到了不同形式的降雨参数数据，通过分析两组参数，可以比较雷达探测能力的稳定性。

4.2.3 观测结果

4.2.3.1 降雨场次信息

选取2017—2020年实验区内观测到的完整的降雨过程为中雨以上量级的降水场次有18场，发生时间和雷达观测基本情况见表4.1。这些较为完整的降雨场次作为下文进行雷达降水数据的反演，以及算法改进的基础。

表4.1 滁州雷达和实验场对主要降水的观测

时间/(年-月-日)	天气	雷达观测	实验场观测	备 注
2017-5-4	中雨	是	是	
2017-6-10	大雨	是	是	
2017-8-8	大雨	是	是	

续表

时间/(年-月-日)	天气	雷达观测	实验场观测	备　注
2017-9-25	大雨	是	是	
2018-1-27	大雪	是	是	
2018-3-15	中雨	否	是	
2018-4-5	中雨	是	是	
2018-5-5	大雨	是	是	
2018-5-6	暴雨	否	是	
2018-5-25	暴雨	不完整	是	
2018-8-31	中雨	是	是	
2019-1-9	大雪	完整	是	
2019-2-21	中雨	是	是	
2019-4-28	中雨	是	是	
2019-5-24	中雨	是	是	
2019-6-6	中雨	是	是	
2020-6-12	暴雨	是	是	
2020-6-27	大雨	是	是	

4.2.3.2　RHI 扫描结果

RHI 扫描可以提供某一特定地点上，不同高度上的降雨参数，它可以直接地反映出反射率随高度的变化。图 4.4 显示了三场降雨中反射率随高度变化情况。总体来说，从 6km 高空到雷达所在位置，反射率呈增长趋势，此趋势可分为三个阶段。首先，从 6km 到 5.3km 高空，反射率快速增长。其次，从 5.3km 到 3km 高空，反射率快速变化，但增加与降低并存。最后，从 3km 高空往下，反射率呈持续增长趋势，直到雨滴降落至地面。

由此可见，雨滴产生于 5.3km 高空，即云层位于 5.3km 高度处，这就解释了反射率在此高度有一个极值的现象。雨滴自产生之后，会在下落过程中碰撞、破碎、融合，雨滴的速度也由零开始逐渐变大到趋于稳定，反映到图中便是反射率在 5.3～3km 高空快速的不规则变化情况。在 3km 以下高空，雨滴的大小、形状、速度趋于一个相对稳定的状态，因此反射率在此阶段呈稳定增加趋势。

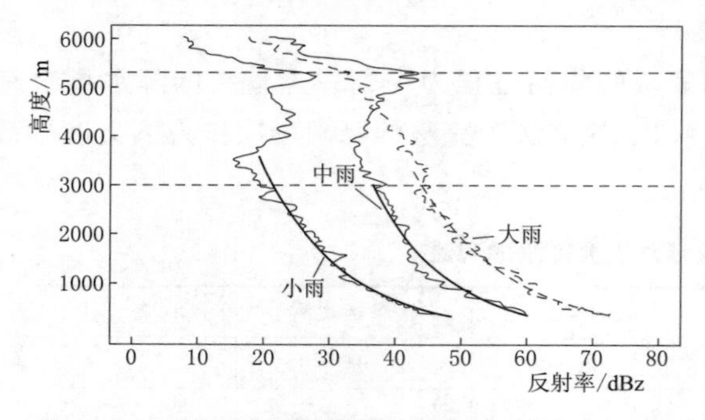

图 4.4　不同高度不同雨强（小雨、中雨、大雨）的反射率，为雷达垂直上方 RHI 结果的数据

反射率与降雨强度关系密切，对于小雨强，近地面的反射率约为 50dBz，对于中雨强和大雨强，近地面的反射率约为 60dBz 和 70dBz。图 4.4 反映了三种雨

强在 3km 以下的高空范围，反射率呈现出同一种变化趋势。

对此三场降雨事件 3km 以下的不同高度的反射率做回归分析，发现拟合的回归方程与原始数据契合度非常高。它们的方程形式都为：$H=Ae^{-bZh}$。三场降雨的相关系数均大于 0.970，且 b 值均在－0.070～－0.090 之间（见图 4.5）。

水文气象综合观测场距雷达只有 350m，在如此近的距离下，雨衰对雷达的影响可以忽略不计。用同样的方法对该区域做分析，反射率因子的变化呈现同样的规律：反射率因子的变化同样有三个阶段，而在 3km 以下高空处，反射率因子呈现稳定增大趋势。

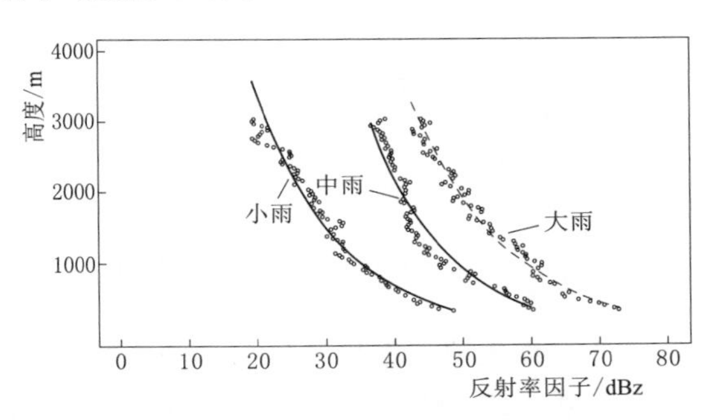

图 4.5 不同雨量（小雨、中雨、大雨）反射率随高度变化的回归分析

RHI 扫描的最高仰角波束与顶点扫描均扫描同一块区域，即雷达正上方不同高度的降雨粒子信息。按照预先设定的扫描策略，在一个 5min 周期内，RHI 扫描的数据比相应的顶点扫描晚 1min。

4.2.3.3 顶点扫描结果

顶点扫描垂直指向天空 10s，得到的数据对电磁波信息进行累积。它将速度场从－16m/s 到＋16m/s 按相同速度间距分为 128 等分，累积相应速度场的相关频率，库长固定为 30m。而 RHI 扫描只在此方向上停留 0.015s，得到相应的雷达 8 要素参数。图 4.6 展示了在同一个 5min 周期内，两种扫描方式分别得到的速度参数。对比两种扫描方式，速度的变化趋势相似，且速度参数从 3km 高空到雷达位置保持稳定。然而，顶点扫描得到的速度随高度的变化范围却比 RHI 扫描窄很多。分别计算两种扫描方式下速度的平均值和标准差（见表 4.2），结果表明，两种扫描方式的速度平均值很接近，但是 RHI 扫描的标准差大约为顶点扫描的两倍。

表 4.2　不同高度速度的平均值和标准差

时间/(时：分)	顶点扫描数据平均值	顶点扫描数据标准差	垂直扫描数据平均值	垂直扫描数据标准差
22：10	－6.44	0.20	－6.37	0.46
22：15	－6.06	0.28	－6.31	0.55
22：20	－6.11	0.27	－6.38	0.41
22：25	－5.88	0.26	－5.96	0.50

两种扫描方式均在同一个 5min 周期内扫描了同一块区域，且时间间隔为 1min，都得到了降雨信息的速度信息，但得到的平均值却不一样，相应的离散型也差距很大。

顶点扫描是对天空做了 10s 的数据积累，而 RHI 扫描只有 0.015s，这就解释了顶点扫描的速度标准差总是比 RHI 扫描要小。而且两种扫描方式有 1min 的时间间隔，速度在这段时间内有可能发生变化，对两组数据做滑动平均处理（见图 4.6），得到相似的速度变化趋势。

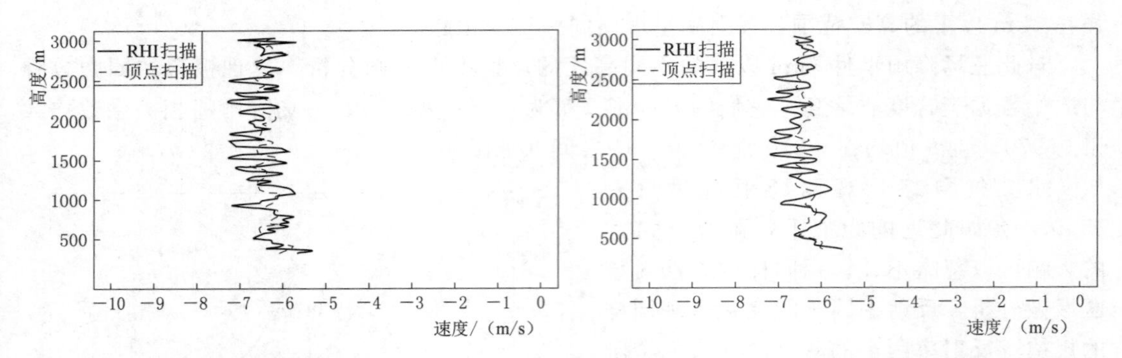

图 4.6　不同扫描模式（顶点扫描和 RHI 扫描）在特定时间内的速度随高度的变化

RHI 扫描比顶点扫描提供更多的降雨信息，因此首先分析 RHI 扫描的速度场。速度不像反射率，其随高度的变化只分为 2 个阶段。在 5300m 高空以上（即云层以上），速度几乎为 0，且其变化缓慢。在云层以下，速度快速的增加到一个范围内（见图 4.7，该处约为−10m/s），之后速度开始快速的增大和减小，直到降落至地面，其速度仍然保持在同一范围内。

图 4.8 展示了三种降雨类型（小雨、中雨、大雨）的速度对高度的变化。无论对哪种降雨类型，速度均在 5.3km 高空处出现剧烈变化，但在云层以下，速度均呈无规则的变大和变小。雨滴的速度受风速影响很大，在大雨强中一样会出现微风，强风也会伴随小雨，因此单纯的速度参数无法反映出雨强的大小。但速度参数可以明显地反映出降雨事件发生与否，如结合风速测量设备，可对该数据做更加深入的分析。

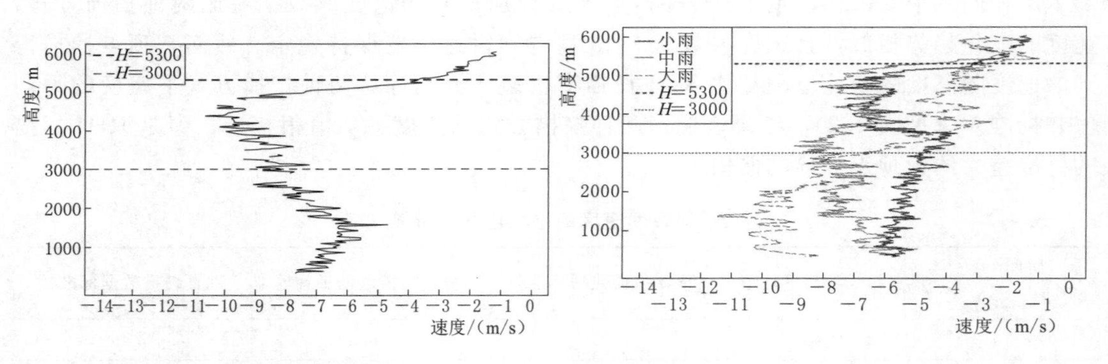

图 4.7　速度随高度变化

图 4.8　不同雨型（小雨、中雨、大雨）的速度随高度的变化

4.2.3.4　差分反射率（Z_{dr}）结果

差分反射率反映了雷达接收到的水平方向上的反射率因子（Z_h）和垂直方向上的反射率因子（Z_V）的差异，不像反射率和速度，差分反射率在不同高度上的分布没有明显规律（见图 4.9），因此对其做统计分析更为合适。

取 3km 高空以下的数据，将差分反射率分为 4 类，Z_{dr} 小于零，在 0～1、1～2 和 2～3 之间，其统计分析结果见图 4.10。前三张图展示了三种降雨类型下差分反射率的分布范

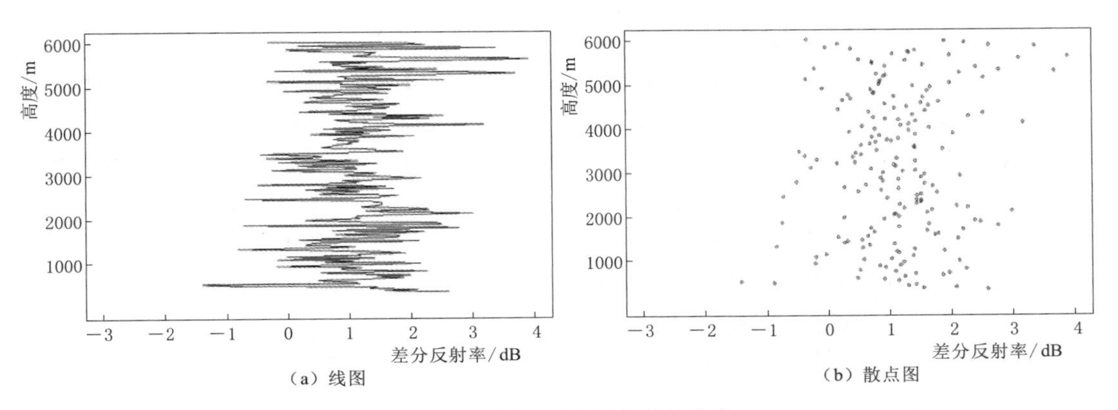

（a）线图　　（b）散点图

图 4.9　不同反射率随高度的变化

围，第四张图反映了三种降雨类型在 30min 内的平均差分反射率分布范围。由图可知，对于每一种降雨类型，其差分反射率的分布范围是相对稳定的，并且更多的 Z_{dr} 分布在 0～2 之间。大雨强相比较于其他两种降雨类型，拥有更多小于 0 的差分反射率，和更少的处于 2～3 的差分反射率。小雨强和中雨强的分布方式较为相似，它们都有很少的差分反射率分布在小于零和处于 2～3 之间。在 0～2 的分布范围内，小雨强有更多处于 1～2 之间的差分反射率，中雨强有更多处于 0～1 之间的差分反射率，表明雨滴的大小并不直接等于雨强的大小。而无论对于哪种降雨类型，都有将近 80%的 Z_{dr} 分布在 0～2 之间。

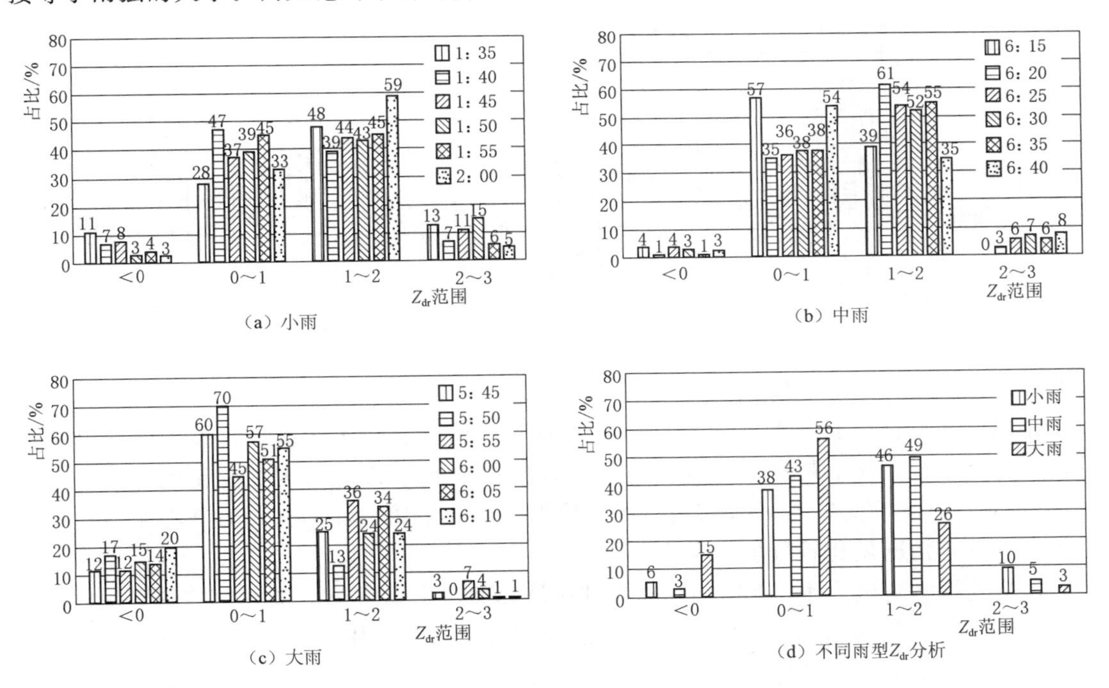

（a）小雨　　（b）中雨

（c）大雨　　（d）不同雨型 Z_{dr} 分析

图 4.10　Z_{dr} 不同雨型的统计分析

为分析距离是否对差分反射率产生影响，选取了四个在同一直线上距雷达不同距离的四个点做比较见图 4.11，即雷达正上空，距雷达 1km、2km 和 4km 远处的点。对于小雨强，一部分处于 1～2 的 Z_{dr} 转化为其他范围。对于三种降雨类型，Z_{dr} 所处的最大范围的区域均有所减小，与此同时，原本分配最少的区域有所增大。在距离雷达 4km 远处，Z_{dr} 的分布范围是：1～2>0～1>小于零区域，小雨强有更多的处于小于零区域的差分反射率，中雨强有更多的处 2～3 范围的差分反射率。距雷达由近及远，差分反射率的分布不同，从某些方面反映了雨衰对电磁波的影响：水平反射率和垂直反射率均受雨衰影响，一般来说水平反射率大于垂直反射率，而随着反射率的数值增大，相应所受雨衰的影响也增大，这也就是为什么距离雷达越远，Z_{dr} 的分布越趋于均衡状态的表现。

大部分计算雨强的算法不单独使用差分反射率或反射率，这是因为雨衰对其影响很大，因此想要计算出更精确的雨强，必须首先解决好雨衰对电磁波的影响。

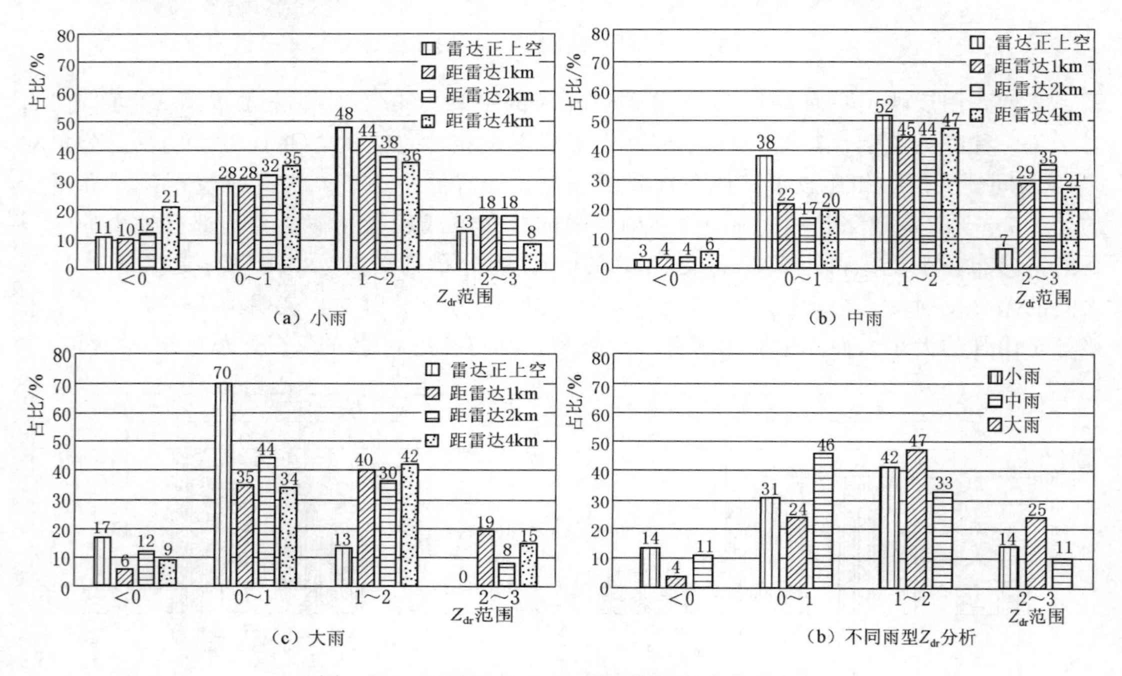

图 4.11　不同雨型 Z_{dr} 与雷达距离的统计分析

4.2.3.5　比差分相位移（K_{DP}）结果

比差分相位移是通过水平和垂直偏振方向上的相位上的累计差与距离的倒数计算出的，理论上来说，K_{DP} 是不受雨衰影响的。同样先对 K_{DP} 做随高度上变化的分析（见图 4.12），发现其与 Z_{DR} 一样，没有明显的规律性，因此采用统计的方式对其在距雷达不同距离上的分布情况做比较分析。

雷达的探测盲区为距雷达 200m 以内的区域，而对 K_{DP} 参数，其探测盲区为 800m 以内的区域。选取距雷达 1km、2km、4km 远处的特定地点做比较分析。结果如图 4.13 所示，对小雨强来说，大部分的 K_{DP} 均分布在－2～2 之间，且随着距离的增加，K_{DP} 的分布规律保持不变。

但对于不同的降雨强度，K_{DP} 的分布范围明显不同（见图 4.14 和图 4.15）。中雨强的 K_{DP} 分布较为分散，处于－2～2 之间的只有约 50%，而大雨强和小雨强类似，但有更

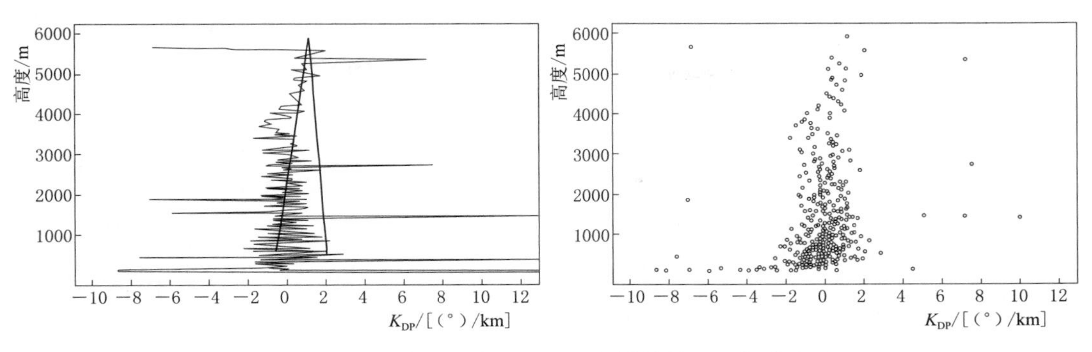

图 4.12 K_{DP} 随高度的变化，RHI 扫描结果（距离雷达 1km）

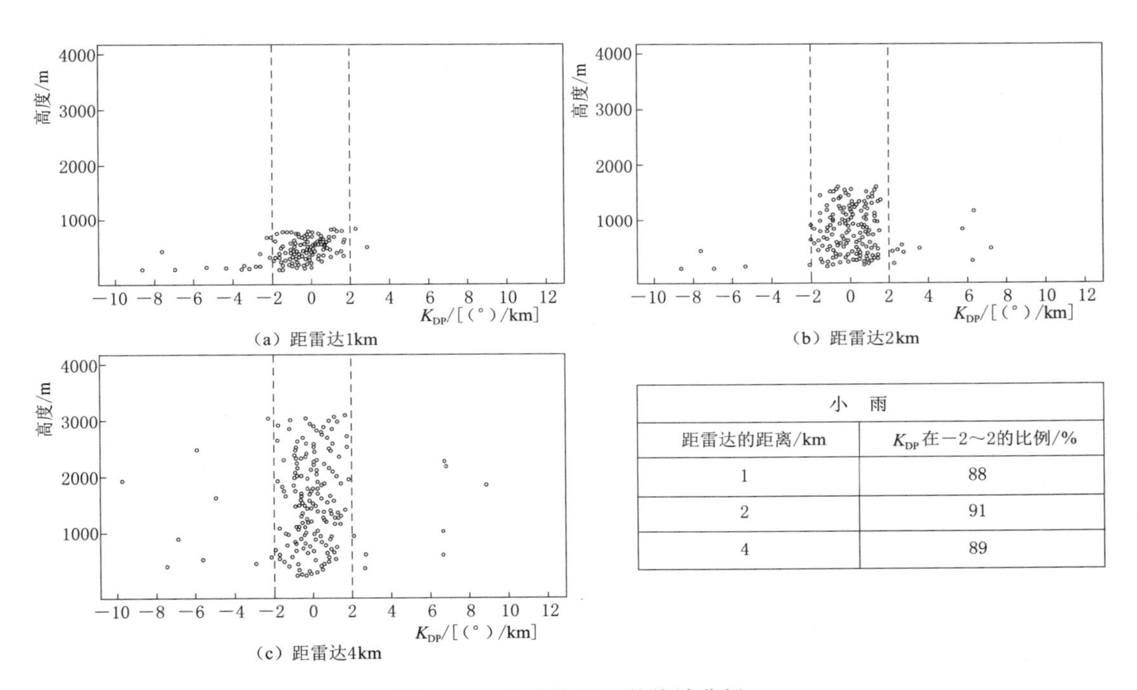

小　雨	
距雷达的距离/km	K_{DP}在−2～2的比例/%
1	88
2	91
4	89

图 4.13 小雨的 K_{DP} 的统计分析

多的 K_{DP} 分布在−2～2 之间。并且，三种降雨类型均显示出 K_{DP} 的分布情况不受距离的影响，换句话说，也就是雨衰对 K_{DP} 参数没有影响。

4.2.4 双偏振雷达与雨量计实际观测值的比对

图 4.16 与图 4.17 显示了 2017 年 7 月 9 日的一场降雨事件中，雷达测雨量与雨量计测雨量的对比。雷达结果中 4 个点的降雨量相近。雨量计的计量精度 1mm。从整个降雨事件的降雨总量来看，雷达的计算降雨量与雨量桶实测降雨量接近，但在具体时间上，差异显著，尤其是在 6：05—6：10 这个时间段，雨量桶实测了 6mm 的降雨量，但是雷达并未探测到。初步分析有以下几种可能：①雷达探测到的是天空中水汽的电磁波，而雨量

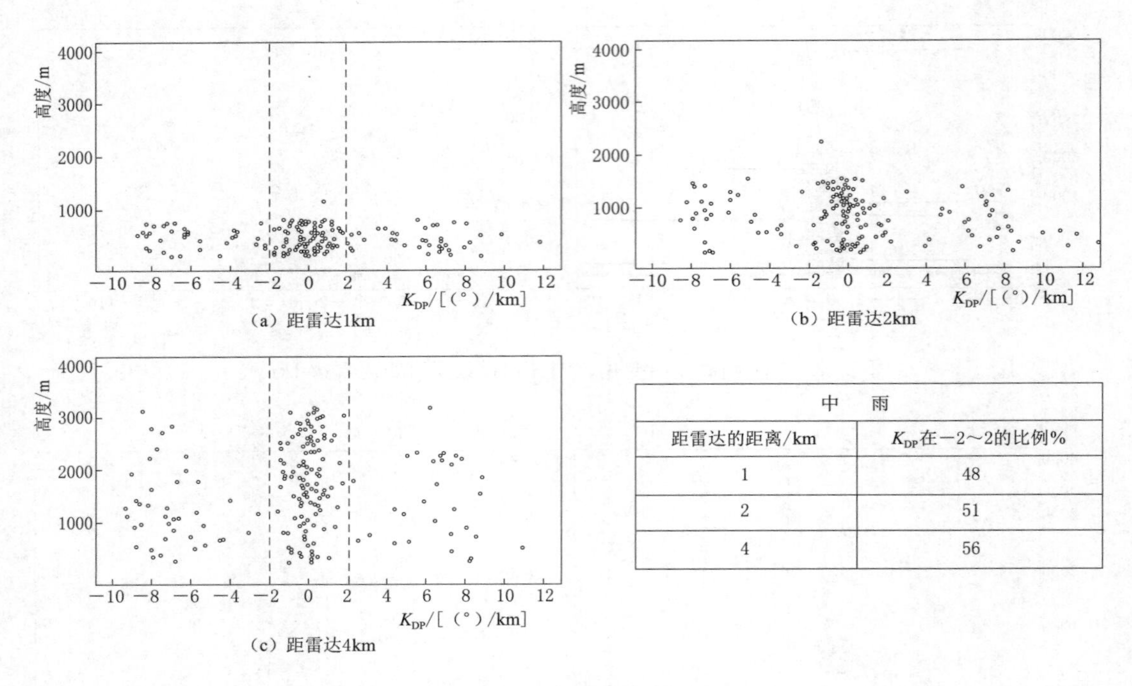

中　雨	
距雷达的距离/km	K_{DP}在−2～2的比例%
1	48
2	51
4	56

图 4.14　中雨的 K_{DP} 的统计分析

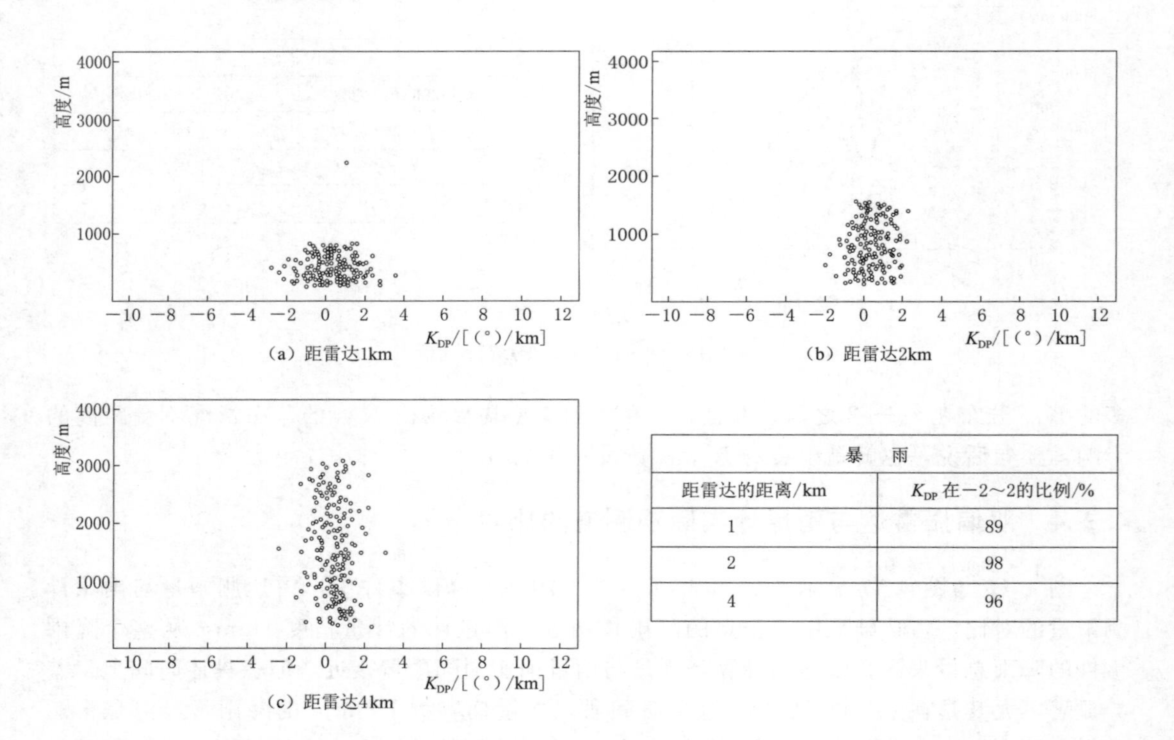

暴　雨	
距雷达的距离/km	K_{DP}在−2～2的比例/%
1	89
2	98
4	96

图 4.15　暴雨的 K_{DP} 的统计分析

桶探测到的是降落到地面的降雨量，两者并不完全等价；②雷达对电磁波反射率的接收有一定范围，加上探测点距离雷达距离很近，在此时刻应有的反射率可能极高，超过了天线的接收范围；③算法不够完善，无法处理短时间的强降雨事件。因此后期需要更多的降雨分析来确定并解决这一问题；④雷达进行一次 PPI 扫描约 36s，而在对数据进行处理后却用来反映 5min 的降雨量，短时降雨可能发生在很短时间内，而雷达刚好在此时刻没有扫描到此事件。

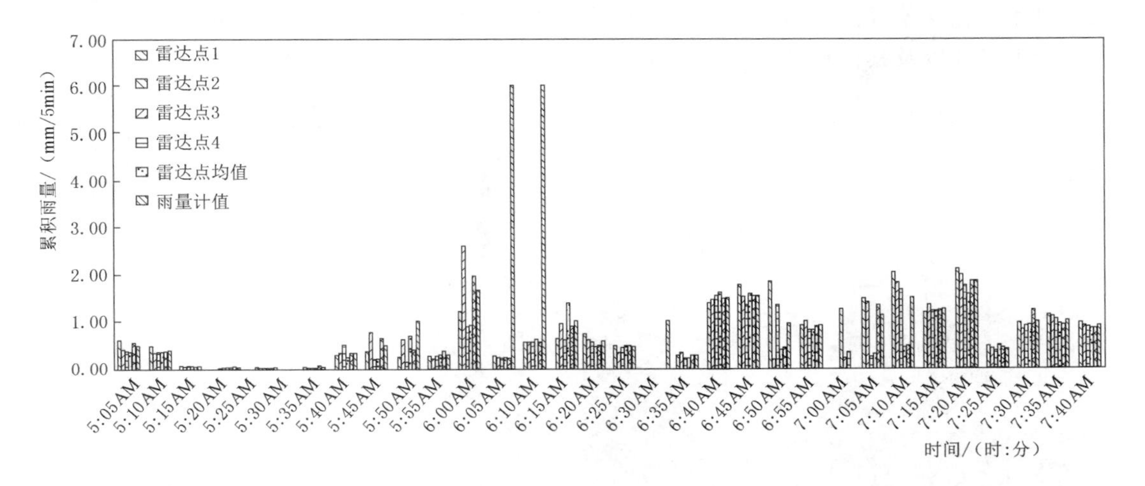

图 4.16 通过雨量计和雷达进行降雨率比较

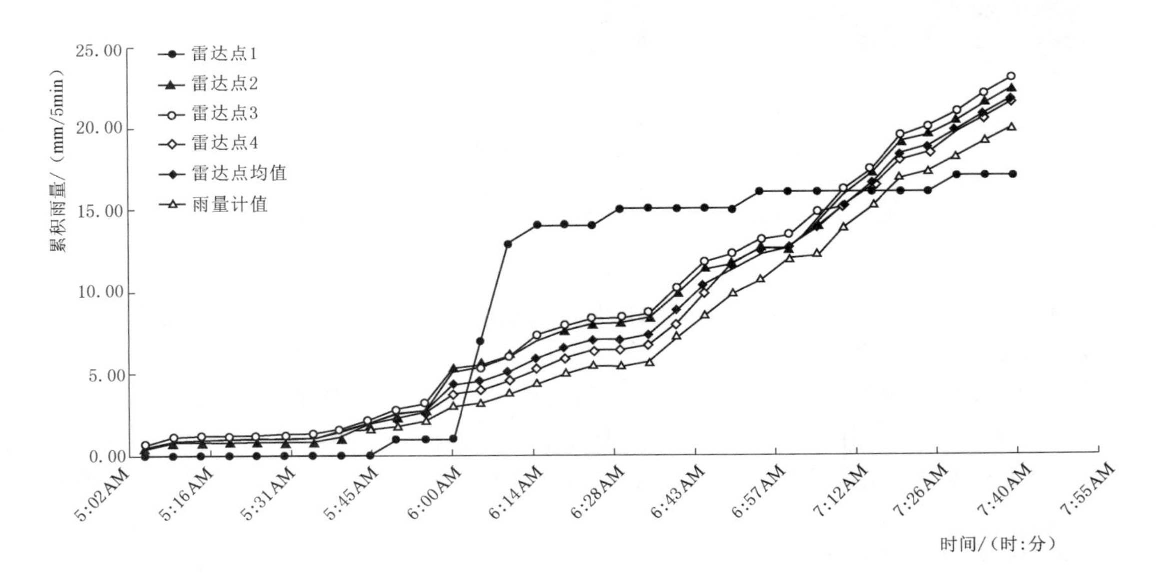

图 4.17 雨量计与雷达测雨比较

由于雷达降水反演的基础为 $Z-R$ 关系，Z 为雷达反射率因子，R 为降水强度。由于 $Z-R$ 关系随季节、气候、地形和降水类型的不同而变化，对 $Z-R$ 关系进行变换后得到，

等效反射率因子 Z_e 与雨强 R 的关系为 $Z_e = \lg A + b\lg R$，而其中的 A 和 b 值均需要雷达所在实际区域的率定。为得到滁州基地更为准确的 A 和 b 值，我们利用在雷达测量范围内的南京水利科学研究院的气象场内的实测雨量计和雨滴谱仪数据进行分析对比，并通过最优化处理方法得到雷达使用的更为精确的 A 和 b 值。首先我们对比气象场内的雨量计和雨滴谱仪的数据，对雨滴谱仪和雨量计的数据偏差进行评估。气象场内布置了两个距离 2m 的 Parsivel（OTT）型雨滴谱仪（图 4.18），两台雨滴谱仪的设置是为了做实验仪器的自对比。在气象场内亦布置了 SL3 - 1 型 0.1mm 雨量计和 JDZ 型 0.2mm、0.5mm 分辨率的雨量计以及其他众多水文实验仪器。

（a）实验场内的雨滴谱仪

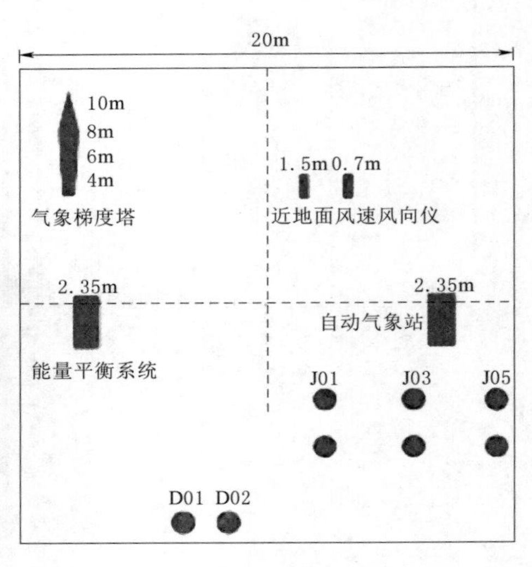

（b）实验场内的设施布置

图 4.18　滁州水文实验基地内的仪器布置
（001、002 为两台雨滴谱仪，J01、J03、J05 分别为分辨率 0.1mm、0.5mm、0.2mm 的雨量计，每个分辨率的雨量计为两对）

对 2019 年 5—10 月雨滴谱仪的累积雨量和实验场内的 0.1mm、0.5mm 雨量计测量的累积雨量的对比如图 4.19 所示。由图 4.19 可知，雨滴谱仪给出的降雨累计雨量整体小于雨量计实测的降雨量，在一定的时间段与雨量计实测雨量差值越来越大。这是由于在 7 月初的时候雨滴谱仪中间经过一次检修，漏掉了部分数据。从图 4.20 中可知在 2019 年 5—10 月中出现频率最高的为 0.5mm 直径左右的雨滴，占比达到 20%以上。0.7mm 直径以下的雨滴占比达到 65%左右，且直径 1mm 以下的雨滴占比更是达到了 83%左右。说明在滁州实验基地的降雨在夏秋季节雨滴主要以小直径的雨滴为主，大雨滴的直径占比很小。

以下将对比在利用最优化处理法处理后的雷达反演数据与滁州基地内实测的雨量计数据的对比。

由对比可知，雷达的反演降雨数据在一定程度上可反映出降雨过程，特别是降雨峰值

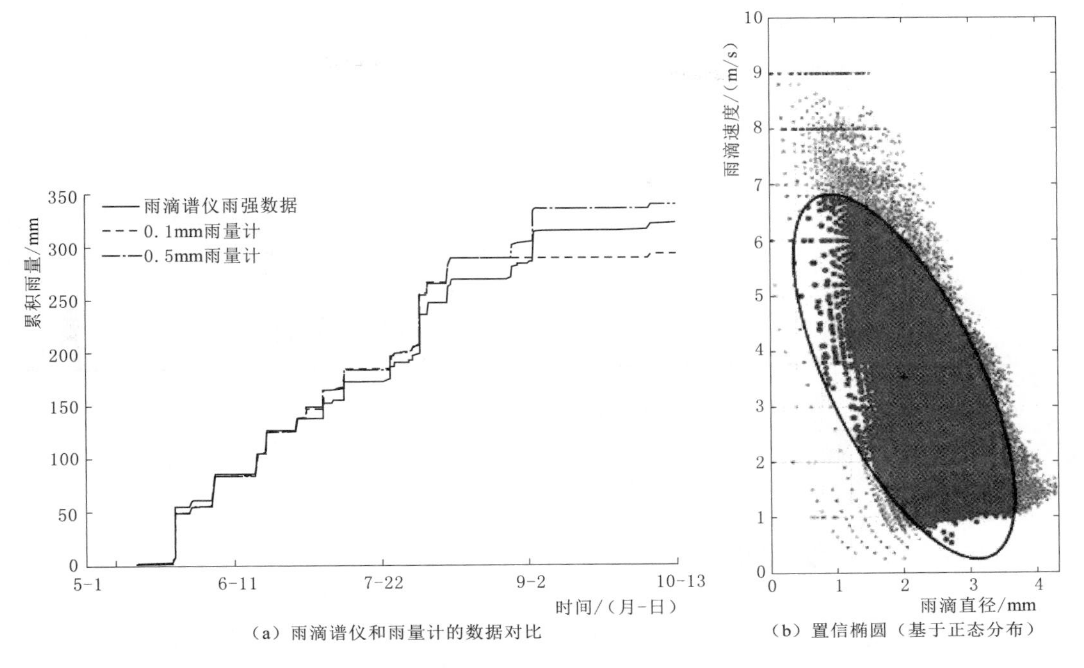

(a) 雨滴谱仪和雨量计的数据对比　(b) 置信椭圆（基于正态分布）

图 4.19　2019 年 5—10 月雨滴谱仪的累积雨量和实验场内的 0.1mm、0.5mm 雨量计测量的累积雨量的对比，以及雨滴谱仪测量的雨滴直径和速度分布置信水平 95%置信椭圆图

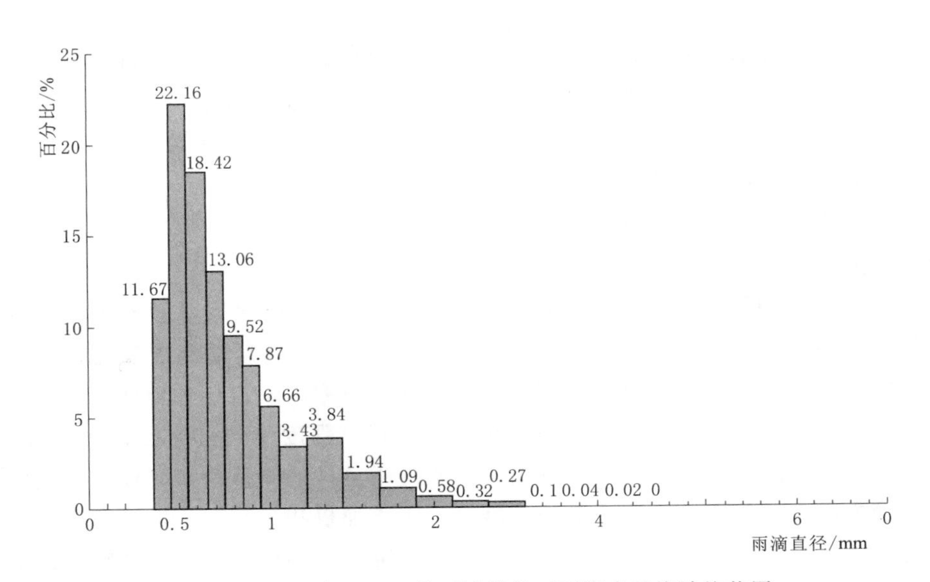

图 4.20　2019 年 5—10 月雨滴谱仪对雨滴直径统计柱状图

的对比。但在一些数据区间内，特别是降雨雨强较小时，雷达的反演数据存在偏小的情况。进一步通过图 4.21 的对比可看出，雷达的数据反演在曲线变化上基本一致，都能很好地精细化地反映出降水过程。

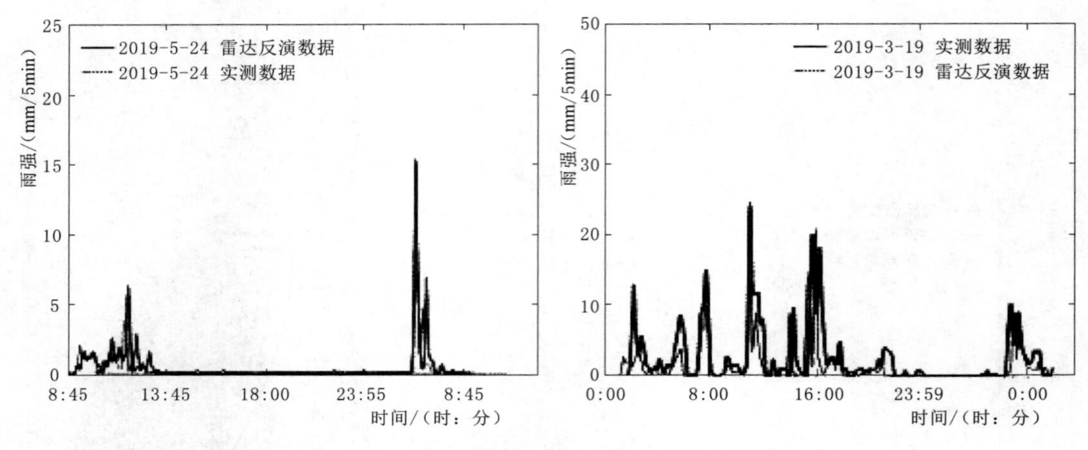

图 4.21　雷达反演数据与气象场内的雨量计实测数据对比

4.3　雷达降水反演校正技术

多普勒天气雷达定量测量降水的方法很多，如 $Z-R$ 关系法、标准目标法、衰减法和正交偏振法等，目前在日常工作中最常用的是 $Z-R$ 关系法。

4.3.1　$Z-R$ 关系订正

由于 $Z-R$ 关系法的关系不稳定，给雷达定量测量降水带来种种困难，但是对大量的雨滴谱资料进行分析统计，将降水成因分成几类，当降水强度在 20～200mm/h 时，在不同地点的 $Z-R$ 关系可统一表示为

层状云降水：$Z=200R^{1.6}$

地形云降水：$Z=31R^{1.71}$

暴雨：$Z=486R^{1.37}$

$Z-R$ 关系法是根据大量滴谱资料统计平均结果，个别单次测量的矛盾关系可能和这种平均关系差别较大。且在大雨阶段，$Z-R$ 关系已经不再满足瑞利散射的条件，给估测降水造成很大的误差。另外也可以利用雷达测量的反射率因子直接和地面雨量计建立多种关系。由于单独使用雷达并通过了一种关系确定的降水强度受到雷达参数、$Z-R$ 关系的不稳定以及暴雨时衰减增大等影响，提出了用基准雨量计的测量值实时校准雷达测量值的方案，校准方法有：单点校准法、平均校准法、距离加权法、空间校准法、卡尔曼滤波校准法、变分校准法等。实验观测发现卡尔曼滤波校准法、变分校准法最为精确。卡尔曼滤波校准法是线性无偏最小方差递推滤波，它的估计性能是最优的，递推计算形式又能适应实时处理需要，故称为最优滤波器。变分校准法是一种比线性加权内插更好的方法，去求每个网格点上的校准因子，这种校准无论是 $Z-R$ 关系和雷达参数的不稳定，或者距离变大、降水粒子非球形以及雨区衰减等带来的影响，均可用校准因子的场进行点校准而得到一定的订正，测雨精度大大提高。但是变分校准法要求地面有一定分布密度的雨量计网，

以保证有一部分质量好的校准因子值。上述方法实际使用时可根据雨量计分布密度及雷达探测到的回波分布情况选取 1～2 种方法进行校准。

多普勒天气雷达的测量结果受到来自多方面干扰因素的影响，使得雷达测值存在着相当大的误差。只有对雷达的测值进行校准后，雷达测得的降水信息才能被接受。不用雨量计进行校准的措施如：调整 $Z-R$ 关系法、概率配对法、面积时间积分法，它们的优点是使用方便，但没有考虑到某一次降水过程的具体特点。常规天气雷达由 Z_H 单参量测量降水是基于 M－P（Marhsall 和 Palmer，1948）的一种半经验关系方法，采用 $R(Z_H)$ 测量降水必须考虑多种不确定性因素所产生的误差。其中最小可测功率 Pr_{min} 的不稳定性主要是噪声的高度脉动性所致，利用视频积分设备可以抑制噪声的脉动，从而能提高单 Pr_{min} 的测量精度。使用对消电路能有效地抑制地物杂波，故它能够减少地物杂波所带来的误差。关于 $Z-R$ 关系的不稳定性、雷达和地面测量之间的空间和时间的不一致性以及途中降水粒子的衰减等带来的误差，由于影响因素较多，目前尚无有效的方法来解决。

在气象部门使用的雷达中部分沿用了美国 WSR－88D 中设定的由夏季对流云降水统计得到的 $Z-R$ 关系式，即

$$Z=300R^{1.4}$$

式中：Z 为雷达反射率因子；R 为降水强度。

由于 $Z-R$ 关系随季节、气候、地形和降水类型的不同而变化，需利用雷达实测的强度值和相对应雨强值进行比较分析得到 $Z-R$ 关系。在实际应用中雷达图上直接观测到的产品是等效反射率因子，而非反射率因子。因此需要分析等效反射率因子与雨强的关系。一般定义等效反射率因子为：$Z_e=\lg Z$，Z_e 与雨强 R 的关系可变化为 $Z_e=\lg A+b\lg R$，定义 $R^*=\lg R$。利用最小二乘法可得这直线的截距和斜率，对截距取反对数即可得到 A 值。在雷达的实际使用中需要按照本地的地形、气候、季节和降水类型的特点重新确定 A、b，以获取较为准确的降水估测。

从图 4.22 中可以看出，R 随 Z 的增大而增大，但两者并不是简单的线性关系，R^* 和 Z_e 呈线性关系，Z_e、R^* 两者关系密切。一般的回归方程为：$y=b_0+bx$，这里假设两个变量 Z_e 与 R^* 的回归方程为：$Z_e=A^*+bR^*$；很显然 A^* 和 b 不同时直线的斜率和截距就不同，回归系数可直接表示为

$$b_0=y-bx \tag{4.20}$$

$$b=\frac{\sum_{i=1}^{n}X_iY_i-\frac{1}{n}\sum_{i=1}^{n}X_iY_i}{\sum_{i=1}^{n}X_i^2-\frac{1}{n}\left(\sum_{i=1}^{n}X_i\right)^2} \tag{4.21}$$

x 及 y 分别为其平均值。用 A^* 替换上式中的 b_0，Z_e 替换 y，R^* 替换 x 即可算出相应的 A 和 b 值。得到滁州基地使用的 A 和 b 值分别为 211.5、1.49。对于此时 A 和 b 值还需要进行进一步的检验，即利用雨量计实测数据进行最优化处理。

由于在滁州实验基地的气象场内，雨量计测得的降雨量 G_i 很好得到，再将雷达测得的雨量计上方的 $Z-R$ 关系中已确定的 A、b 值作为基础。然后将 R 值对时间进行累计以获得降雨量的雷达估算值 A_i，最后选定一个判别函数 CTF（CTF 用 G_i 和 A_i 的某种差

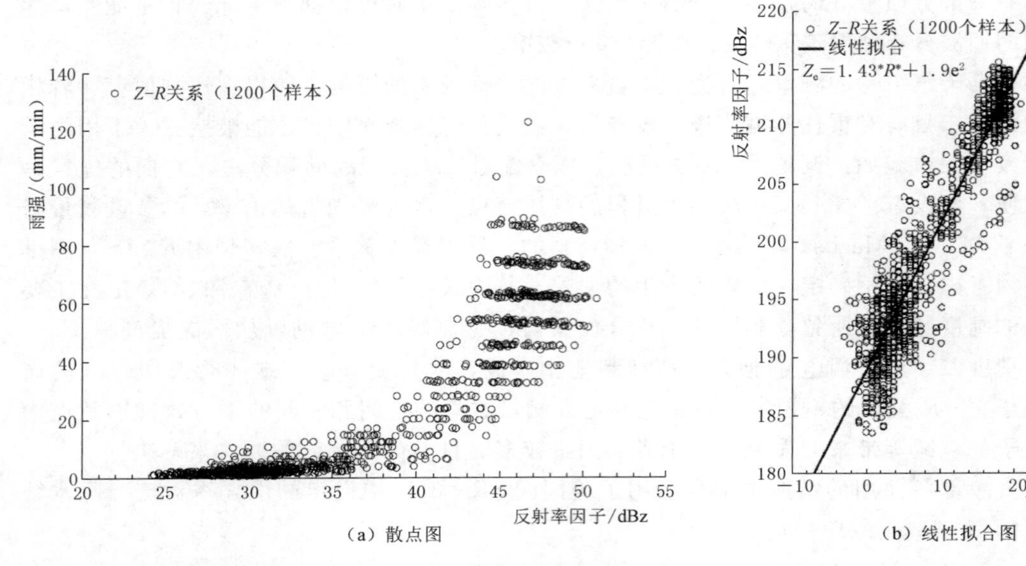

（a）散点图　　（b）线性拟合图

图4.22　滁州实验基地等效反射率因子和雨强的关系（n=1200）

值函数表示），把各点的雷达估算值 A_i 和雨量计实测值 G_i 代入 CTF，如 CTF 过大，就不断调整 $Z-R$ 关系中的参数 A 和 b 值，直到判别函数 CTF 达到最小值为止，这时参数 A 和 b 值所决定的 $Z-R$ 关系就是最优的。判别 CTF 函数如下：

$$CTF=\min\left\{\sum_i\left[(A_i-G_i)^2+(A_i-G_i)\right]\right\} \tag{4.22}$$

分别对2017年8月31日00：00—23：55、2018年5月25日00：00—23：55两场降雨进行了计算，得到的结果如下：

$$Z_e=191.6+1.47R^*$$
$$Z_e=212.4+1.43R^*$$

4.3.2　雷达回波雨衰订正

雷达在一定的间隔时间内连续发射电磁波，电磁波在空气中传播的过程中，其传播路径上可能出现云滴、雨滴等悬浮粒子，当电磁波通过这些粒子的散射向四面八方传输时，有一部分会返回到雷达所在的方向，被雷达天线接收、接收机处理后，在雷达接收信号时就会得到目标物散射回来的回波信息，通过对回波信号强度分析处理，可确定降水或云的存在及其特性。根据电磁波传播的速度及发射与接收脉冲信号间的时间差，可计算出目标物到雷达的距离；根据雷达扫描转动的方位角和仰角，以及目标物至雷达的距离，可确定目标物的空间位置，从而反映出气象目标物的天气特征并用于气象分析。

最早的衰减订正方法研究是从S波段和C波段开始的，根据衰减与降水关系的经验公式，利用降水量的大小去调整反射率因子值，再反演出衰减量的大小。利用单部雷达对回波强度进行衰减订正，从而有效地测算出降雨强度，可追溯到1954年。利用已知的衰减系数（k）与雷达反射率因子（Z）之间的关系，通过求解 Z 的衰减订正解析表达式，完成衰减订正，提出了衰减订正的算法。在此基础上，许多学者对此进行了大量的研究，

有学者等通过一阶线性微分方程建立衰减系数（k）与重构的衰减因子间的等式关系，从而求解 k，提出了 $k-Z$ 算法。有学者讨论和分析了各种的系统误差，主要包括雷达回波功率的随机性，$k-Z$ 关系以及雷达标定常数的补偿，指出在雷达回波功率和 $k-Z$ 关系无误差情况下，对雷达回波衰减有较好的订正能力。

雷达不同反射率因子衰减的订正需要考虑衰减率，降雨目标物在距离为 r 时衰减订正前（雷达测量值）Z_{H} 和订正后的 Z_{He} 关系如下：

$$10\lg[Z_{\mathrm{He}}(r)]=10\lg[Z_{\mathrm{H}}(r)]+2\int_{0}^{t}A_{\mathrm{H}}(s)\mathrm{d}s \tag{4.23}$$

式中：A_{H} 单位为 dB/km，A_{H} 被决定从 r_1 到 r_0 累计衰减与 $\Phi_{\mathrm{DP}}[\Delta\Phi_{\mathrm{DP}}=\Phi_{\mathrm{DP}}(r_0)-\Phi_{\mathrm{DP}}(r_1)]$ 一致，则 A_{H} 形式如下：

$$A_{\mathrm{H}}(r)=\frac{[Z_{\mathrm{H}}(r)]^{b}}{I(r_1+r_0)+(10^{0.1ba\Delta\Phi_{\mathrm{DP}}}-1)I(r_1,r_0)}\times[10^{0.1ba\Delta\Phi_{\mathrm{DP}}}-1] \tag{4.24}$$

$$I(r_1,r_0)=0.46b\int_{r_1}^{r_0}[Z_{\mathrm{H}}(s)]^{b}\mathrm{d}s \tag{4.25}$$

$$I(r,r_0)=0.46b\int_{r}^{r_0}[Z_{\mathrm{H}}(s)]^{b}\mathrm{d}s \tag{4.26}$$

系数 a 和 b 可以从经验公式表示的散射模型确定，关系式如下：

$$A_{\mathrm{H}}=aZ_{\mathrm{H}}^{b} \tag{4.27}$$

系数 a 和 b 值基本上不受雨滴形状的影响，这里分别取 a 为 $1.37\times10^{-4}\mathrm{dB/km/(mm^6/m^3)}$，$b$ 为 0.779。

由大气引起的衰减问题在 S 波段、C 波段，甚至在 X 波段资料处理中通常被忽略。大气引起的衰减随着距离单调增加，X 波段信号衰减作为距离 r（单位为 km）的一个函数，由式（4.28）可以简单地近似得到双程反射率的衰减订正：

$$\Delta Z_{\mathrm{H}}(r)\approx0.03\times r^{0.96} \tag{4.28}$$

式中：ΔZ_{H} 为大气在距离 r 处引起的水平反射率衰减值。

在进行衰减订正前，需要对雷达的基数据进行基本的处理。反射率因子 Z 数据首先进行点杂波剔除，差分反射率 Z_{DR} 数据首先使用弱降水或天顶扫描进行系统误差订正，并对雷达附近遮挡采用统计数据进行遮挡补偿；对相关系数 ρ_{HV} 小于 0.7 的点进行剔除，保证消除非气象回波对数据的影响；另外，为了保证 K_{DP} 数据的可靠性，限定数据的 SNR（信噪比，Signal Noise Ratio）大于 20dB；Φ_{DP} 数据首先进行退模糊，然后使用 Hubbert 提出的 20 点的迭代滤波进行处理，获取滤波后的 Φ_{DP} 数据，最后使用最小二乘法拟合 K_{DP} 数据。对于不同的反射率因子，采用不同的距离库进行拟合；所有的反射率、Φ_{DP}、K_{DP} 使用 5 点平滑来消除距离库之间的波动。

4.4 雷达垂直廓线反演遮挡无资料地区降水

4.4.1 垂直廓线反演遮挡区域的原理

雷达估测降水易受地物遮挡因素影响。对于障碍物的遮挡，一方面雷达抬高仰角，避开遮挡物，获得更好的气象回波；另一方面要求雷达做低仰角探测，以获得近地面降水的需求。然而，雷达观测的最低高度随距离增加而增大，在远距离区只能采用比较高的回波强度进行降水估测，这样会带来一定误差。

对于部分遮挡情况的处理，可利用同一层仰角的未遮挡区和遮挡区上层仰角未遮挡区的回波强度数据，分析该层完全遮挡区的回波强度，从而改进降水估测效果。因此采用无遮挡区数据生成的 VPR，利用完全遮挡区上的观测值填补完全遮挡区的回波强度的方法，比较适用于均匀降水系统。以滁州实验基地雷达为例，使用基于地形数据模拟的波束遮挡自动识别完全遮挡区和无遮挡区；采用完全遮挡区邻近无遮挡区的观测数据生成统计的 VPR；依据 VPR 的 DBZ 高度分布曲线，利用完全遮挡区上层无遮挡仰角上对应位置的观测数据插值得到低层的数值，对完全遮挡进行实时填补；采用反射率因子值对比和填补前后雷达估测降水效果对比。

平均法 MVPR（mean vertical profile of reflectivity）计算简单，实用性强，订正雷达估测降水效果好，因此，采用平均法生成 VPR。雷达采样库的位置距离雷达越近越有利于获取底层数据，又不宜太近。近距离内波束展宽平滑作用小，距离雷达太远，波束垂直展宽会过大。综合上述因素，选择滁州实验基地气象场区域，以得到相对光滑且有足够垂直分辨率的 VPR。选取参与计算 VPR 的数据还要避开任何波束遮挡区，只取无遮挡区的观测值。另外，在生成廓线前，对基数据进行质量控制处理，进一步排除地物杂波的污染。通过层状云降水过程中连续多个时次雷达观测数据，累计得到平均 VPR。

考虑大气折射和地球曲率影响的测高公式可算得某仰角上各距离库的高度 H ［见式(4.29)］，由此确定波束遮挡区中各点在 VPR 上的垂直分层区间，再通过插值计算得到 VPR 对应高度上的反射率因子值 Z_1（单位 dBz，下同）；同理，可以得到该距离库对应的上层无遮挡仰角中某点在 VPR 上的反射率因子 Z_2。如果该距离库对应的上层无遮挡仰角的真实反射率因子为 Z_m，则通过插值计算，可得到完全遮挡区的反射率因子值 Z ［见式(4.30)］：

$$H = h + R\sin\delta + \frac{R^2}{2R_m} \tag{4.29}$$

$$Z = Z_m + (Z_1 - Z_2) \tag{4.30}$$

式中：h 为天线高度；δ 为仰角；R 为斜距；H 为波束中心轴线在斜距 R 处离地面的高度；R_m 为地球等效半径。

4.4.2　垂直廓线降水反演方法准确性评估

在距离雷达中心约 3km 处有一座较为有名的琅琊山，琅琊山的高度高于滁州基地雷达的架设高度，因此在雷达仰角 2°、3°、4°时候在此区域存在遮挡，但在 5°、7.5°时候则没有遮挡。

完全遮挡区的填补依据 VPR 的变化趋势，VPR 的代表性决定着后续回波强度填补的准确性，因此，获得尽可能具有代表性的 VPR 非常重要。图 4.23 是不同时刻包含遮挡区不同仰角下的径向回波值及其拟合数据。从图 4.23 中可看出在一场降雨中，距离雷达较远时，回波的离散程度较大，但随着与雷达距离的拉近，在未遮挡区域垂直方向回波呈现

的逐渐相同的趋势，特别是距离雷达3km左右的琅琊山遮挡区域，这为利用VPR廓线进行遮挡区域的反演提供了良好的基础。

根据滁州实验基地雷达2°仰角PPI的遮挡情况，取90°～220°（顺时针）方位之间无遮挡的观测数据生成VPR，来填补方位区间的完全遮挡区。图4.24展示了MVPR算法的基本原理，即利用廓线和非遮挡区域的回波来反演遮挡区域的情况。

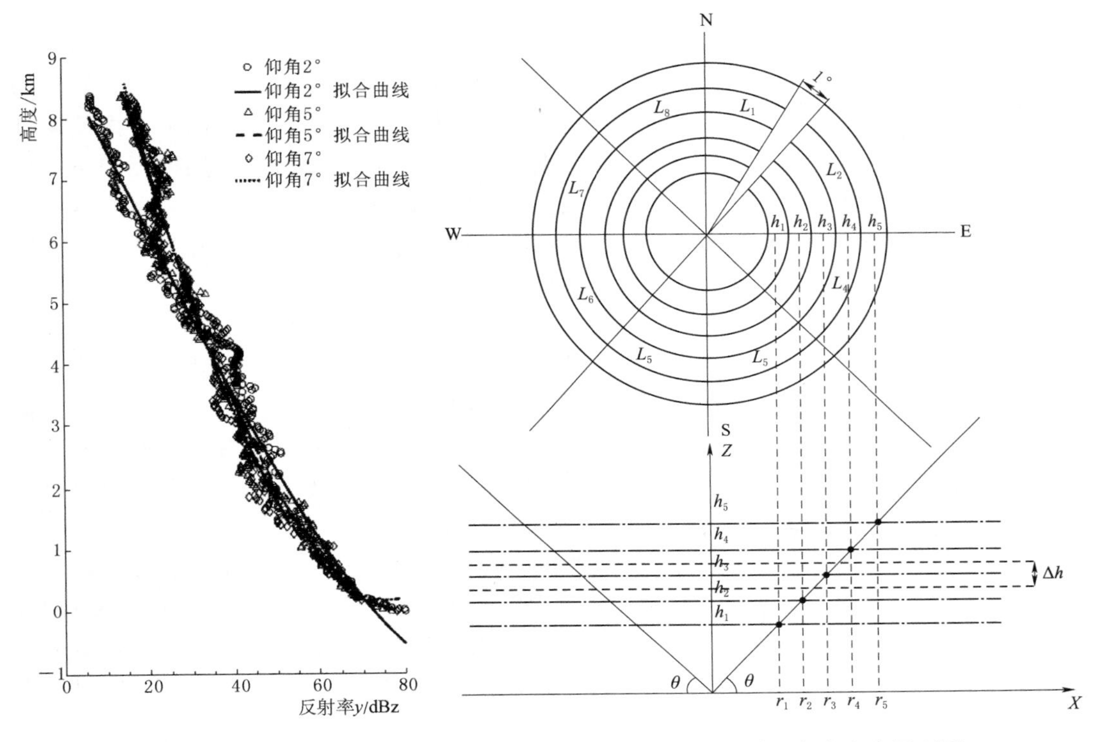

图4.23　雷达RHI扫描时不同仰角下径向回波值及其拟合曲线（不包含遮挡区域）

图4.24　MVPR算法角度高度原理图

图4.25是距离雷达3km处垂直方向不同时刻的雷达廓线形态多个时刻的VPR。在距离雷达位置3km处（琅琊山所在距离），垂直高度2.5km高度下不同时刻的垂直廓线，依据垂直廓线的形态，便可有不遮挡仰角雷达回波数据，推及遮挡区域的雷达回波数据。

依据滁州基地琅琊山位置的方位角以及距离，以及再遮挡扫描仰角（2°、3°或者4°）时的相对高度H，根据上文提及的$Z=Z_m+(Z_1-Z_2)$计算方法，可由琅琊山区域5°时候未遮挡回波推及2°、3°、4°时的回波强度（见图4.26）。

4.4.3　神经网络方法对垂直廓线形态的拟合准确性的提高

在使用VPR方法时，比较传统的方式是得出使用MVPR算法后的数据并进行数据拟合，利用拟合后的曲线进行对雷达遮挡区域数据的反演操作。例如，对某一场降雨的雷达垂直廓线进行了高斯拟合（见图4.27），得到的拟合曲线和拟合曲线的残差如图4.27所示：得到拟合曲线后，采用提出的算法进行遮挡区域的雷达回波反演。

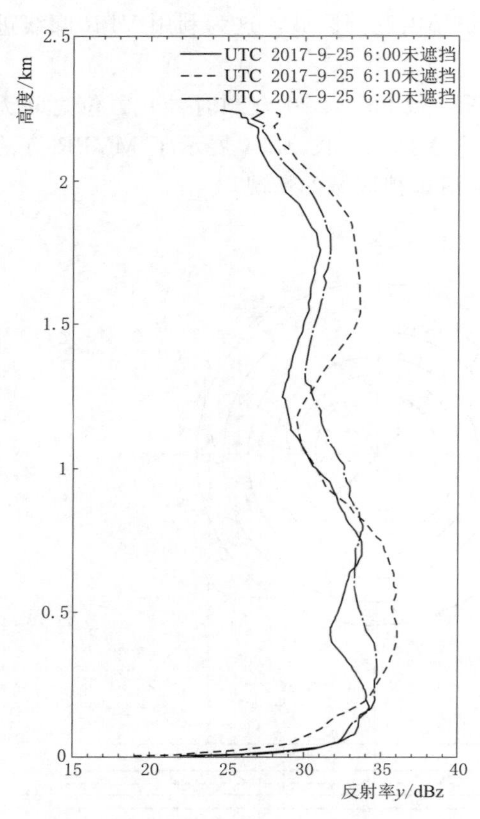

图 4.25　距离雷达 3km 处垂直方向不同时刻的雷达廓线形态

$$Z(h)=a_1 e^{-\left(\frac{h-b_1}{c_1}\right)^2}+a_2 e^{-\left(\frac{h-b_2}{c_2}\right)^2}+a_3 e^{-\left(\frac{h-b_3}{c_3}\right)^2} \tag{4.31}$$

式中：$a_1=25.73$；$b_1=0.11$；$c_1=0.39$；$a_2=31.2$；$b_2=1.78$；$c_2=1.08$；$a_3=19.29$；$b_3=0.71$；$c_3=0.50$。

但此方法存在一定的局限性，即不同的雨型、不同的雨强时，需要进行的拟合次数过多，且有一定的误差。因此在此基础上考虑使用神经网络的方法进行数据拟合。用神经网络拟合数据，不需要固定模型的函数，但网络本身也是模型，控制好了节点、层数便会产生较好的效果。

我们的雷达数据特点是：有一组输入，并且有一组对应的输出，但由于受到各种确定和随机因素的影响，我们有时候难于找到输入输出之间的对应关系，更无法用函数关系来表示对应关系。大多数情况下，用数学上的曲线拟合来解决这个问题，例如，一元线性回归分析、二次曲线拟合等方法。但是实际中大多数对应关系很复杂，难于拟合或者拟合出的残差较大，而且这种曲线拟合方法难以处理，具有多个输入多个输出的情况。神经网络方法在处理这样

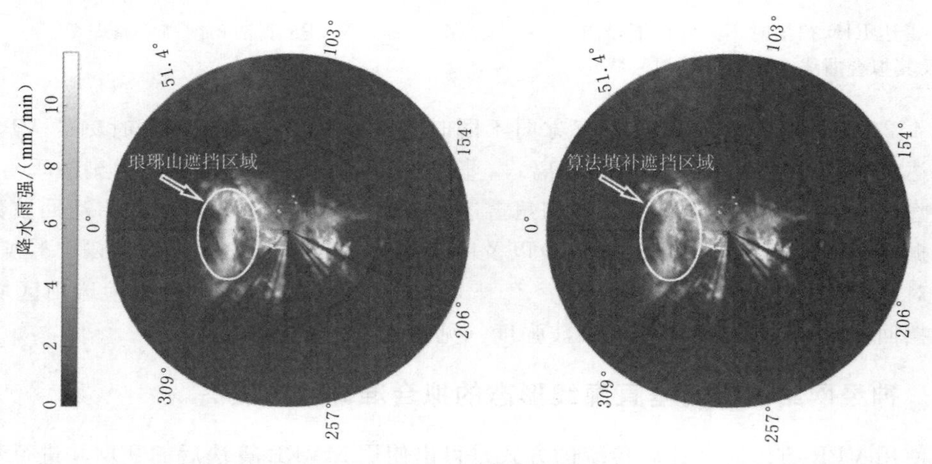

图 4.26　利用 MVPR 算法补足 2°PPI 扫描时琅琊山部分遮挡区域的回波反演

的数据时具有优势。具有偏差和至少一个 S 型隐含层加上一个线性输出层的 BP 神经网络能够逼近任何有理函数，我们可以利用 BP 神经网络来进行数据拟合处理，能够得到平滑

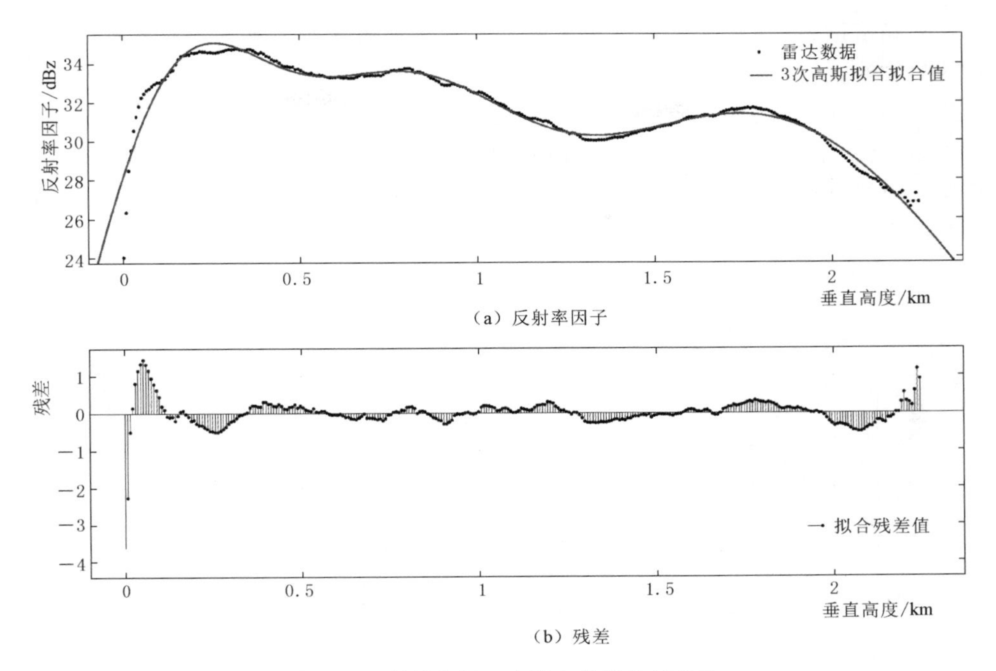

图 4.27 利用高斯 3 次拟合曲线及其残差

的曲线，不会出现数据有极值点的现象。

人工神经网络无须事先确定输入输出之间映射关系的数学方程，仅通过自身的训练，学习某种规则，在给定输入值时得到最接近期望输出值的结果。作为一种智能信息处理系统，人工神经网络实现其功能的核心是算法。BP 神经网络是一种按误差反向传播（简称误差反传）训练的多层前馈网络，其算法称为 BP 算法，它的基本思想是梯度下降法，利用梯度搜索技术，以期使网络的实际输出值和期望输出值的误差均方差为最小。

基本 BP 算法包括信号的前向传播和误差的反向传播两个过程，即计算误差输出时按从输入到输出的方向进行，而调整权值和阈值则从输出到输入的方向进行。正向传播时，输入信号通过隐含层作用于输出节点，经过非线性变换，产生输出信号，若实际输出与期望输出不相符，则转入误差的反向传播过程。误差反传是将输出误差通过隐含层向输入层逐层反传，并将误差分摊给各层所有单元，以从各层获得的误差信号作为调整各单元权值的依据。通过调整输入节点与隐层节点的连接强度和隐层节点与输出节点的连接强度以及阈值，使误差沿梯度方向下降，经过反复学习训练，确定与最小误差相对应的网络参数（权值和阈值），训练即告停止。此时经过训练的神经网络即能对类似样本的输入信息自行处理，输出误差最小的经过非线性转换的信息。

BP 神经网络是在输入层与输出层之间增加若干层（一层或多层）神经元，这些神经元称为隐单元，它们与外界没有直接的联系，但其状态的改变，则能影响输入与输出之间的关系，每一层可以有若干个节点。

（1）适配通用函数的神经网络必须拥有足够的容量，即一定深度下，必须满足一定的神经元个数就能适配任意函数。

（2）与阈值函数不同，使用带梯度的其他激活函数作为感知机，可在浅层网络丢失部分信息的时候，在深层补偿一定的信息。

因此，神经网络对通用函数的拟合，一定是宽度、深度和激活函数之间的权衡。

图 4.28 展示了与前面 3 次高斯拟合相同数据的，利用 10 层 BP 神经网络拟合出的曲线及其误差曲线（见图 4.29）。拟合效果优于 3 次高斯拟合，且在拟合的误差上也远优于高斯函数拟合。

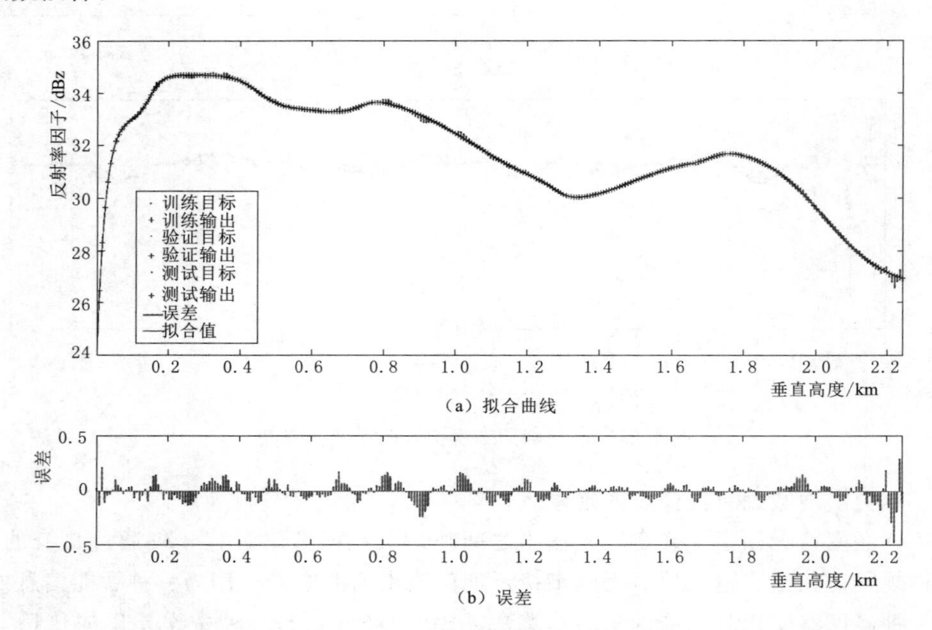

图 4.28　利用 10 层 BP 神经网络拟合曲线及其误差

综上所述，在拟合雷达垂直廓线形态时，可采用 BP 神经网络的方式，进行数据的拟合操作，使得较为复杂的雷达廓线形态呈现出较为准确的拟合形态，进行 VPR 算法的对遮挡区域的雷达回波反演。

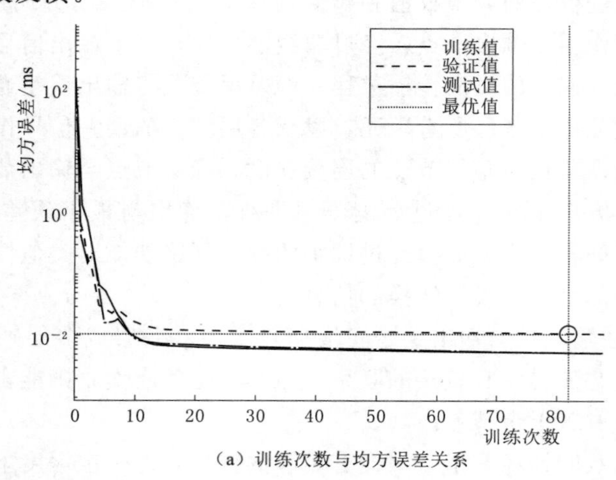

图 4.29（一）　利用 10 层 BP 神经网络拟合的误差特性

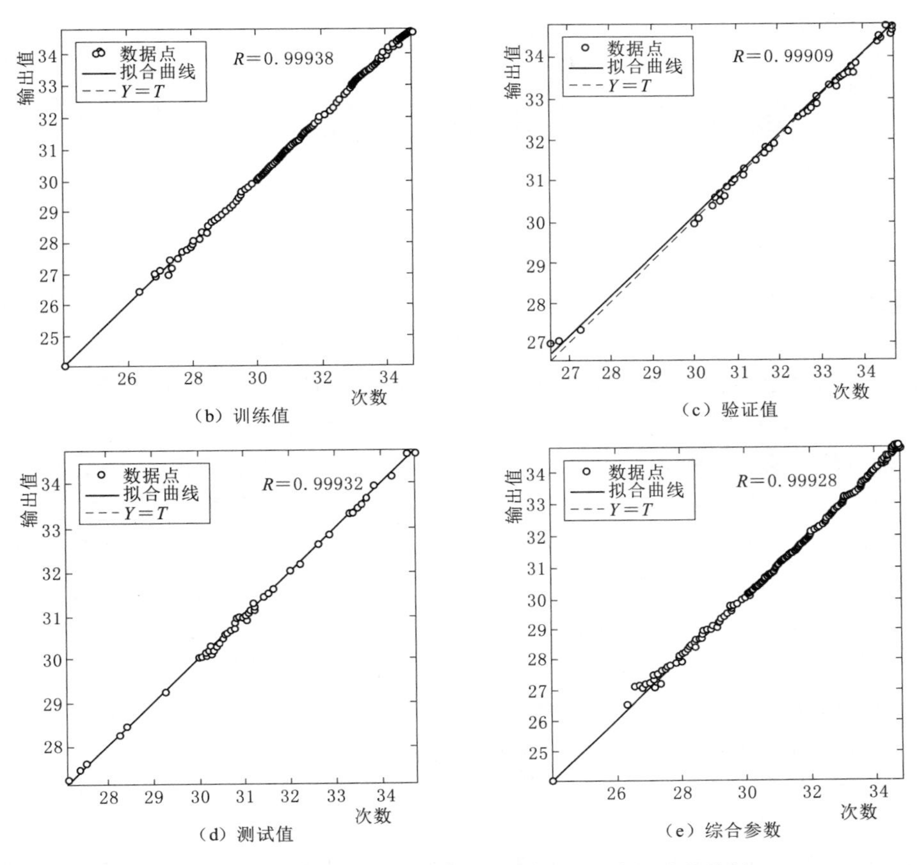

图 4.29(二) 利用10层BP神经网络拟合的误差特性

第5章 城市洪涝监测技术

5.1 概述

河流水系是城市生存发展的重要因素[194]，已成为当前受人类活动影响最为强烈的生态系统之一[195]。世界上大约60%的河流因城市化而发生改变[196]。城市化对河流水系的改造，包括掩埋、覆盖、排干和重塑，使城市河流功能发生明显变化[197,198]，导致城市化地区洪涝频发，生态环境恶化，给社会及城市的可持续发展带来重大挑战。

随着城市化的不断推进，越来越多的学者开始关注城市化对河流水系的影响并开展了研究。Napieralski等研究了高度城市化的Rouge River流域，发现河网数量减少，河网密度降低，城市中出现了无地表河道的区域，并将其定义为“城市河流沙漠”[199]，之后发现拥有美国79%人口的11个大区中城市河流沙漠面积达到研究区面积的6.2%，且在美国北部加利福尼亚州和五大湖区的大城市最为普遍[200]。Steele等对美国100个城市与其周围未开发的土地进行了对比，发现与未开发的土地相比，城市地区的水面率、水体数量和河网密度降低了89%、25%和71%[201]。国内相关研究主要集中在长三角地区[196,202-205]、京津冀地区[206]、珠三角地区[207]、江西[208]、河南[209]等区域，研究结果也表明城市化会导致河流数量锐减，结构趋于简化。以上研究多从较大区域或城市尺度选取传统的形态学指标来分析河网水系的变化，而受基础研究数据的限制，定量反映城市进程中河道时空格局演变特征的研究较少。粤港澳大湾区城市化起步较早，城市化程度高，处于大湾区核心地带的深圳，城市化速度十分迅猛，城市化率居全国之冠[210]。近几十年来城市化进程高速发展，流域内土地利用/覆被类型剧烈变化，河道遭受数次整治，但定量探讨城市化对城市河流系统影响的研究尚未开始。随着遥感技术的不断发展并进入成熟实用阶段，遥感数据集已成为识别河网形态，了解河道时空行为的强有力资源[211-213]。

城市化在改变河道特征的同时，也引起城市洪涝的变化，反映在河道洪水方面就是引起洪水的总量增加、洪峰流量增大，洪峰出现时间提前。国内外对此已经开展了大量研究，并取得定量研究成果。如Leopold根据美国几个小流域的观测结果，发现城市化后洪峰流量增加了1.5～3倍[214]；Rose等采用流域对比法，研究了美国佐治亚州Atlanta市内的6个流域，发现城市化后流域洪峰流量增加30%～100%[215]；对美国Dardenne流域的研究表明，1982—2003年由于城市化的影响，流域平均年径流深增加了70%[216]；有研究者采用试验分析法研究了美国White Oak Bayou流域1949—2000年的径流变化，发现流域年径流深和洪峰流量分别增加了146%和159%[217]。对澳大利亚Comet流域的研究，发现城市化后流域的径流增加了78%[218]；对深圳布吉河流域1953—2000年的月及年径流的研究发现，城市化后在降雨频率分别为10%、50%和90%的条件下，在前期土壤较

干情况下，径流系数分别增加12.6%、20.7%和33.5%[219,220]；Markus等研究了美国依利诺依州流域的情况，发现城市化使流域洪水流量增加34%[221]；Sangjun等研究发现，韩国的Gyeongancheon流域城市化后总径流量增加5.5%，地表径流增加24.8%[222]；城市化使美国Little Eagle流域1973—1991年的平均径流深增加了60%[223]；埃塞俄比亚Angereb流域1985—2011年的平均湿季月径流增加了39%，干季月径流增加了46%[224]；对中国西苕溪流域的研究发现城市化后地表径流量增加了11.3%[225,226]；对英国两个小流域的研究发现，1960—2010年，流域的城市化率从11%增加到44%，洪水汇流时间缩短一半，洪峰流量增加400%[227]；对北京市的径流变化的研究发现1991—2009年城区径流增加了35%[228]。

上述结论的依据主要是河道洪水特征的监测结果，但在我国城市化地区则较少开展此类工作，数据积累较少。因此，有必要对我国城市化河流开展河道洪水的监测。由于城市化对河流形态及尺寸的影响，河道洪水观测需要适应性的观测手段和方法。

除城市河道洪水外，城市化过程中，城市内涝洪水则发生了更加明显的变化。城市内涝灾害在大江大河三角洲地区城市及沿海城市尤其突出，基本上每年都会发生不同程度的内涝灾害。如：2013年7月15日，持续了近2h的暴雨让广州市区内十余个路段出现水浸，广州大道半小时内积水超过50cm，沿途商户损失惨重；2012年4月14日，10多处出现较大的局部积水和涝情，市区11个路段堵塞，一度交通瘫痪，受阻近3h；2011年7月17日，强降水使中心城区28处出现短时积水或涝情；2010年4月下旬到5月上旬不到一个月的时间里，珠江三角洲地区城市内涝不断，仅5月7日的一场内涝就使广州城内1万多辆汽车被淹，东莞市5100多辆汽车被淹，仅此一项的直接经济损失两市均超过人民币1亿元；2009年3月，离汛期还有1个多月时间，广州市就发生了一场内涝，引起全城交通大堵塞，严重影响了城市的正常秩序；2008年6月发生的珠江三角洲地区城市内涝，引起深圳市6人死亡1人失踪、东莞市8人死亡1人失踪，直接经济损失6亿元；2006年7月发生的珠江三角洲地区城市洪水，引起佛山市直接经济损失超过22亿元，东莞市死亡6人，损失超5亿。因此，开展城市内涝监测就显得特别重要。

为了探讨城市化地区河道洪水及城市内涝的新型观测手段及设备，选择流经深圳市中心城区的高度城市化流域——布吉河流域，采用RS和GIS技术，定量分析不同城市化阶段河道形态及尺寸的变化，发现其时空格局演变规律。在此基础上，采用河道洪水监测设备，对河道水位、流速及流量开展观测，分析布吉河流域城市化后的河道洪水形成过程及变化规律。在深圳市典型内涝区，开展城市内涝观测，验证现有设备观测的有效性，分析内涝特征。

5.2 布吉河流域与资料

5.2.1 布吉河流域概况

布吉河是深圳河的一级支流[230]，流域面积60.75km^2，干流长16.48km，自然坡降为3.2‰。布吉河发源于深圳市布吉北部的黄竹沥，上游有水径、塘径、大芬三条支流，

图5.1　布吉河流域简图

面积分别为6.47km²、7.16km²和7.52km²，三条支流在牛岭吓汇合后形成布吉河上游部分。中游由布吉镇穿孔桥河段经罗湖草埔至笋岗滞洪区，中途有莲花水、清水河、高涧河支流加入，在泥岗桥下游处设有笋岗滞洪区分水口；下游流经繁华的罗湖商业区后，在渔民村汇入深圳河。布吉河上、中游为丘陵谷地带，流域地势西北高，鸡公头高程为418.00m，是流域内最高点；东南部地势次之，沿河两岸谷地为南门墩、穿孔桥、布吉旧城区，布吉河下游原为平原河谷，现为深圳市繁华城区（见图5.1）。

根据深圳气象局（http://weather.sz.gov.cn）资料，深圳属南亚热带季风气候，长夏短冬，气候温和，日照充足，雨量充沛。年平均气温23.0℃，历史极端最高气温38.7℃，历史极端最低气温0.2℃；一年中1月平均气温最低，平均为15.4℃，7月平均气温最高，平均为28.9℃；年日照时数平均为1837.6h；年降水量平均为1935.8mm，全年86%的雨量出现在汛期（4—9月）。春季天气多变，常出现“乍暖乍冷”的天气，盛行偏东风；夏季长达6个多月（平均夏季长196天），盛行偏南风，高温多雨；秋冬季节盛行东北季风，天气干燥少雨。

深圳气候资源丰富，太阳能资源、热量资源、降水资源均居全省前列，但又是灾害性天气多发区，春季常有低温阴雨、强对流、春旱等，少数年份还可出现寒潮；夏季受锋面低槽、热带气旋、季风云团等天气系统的影响，暴雨、雷暴、台风多发；秋季多秋高气爽的晴好天气，是旅游度假的最好季节，但由于雨水少，蒸发大，常有秋旱发生，一些年份还会出现台风和寒潮；冬季雨水稀少，大多数年份都会出现秋冬连旱，寒潮、低温霜冻也是这个季节的主要灾害性天气。

布吉河流域是深圳市城市化发展过程中，城市化速度最快的河流之一。改革开放之初，布吉河流域是一个完全的自然流域，但经过几十年的高速发展，流域内已是高楼林立，社会经济高度发达。流域内建成区的面积率已由1976年的2.07%增加到2019年的59.47%，林地和耕地则分别由68.19%和22.59%减少到33.29%和0%。其中，水径水土地利用类型主要为建成区、林地、裸地和草地，面积占比分别为50.06%、41.18%、4.63%和4.13%。塘径水土地利用类型为建成区、林地、裸地和水体，面积占比分别为53.96%、39.14%、5.66%和1.24%。水径水流域与塘径水流域均属于高度城市化混交林地型流域，但土地利用类型与分布互不相同。大芬水流域面积为7.52km²，土地利用类

型为建成区、林地和裸地，面积占比分别为 82.33%、16.16%和 1.51%，属于高度城市化流域。布吉河流域不仅是深圳市典型的城市化流域，其城市化在中国也具有代表性[230]。

5.2.2 资料收集

5.2.2.1 历史河道整治资料

以地方志、水利志、水务志、相关文献及报道为依据，搜集整理了布吉河历史河道整治工程，其工程名称、起始年份、工程位置及主要内容见表 5.1。布吉河的河道整治工作基本上始于城镇化刚刚起步的 20 世纪 80 年代，至 2020 年，布吉河共经历了 10 次不同程度的河道整治。

表 5.1　1980—2020 年布吉河河道整治工程汇总表

序号	工程名称	开始年份	结束年份	工程位置	具体河段	工程内容
1	深圳河及布吉河治理	1980	1985	下游	笋岗滞洪区、笋岗滞洪区泄洪闸至蔡屋围	滞洪区建设；河道截弯取直、拓宽
2	笋岗泄洪区及排沙道建设及整改	1981	1991	下游	笋岗泄洪区	泄洪区及排沙道建设及整改
3	布吉河河段整治	1987	—	下游	草铺铁路桥至笋岗滞洪区	—
4	布吉河蔡屋围水闸拆除工程	1993	—	下游	蔡屋围	拆除水闸、拓宽河段
5	布吉河下游清淤工程	1993	1996	下游	草埔北桥至笋岗泄洪闸段	河道截弯取直
6	罗湖小区治涝工程	1995	—	下游	河口	建设泵站、挡潮闸、河口堤防
7	布吉河（龙岗段）综合整治工程	2006	2006	上游	龙岗区河段	河道清淤、河堤修复、治理沿河污染源
8	布吉河（特区内）水环境综合整治工程	2009	2016	下游	罗湖区河段	水质改善、防洪、生态、景观等，综合治理
9	布吉河（龙岗段）“EPC+O”项目	2017	2020（计划）	上游	龙岗区河段	河道防洪、水质改善及水生态修复
10	布吉河泥岗桥至河口段（罗湖段）清淤工程	2018	2018	下游	罗湖区河段	河道清淤

5.2.2.2 卫星遥感影像资料

从 Google Earth 上查看了 1979—2017 年的遥感影像，根据遥感影像的清晰度以及可得性，从中选出 9 期进行布吉河河道变化分析，各期 Google Earth 遥感影像的信息见表 5.2。

5.2.2.3 下垫面覆盖类型数据

采用的下垫面覆盖类型（土地利用）数据摘录自基于 Landsat 系列遥感影像解译的 1988—2015 年的深圳市土地利用数据库[230]。该数据采用从美国地质勘探局（USGS，http://glovis.usgs.gov/）下载的 1988—2015 年的 Landsat 系列遥感影像，对 Landsat 影像

表 5.2 Google Earth 历史卫星影像

序号	级别	时间/(年-月-日)	分辨率/m
1	18	2003-2-17	0.55
2	19	2010-4-30	0.28
3	19	2011-8-31	0.28
4	19	2012-11-6	0.28
5	19	2013-11-1	0.28
6	19	2014-11-17	0.28
7	19	2015-4-14	0.28
8	19	2016-7-29	0.28
9	19	2017-2-18	0.28

进行特征增强后，基于 C4.5 决策树的 AdaBoost 分类方法对遥感影像进行了自动分类，并采用人机交互的方式对结果进行了纠正等后处理，制备了深圳市 1988—2015 年共 11 期的土地利用数据，平均每三年一期，土地利用类型分成林地、草地、耕地、建成区、水体和裸地六种，总体分类精度达到 90.04%，kappa 系数为 0.89。

5.3 布吉河河道断面变化感知与分析

根据河道变化情况及资料情况，发现布吉河断面变化主要发生在 2003—2017 年，可分成两个主要的变化阶段，即 2003—2010 年，2010—2017 年。下面分两个阶段分别对河道断面变化进行定量感知，并总结、分析其变化特征。研究过程中，发现河道变化较大的断面共 28 处。

5.3.1 2003—2010 年

2003—2010 年共有 3 处河道河床硬化，长 2093m；5 处河道断面尺寸发生变化，长 3350m；1 处地表河道被掩盖而消失，长 800m；6 处地表河道因城市发展被覆盖为地下河，共计 2374m。

1. 河床硬化

断面 27 往上 210～500m 处为矩形河道，河道表面原为淤泥及杂草，平均河宽 13.9m，后河道整治，河道向西南方向整体移动 8m，河道表面为混凝土，平均河宽 17.3m。

2. 断面尺寸变化

(1) 断面 20 往上 630～1012m 处矩形河道由平均 10m，拓宽至平均 16.8m。

(2) 断面 26 往上 924～1092m（泰昌工业区段）及断面 27 往上 793～1790m 原为地表矩形河道，河道内杂草丛生，进行清淤整治。

3. 河床硬化及断面变化

(1) 断面 25 往上 370～1392m 处，原为自然 V 形河道，平均河宽 22m，右侧坡长

18.6m，左侧坡长10.6m。河道边坡覆盖类型为草地，整治为梯形河道，平均底宽5.8m，右侧侧坡长15m，主要覆盖类型为混凝土，左侧侧坡长8.2m，主要覆盖类型为草地，顶宽25.7m。

（2）断面23往上163～944m处原为自然V形河道，平均宽度18.4m，右侧坡长18.6m，左侧坡长8.5m，两侧边坡覆盖类型为草地。整治后为矩形河道，河道平均宽度8.7m。

4. 河道掩埋消失

断面28往上南支流390～1190m处原为地表自然河道，且上游有两处山塘水库。根据遥感影像，在上中下三处测量河宽（水面宽），计算平均河宽为0.9m。后因自然河道与北侧山塘消失，南侧山塘水库面积大幅减少。

5. 变为地下河

（1）断面15往上360～770m处原为地表整治河道，西岸为梯形，东岸为矩形，表面为混凝土，据遥感影像，在上中下三处测量河宽（河岸顶），计算平均河宽为24m，后被覆盖变为暗渠。

（2）断面19往上930～1140m处原为地表河道，侧坡覆盖类型为草地，据遥感影像，在上中下三处测量河宽（水面宽），计算平均河宽为14.2m，后被覆盖变为暗渠。

（3）断面19往上1300～1530m处原为地表整治矩形河道，河道表面主要为混凝土，据遥感影像，在上中下三处测量河宽（河岸顶），计算平均河宽为30m，后被覆盖变为暗渠。

（4）断面20往上0～446m处原为地表矩形河道，河道两岸淤泥及杂草遍布，据遥感影像，在上中下三处测量河宽（水面宽），计算平均河宽为13.2m，后被覆盖变为暗渠。

（5）断面21往上1074～1437m处及断面22往上0～303m原为地表矩形河道，河道两岸淤泥及杂草遍布，据遥感影像，在上中下三处测量河宽（河岸宽），计算平均河宽为7.4m，后被覆盖变为暗渠。

（6）断面21往下430～842m处（龙珠花园段）原为地表矩形河道，据遥感影像，在上中下三处测量河宽（河岸宽），计算平均河宽为6m，后被覆盖变为暗渠。

5.3.2　2010—2017年

2010—2017年共有5处地表河道断面发生变化，长2909m；1处地表河道被覆盖变为地下河，河道长229m。

1. 断面变化

（1）河口往上0～440m（断面1往上116m处）河道为整治后地表河道，西侧河岸为梯形，东侧河岸为矩形，2016年西侧河岸进行整治，导致河道变窄2～3m；河口往上65m处断面河道2016年河宽减少2.41m；河口往上366m（断面1往上42m处）处断面河道2016年宽度减少3.19m；河口往上440m处（断面1往上116m处）河道2016年河宽减少2.88m。

（2）断面23往下376～504m处2010年为矩形河道，平均宽度9.9m，2011年河道拓宽10～16m，整治后平均宽度为24.8m。

（3）断面1往上396～1501m为地表梯形河道，2014年西侧河岸进行边坡景观改造，西侧河岸变为复式梯形，并带有绿道，河岸宽度基本无变化。

（4）断面9往上0～830m河道为地表梯形河道，2014年西侧河岸进行边坡景观改造，西侧河岸变为复式梯形，并带有绿道，河岸宽度基本无变化。

（5）断面19往上258～664m处原为矩形河道，河岸为混凝土，平均宽度为16.2m，2013年整治后西侧河岸为梯形，平均斜坡长2.9m，东侧河岸为矩形，河道平均底宽为15.6m，平均顶宽为18.2m。

2. 变为地下河

断面19往上0～229m处原为地表矩形河道，据遥感影像，在上中下三处测量河宽（河岸宽），计算平均河宽为16.4m，2011年被覆盖变为暗渠。

5.3.3　2003—2017年

根据上述定量分析结果，2003—2017年布吉河部分河段被掩埋而消失或被覆盖变为地下河，河床硬化及河道断面改变等情况，汇总于表5.3，位置如图5.2所示。

表5.3　2003—2017年布吉河河道变化情况汇总表

序号	变　化	数量/处	长度/m
1	掩埋消失	1	800
2	地表河道变为地下河	9	2933
3	河床硬化	1	440
4	河道断面变化	6	3749

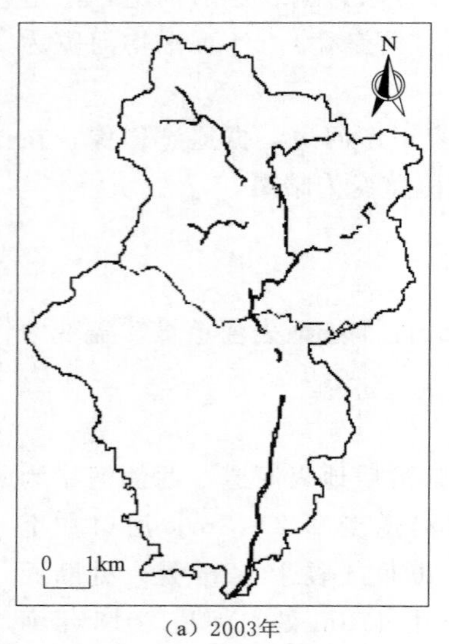

（a）2003年

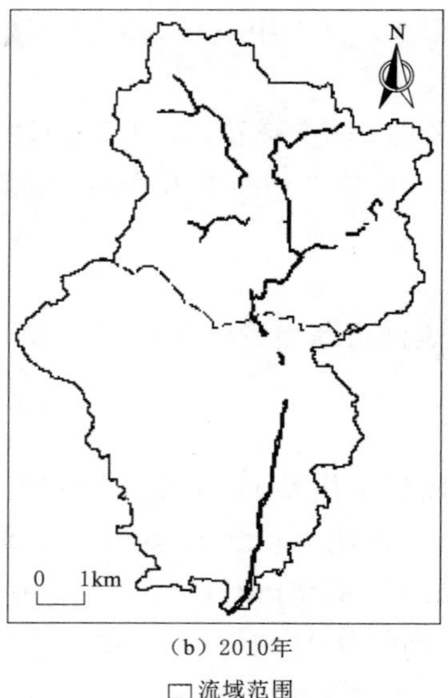

（b）2010年

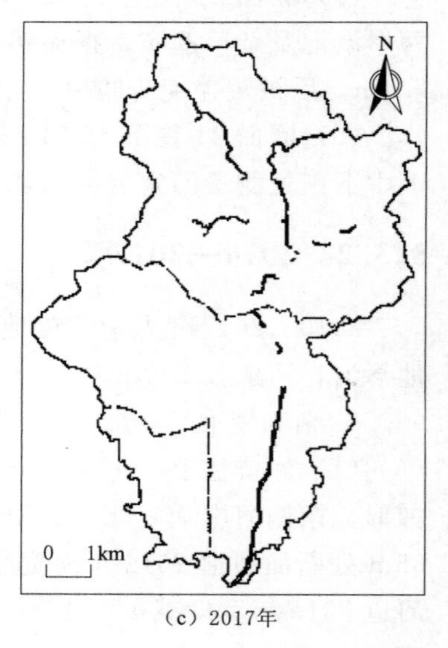

（c）2017年

□流域范围

图5.2　2003—2017年布吉河变化河道分布图

5.4 城市化过程中布吉河流域下垫面演变特征

5.4.1 城市化进程

迅猛的城市化进程导致布吉河流域土地利用/覆被类型发生剧烈变化，本节以城市建成区面积来衡量城市化发展水平。考虑到原深圳特区范围不包括流域上游的龙岗区，导致研究区内土地利用/覆被类型空间差异较大，故将研究区以罗湖区和龙岗区行政分界线划分为上下游，进一步分析布吉河流域城市化发展情况。如表 5.4 所示，1988—2015 年上下游地区城市建成区面积总体上均处于增长趋势，其中上游区域增长速度更快，增幅更大。1988—1993 年主要是上游的建成区在原有基础上向周边略有扩展。1993—1999 年各区建成区面积增长较多，上游由 5.27km^2 增至 13.35km^2，下游由 12.33km^2 增至 17.08km^2，建成区在向周边扩展的同时，沿布吉河河道向上游发展，且发展力度更大。1999—2015 年建成区面积增速放缓，上游地区建成区将河道两侧耕地替换后，继续向周边拓展，面积增长了 6.38km^2；下游地区由于自身城市化程度较高，建成区面积处于波动发展，16 年间仅增长了 0.72km^2。

表 5.4　　不同时期布吉河流域建成区面积

建成面积/km^2 \ 年份	1988	1993	1996	1999	2001	2005	2008	2011	2013	2015
上游地区	2.85	5.27	9.28	13.35	14.06	17.01	17.14	17.84	19.13	19.73
下游地区	12.06	12.33	15.43	17.08	16.15	15.03	16.07	16.79	17.86	17.80
总计	14.91	17.60	24.71	30.44	30.21	32.04	33.21	34.63	36.99	37.53

布吉河流域城市化进程总体上表现出“先快后慢”“下游向上游”“河道两岸向周边”的时空发展特征。图 5.3 为 1988—2015 年布吉河流域城市化率。1988 年下游地区城市化率较高（39.72%），上游地区城市化率仅有 9.38%。1993—1999 年期间上下游地区城市化高速发展，上游地区城市化进展更为迅猛，城市化率年均增加 4.44%。1999 年进入后城市化阶段，城市化主要靠上游地区带动，2005 年之前上游地区城市化推进仍较快，之后发展速度放缓，下游地区城市化程度已经很高，城市生态环境需求增长，城市化进程波动发展，至 2015 年流域整体城市化率达到 61.78%。

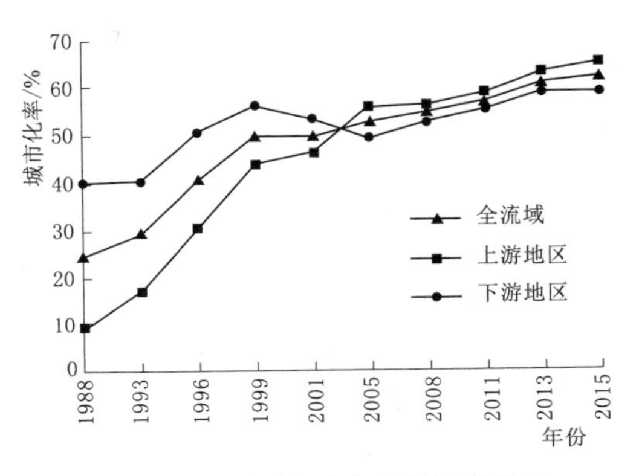

图 5.3　不同时期内各区域城市化率

5.4.2 河道水系时空格局演变

2003—2017 年随着城市化发展，布吉河部分河段被掩埋而消失或被覆盖变为地下河，河床硬化及河道断面改变（见图 5.4），且河道变化表现出一定的阶段性，结合 Google Earth 历史影像时期，本文选出 2003

年、2010年、2017年布吉河地表水系图对河道水系时空格局演变特征进行分析。

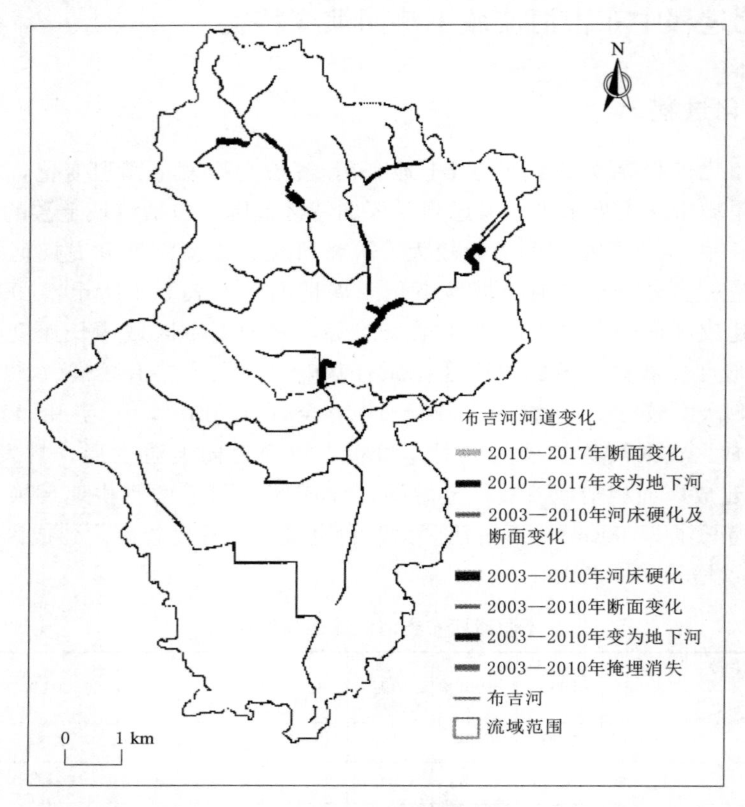

图5.4　2003—2017年布吉河河道变化位置示意图

5.4.2.1　城市河道演变特征参数

鉴于传统的河网形态学指标无法真实反映城市化对城市河流的影响，参考河网结构研究相关文献[196,202-209,223]，综合城市化及河流演变特点，构建城市河道演变特征参数，对各城市化阶段河道时空格局演变特征进行定量感知，包括地表河道比例（R_s）、地表河道弯曲系数（S_{ka}）、河床硬化率（R_h）、河面率（R_p）4个参数。

$$R_s=(L_s/L)\times 100\% \tag{5.1}$$

$$S_{ka}=L_s/I_s \tag{5.2}$$

$$R_h=(L_h/L)\times 100\% \tag{5.3}$$

$$R_p=(A_r/A)\times 100\% \tag{5.4}$$

式中：L为河流长度，m；L_s为地表河道长度，m；I_s为地表河道直线长度，m；L_h为河床硬化河段长度，m；A_r为河道两岸堤防之间的河道面积，m^2；A为流域总面积，m^2。

地表河道比例（R_s），即地表河道长度与河流长度之比，表示城市河流被覆盖变为地下河的程度；地表河道弯曲系数（S_{ka}），地表河道长度与地表河道直线长度的比值，表示城市河流被截弯取直的程度；河床硬化率（R_h），即河床硬化河段（地下河河段及地表河床硬化河段）与河流长度之比，表征城市河道表面覆盖物变化程度；河面率（R_p），即河道两岸堤防间的河道面积与流域面积之比，表示城市河道断面变化程度。

5.4.2.2　总体特征

2003—2017年布吉河受城市化发展影响，地表河段空间分布趋于破碎，2003—2010年趋势最为明显（见图5.4）。如表5.5所示，2003—2017年地表河道比例和弯曲系数均处于减少趋势，其中地表河道比例变化最为剧烈，累计减少19.06%；河床硬化率处于持续增长态势，2003—2017年增长6.47%；河面率在2010—2017年减少1.79%，2003—2010年无变化，其余参数均在2003—2010年变化最剧烈。整体上，城市化进程中布吉河地表河道呈现逐渐减少、破碎、顺直的趋势，河床趋于硬化，河道宽度略有收缩。

表5.5　　布吉河流域河道演变特征

特征参数	2003年	2010年	2017年	2003—2010年变化率/%	2010—2017年变化率/%	2003—2017年变化率/%
地表河道比例/%	41.29	34.22	33.42	−17.12	−2.34	−19.06
地表河道弯曲系数	1.35	1.24	1.22	−8.15	−1.61	−9.63
河床硬化率/%	86.84	91.72	92.46	5.62	0.81	6.47
河面率/%	0.56	0.56	0.55	0.00	−1.79	−1.79

5.4.2.3　分区特征

为探讨不同城市化历程中河道时空格局演变规律，进一步对布吉河流域内上、下游地区的河道演变特征进行分析。地表河道比例方面［见图5.5（a）］，上游地区比例较大，为40.65%～54.88%，地表河道覆盖程度较低。从时期上来看，2003—2010年地表河道比例均减少，其中上游地区变化较剧烈，相对减少22.28%，下游地区略减少0.65%；2010年后上游地区地表河道继续衰退，但程度减轻，至2017年减少4.69%，下游地区比例未发生变化。城市化的发展导致地表河道趋于减少。

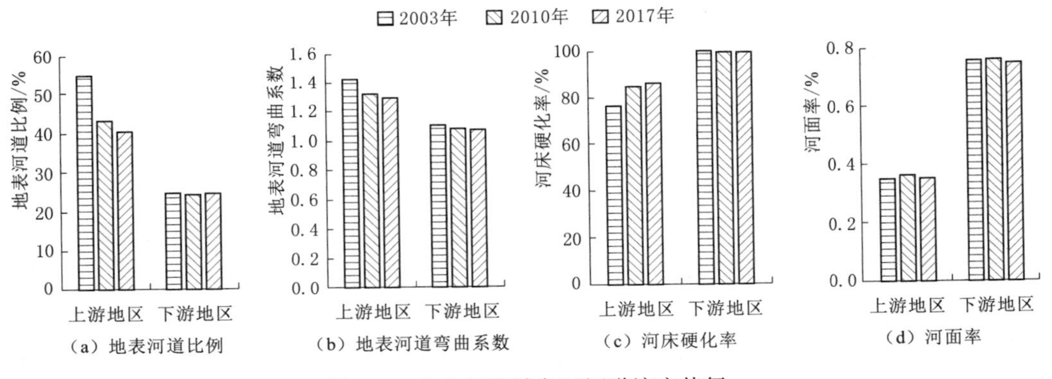

（a）地表河道比例　（b）地表河道弯曲系数　（c）河床硬化率　（d）河面率

图5.5　布吉河流域各区河道演变特征

如图5.5所示，相对于下游地区，上游地表河道弯曲系数同样较大，河道蜿蜒性较好，但变化较剧烈，2003年为1.42，到2017年降至1.29，下降了9.15%，其中2003—2010减幅较大，为7.04%。下游地区地表河道弯曲系数由2003年的1.09均速降至2017年的1.07。随着城市化推进，上下游地区地表河道趋于顺直，蜿蜒性降低。

对于河床硬化率而言［见图5.5（c）］，下游地区高于上游，下游河道自2003年起就全部硬化，至2017年一直维持在100%。上游地区河床硬化率持续增长，由2003年的

76.14%升至2017年的86.42%，增长了13.50%，其中2003—2010年增幅最大，为11.01%。城市化河道河床硬化率较高，并且随着城市化发展呈增长趋势。

河面率方面，为去除地表河道变为地下河带来的影响，只计算至2017年一直为地表河流河段的河面率。如图5.5（d）所示，上下游地区河面率均较小，相对于上游地区，下游河面率较大，河道断面较宽，行洪能力较强。2003—2010年仅上游地区河面率略增加2.86%，2010年后上下游河面率均减小，上游地区衰减至2003年水平，下游地区略减少1.32%。整体上来说，后城市化阶段河面率已处于较低水平，河道断面形态相对稳定。

5.4.2.4 分级特征

已有研究表明城市化对流域内不同等级河流影响程度存在较大差异[204,205]。为评估城市化对布吉河不同等级河道的影响，进一步对布吉河干流河道和支流河道的时空演变特征进行分析，支流河段包括上游的水径、塘径和大芬水及其他支流，其余为干流河段。如图5.6（a）所示，相对于支流河段，干流地表河道比例较高，为66.34%～83.29%。时期上来看，2003—2010年地表河道均减少，其中支流河道变化较剧烈，相对减少18.61%，降至34.22%；2010年后支流地表河道比例已经很低，变化不大，干流地表河道继续衰退，但程度减轻，至2017年相对减少6.81%。可见，城市化河流支流地表河道比例较小，且地表河道衰退程度较严重，并在衰退至一定程度后逐渐趋于稳定。

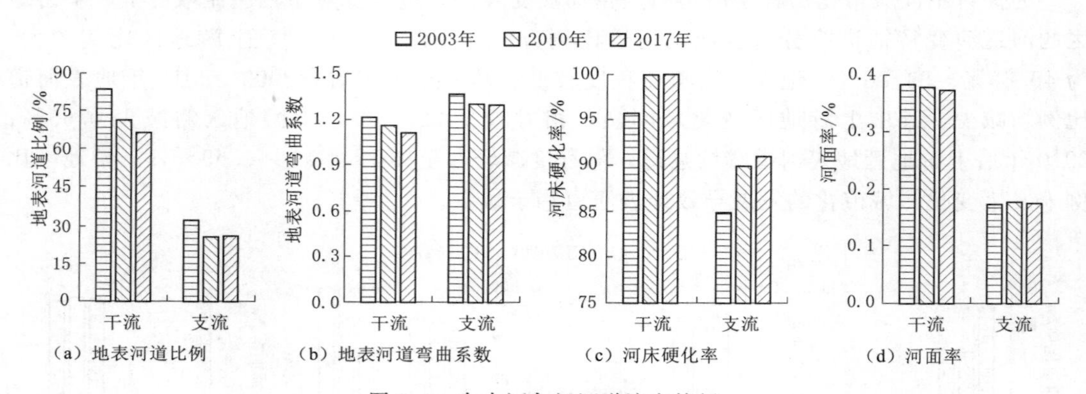

图5.6 布吉河各级河道演变特征

地表河道弯曲系数方面［见图5.6（b）］，支流河道高于干流河道，河道蜿蜒性较好。时期变化与地表河道比例相似，2003—2010年地表河道弯曲系数均减少，支流变化较剧烈，相对减少5.23%，降至1.30；2010年后支流地表河道弯曲系数保持稳定，干流持续减小，至2017年相对减少3.97%。城市化的发展导致干支流地表河道趋于顺直，干流河道由于防洪压力大，地表河道顺直趋势更为明显。

如图5.6（c）所示，干流河道河床硬化率高于支流河道，并在2003年就达到95.71%，2010年增至100%，至2017年一直保持稳定。支流河道河床硬化率2003—2017年持续增长，2017年增至91%，其中2003—2010年增幅最大，为5.89%。河床硬化可提高河道行洪能力，干流河道中河床硬化较早，且硬化程度较高。

对于河面率而言［见图5.6（d）］，干支流河道河面率均较小，相对于支流河道，干流河面率较大，河道断面较宽，行洪能力较强。2003—2010年干流河道河面率减少

0.94%，支流河面率增长 3.16%；2010 年后，干支流河面均减小，相对减少分别为 1.19%和 1.17%。如前所述，后城市化阶段干支流河道断面形态相对稳定。

5.4.3 城市化对河道时空格局的影响

布吉河流域所在的深圳市经历了剧烈的城市化进程。根据深圳市统计年鉴，2018 年深圳市的 GDP 和人口分别为 1979 年的 12344 倍和 41 倍，其中 1979—1995 年深圳市 GDP 年均增长率在 20%以上，人口年均增长率在 10%以上。由于前期 GDP 和人口迅猛发展，城市化进程飞速推进，土地利用/覆盖类型发生了巨大变化，大量城市河道生存空间被侵占，直接消失或变为地下暗河，导致流域调蓄能力下降，产生了一系列的城市洪涝问题。为了解决这一问题，保障城市社会、人口和经济安全，人类采用拓宽河道、截弯取直等防洪措施对河道进行整治，以期提高河道行洪能力。随着人口和 GDP 增速放缓，土地利用/覆被类型趋于稳定，社会的生态环境需求上升，河道整治开始注重生态修复措施，河道生态功能逐渐恢复，城市河流与城市化发展逐渐相互适应。可见，人口和 GDP 的发展影响着城市化的进程以及人类整治河道的目标，对河道时空格局的演变具有驱动作用。

总体来看，城市化的不断发展导致布吉河地表河道逐渐减少，空间分布趋于破碎，形态呈顺直趋势，地下河段比例不断上升，河床硬化程度越来越高。

上下游地区因城市化进程不同河道变化程度不一。上游地区城市化起步较晚，但发展迅猛，城市化对布吉河的影响也更为剧烈，1988—2015 年上游地区城市化率年均增加 2.06%，2003—2017 年城市化率平均每增加 1%，地表河道比例减少 0.50%，河床硬化率增加 0.35%。下游地区城市化进程起步较早，1988—2015 年城市化波动发展，年均增加 0.7%，早期的城市化进程导致下游地区地表河道比例较低，河道几乎呈直线状态，河床硬化率较高。相对上游地区，2003—2017 年城市化对布吉河下游的影响较小，地表河道比例年均减少 0.01%。

城市化对布吉河流域内干支流河道影响程度存在差异。城市化的发展导致布吉河干支流的地表河道趋于减少，但支流地表河道衰退程度更为严重。城市进程中干支流地表河道趋于顺直，河床趋于硬化，但干流河道由于行洪任务重、防洪压力大，地表河道顺直趋势更为明显，河床硬化时期较早且程度更高。

城市化发展到一定阶段，城市水文效应越加明显，人类采用防洪措施对河道进行整治，以提高河道行洪能力。后城市化阶段，随着城市化进程放缓，防洪、生态措施逐渐完善，河道整治转向以维护为主的清淤措施，河道断面形态较稳定。城市化发展的速度对河道时空格局也产生一定影响，城市化发展快的时期河道变化较剧烈，地表河道减少较多，空间形态越加破碎、顺直，硬化河床增长较快。

5.5 布吉河河道洪水监测与河道洪水特征分析

5.5.1 河道洪水观测方案

布吉河流域是我国城市化河流开展水位监测较早的河流，自 2011 年以来，深圳市水务局在布吉河流域内陆续建成了14个雷达水位计，9个雨量站，观测到了一批河道洪水过程。布吉河流域在流域中游的草铺站开展了人工结合雷达测流的方式开展流量观测，在洪水期间，通过多种方式开展洪水特征值及洪水过程的观测。

5.5.2　观测数据

2011—2019年，布吉河流域共观测到洪水过程41场，包括各站降雨、水位和流量，各场次洪水的基本信息见表5.6，其中，洪峰流量为草铺站流量。

表5.6　　布吉河流域2011—2019年观测洪水过程基本信息表

序号	洪水场次	洪峰流量/(m^3/s)	峰型	序号	洪水场次	洪峰流量/(m^3/s)	峰型
1	20110611	175	单峰	22	20150523	183	单峰
2	20110919	151	单峰	23	20150724	127	双峰
3	20120419	177	单峰	24	20150729	96.7	单峰
4	20120612	146	单峰	25	20150815	208	单峰
5	20130516	144	单峰	26	20150921	184	单峰
6	20130522	82	单峰	27	20151005	87	双峰
7	20130605	179	单峰	28	20160413	130	单峰
8	20130816	200	单峰	29	20161019	136	双峰
9	20130817	139	单峰	30	20170616	119	单峰
10	20130818	82.7	单峰	31	20170827	128	单峰
11	20130823	246	单峰	32	20180507	90.1	单峰
12	20130830	270	单峰	33	20180607	125	单峰
13	20130903	119	单峰	34	20180829	132	单峰
14	20130904	113	单峰	35	20180916	90.8	单峰
15	20140508	202	单峰	36	20190419	108	双峰
16	20140511	261	双峰	37	20190420	89.6	单峰
17	20140520	162	单峰	38	20190506	93.4	双峰
18	20140523	103	单峰	39	20190610	80.8	双峰
19	20140813	239	单峰	40	20190731	50	多峰
20	20150511	165	单峰	41	20191013	66.4	单峰
21	20150520	225	单峰				

5.5.3　洪水特征分析

根据上述结果，分析提出布吉河流域洪水过程特征如下。

1. 洪水过程以单峰为主

根据表5.6数据来看，41场洪水中，基于草铺站洪水过程，单峰洪水33场，多（双）峰洪水8场，单峰洪水占80.49%，超过2/3，占绝大多数。

2. 洪水量级年季变化大

根据表5.6数据来看，41场洪水中，草铺站洪峰流量最大的为20130830号洪水的$270m^3/s$，最小的为20190731号洪水的$50m^3/s$，最大洪峰流量是最小洪峰流量的5.4倍，说明布吉河流域洪峰流量年季变化大。其中，草铺站洪峰流量在$200m^3/s$以上的洪水8场，占19.51%，可以称为大洪水，而草铺站洪峰流量在$100m^3/s$以下的洪水11场，占26.83%，差不多平均4年一遇，可以称为常遇洪水。

3. 洪水陡涨陡落、持续时间短

对上述41场洪水的持续时间进行统计，最短的只有2h，最长的也只有4h。一场洪水的起涨流量都很小，基本上都是在$20m^3/s$以下，洪水结束后，基本上也都消落到$20m^3/s$以下，说明布吉河洪水陡涨陡落情况明显。布吉河洪水陡涨陡落情况非常严重，这也部分与河道渠化，河道汇流速度增加有关。

4. 次洪径流系数大

对上述41场洪水的次洪径流系数进行统计，最小的为0.7，最大的接近0.9，径流系数偏大，这说明城市化改变了流域下垫面的不透水性，径流系数明显提高。这也增加了布吉河流域的洪水风险，布吉河流域需要更大规模的防洪工程措施。

上述情况说明，布吉河流域洪水受城市化的影响明显，需要采取措施应对城市化对流域洪水的影响。

5.6 城市内涝监测要素及监测方法

引起城市内涝灾害的直接原因是淹没范围内各点的水深和流速，因此，城市内涝监测要素主要就是淹没范围、淹没区水深和流速。城市内涝观测面临着较大挑战，主要原因：①国内外尚无针对城市内涝观测的专门设备；②城市内涝区建筑物密集，人流车流大，难以找到合适的设备安装点。

5.6.1 淹没范围及监测方法

内涝淹没范围是内涝监测的重要指标，是内涝预警、交通指挥、应急抢险的重要依据，淹没范围也是内涝模型验证的一个重要依据。淹没范围的测量主要采用高清数码摄像机，目前设备的设计和生产已非常成熟，国内外出现了一大批不同型号的高清数码摄像机，但不同设备的观测精度、可靠性、使用寿命、价格相差较大，可根据实际情况选用。

1. 固定式枪型网络摄像机

固定式枪型网络摄像机测量范围大，测量精度和分辨率可根据需要选定，有多种规格。测量数据可通过专用线直接连接到计算机，方便对数据进行实时保存和管理。枪型网络摄像机适用于有固定电源、可通过网线直接将摄像机连接到计算机的环境，主要适用于建筑物周边，摄像机可安装于建筑物的墙壁上。

固定式枪型网络摄像机如安装于不易通过网络线直接连接到计算机的地方，如交通路口、人行道及商业区，则只能通过无线的方式将信息传输到控制中心。受通信带宽的限制或费用的限制，能传输的信息非常有限，往往不能将信息实时传送到控制中心，而只能每隔0.5h或10min传输一幅图像，影响了其使用效果。目前的内涝集成监测设备往往集成一个较低分辨率的摄像机，每0.5h传输一次图像。

2. 便携式高清数码摄像机

便携式高清数码摄像机原理与固定式枪型网络摄像机类同，主要区别是不固定在一个地方，可由人携带，在需要的地方开展测量，测量数据保存于摄像机中，任务完成后倒出到计算机中保存。便携式高清数码摄像机测量需要人工施测，实施的难度大，数据一般也难以及时传输回控制中心，因此，主要用于流动观测，或试验观测。由于便携式高清数码摄像机可根据需要观测受影响的淹没情况，不受固定摄像机观测范围固定的限制，可灵活实现对整个淹没区的观测，在内涝观测试验中应用较多。

5.6.2　水深及测量方法

淹没区水深是内涝灾害损失产生的最直接原因，对城市洪涝预报预警及风险评估的研究都将是重要因素，是城市内涝监测的重点。由于淹没范围内各淹没点的淹没水深不同，还需探讨如何开展淹没范围内不同区域淹没水深的监测方法。

内涝淹没水深目前还没有很成熟的监测手段和方法，主要还是沿用河湖水位监测方法。其方法主要有两种：一种是半自动式的无线电子水尺，另一种则是全自动的雷达水位计。

1. 无线电子水尺

无线电子水尺是集成了感应式水位测量体和无线数据通信于一体的高性能水位测量装置，由感应式电子水尺和无线端机两部分集成一体。感应式水位测量体即感应式电子水尺，它利用电子装置感应水位变化，实现数字化分度，并将水位信号传送至无线端机。无线端机采用先进微处理器芯片为控制器、内置远程通信模块，集成RTU、DTU、充电控制器、防雷模块等，完成水位测量、数据保存、远程数据通信等功能。无线电子水尺已广泛应用于江河、湖泊、水库、水电站、灌区及输水等水利水电工程中的水位监测，及自来水、城市污水、道路积水等市政工程中的水位监测，特别适合于水位变幅不是很大的场合。

无线电子水尺是比较适合于开展城市内涝水位测量的仪器。无线电子水尺加装自动传输设备后，可实现自动水位测量。但由于仅在发生城市内涝期间才有地面积水，一年中发生内涝积水的时间也有限，因此，安装固定式无线电子水尺的难度一般较大。在条件不具备时，可开展半自动测量，无线电子水尺仅在发生城市内涝期间才布设。

2. 雷达水位计

雷达水位计与测量河道水位的雷达水位计相同，只不过此时是将雷达水位计安装在城市内易发生内涝的区域。但雷达水位计由于要占用一定的空间，在建筑物高度密集的城市，往往不容易找到合适的安装位置，其应用受到一定限制。

5.6.3　流速测量方法

淹没区流速是洪涝预报模型计算及参数验证的重要数据，也是确定承灾体灾害损失的依据之一，因此，有条件时也需要监测。但国内外对内涝流速进行观测的不多，观测手段

较少。由于城市内涝水流一般不深，常规的河道接触式测速设备很难使用，如流速仪、ADCP测量装置等。目前可用于城市内涝流速及流量测量的设备主要有两种，包括手持式电波流速仪和便携式流速仪。

1. 手持式电波流速仪

手持式电波流速仪（SVR）俗称“雷达测速枪”，是一种专用的非接触式电子测速仪器。在水流急、含沙量大、漂浮物多以及在洪水等复杂水情情况下，常规测流仪器难以工作，有时连投放浮标都比较困难，手持式电波流速仪可以克服这些不利条件，在野外巡测和洪水、溃坝、决口、泥石流等应急测量时，尤其在汛期抢测洪峰时使用。其优点是采用远距离无接触方法直接测量水面流速，不受使用环境影响、不受含沙量、漂浮物等的干扰，具有自动化程度高、操作安全、测量时间短、性能可靠、工作稳定、维护方便等优点。

目前市面上有多款手持式电波流速仪可供选用，早期主要靠进口，目前已有国产仪器面世。手持式电波流速仪的测速范围一般可达0.30～20.00m/s，测速精度达到±0.05m/s，分辨率可达到0.01m/s，最大测程则可达到100m。手持式电波流速仪还具有质量轻的特点，质量一般不超过1.5kg，操作方便。测量结果可通过附带的LCD显示，并可直接输入电脑保存。手持式电波流速仪在流速较高时，测量精度有保障，但当流速较小时，特别是流速低于0.7m/s时，精度有所下降，使用时需慎重。

2. 便携式流速仪

便携式流速仪结构简易、轻巧方便、耗电省、功能齐全、稳定可靠。由于设备多为微型，因此具有起动流速低的特点，适合于城市内涝水流流速较低的需求，在目前可用设备不多的情况下，是一种可行的内涝流速测量装置。

便携式流速流量仪测速范围一般为0.01～4.00m/s，测流误差不大于1.5%，测量深度可低至0.045m。目前市面上的设备类型不多。由于设备较小，使用过程中，旋桨易受杂质影响而损坏，流速较大时的测量精度受到一定影响。

5.7 城市内涝淹没范围观测试验

为了试验现有仪器设备对城市内涝淹没范围的效果，分别利用固定式枪型网络摄像机和便携式高清数码摄像机开展了内涝淹没范围观测试验。

5.7.1 固定式枪型网络摄像机内涝淹没范围观测试验

5.7.1.1 布设位置

中山大学广州校区南校园572栋因所在位置地势较低，周边排水不畅，经常发生内涝，基本上是逢雨必涝，影响楼内教师及学生的正常进出。在该楼一楼入口处约2m高处的墙面布设了两台枪型网络摄像机（见图5.7），正对该楼的入口，拍摄范围完全覆盖了楼栋的进口位置，可以监测该楼入口处的内涝淹没情况。

摄像机通过光纤连到位于楼内的计算机上，通过视频管理软件，实现对视频的实时接收。观测到的视频可保存于计算机存储设备，可回放，观测城市内涝形成的全过程。

图5.7 固定式枪型网络摄像机布设位置

5.7.1.2 内涝监测

系统建成后，开展了多次内涝淹没范围的自动观测实验，获取了多场内涝过程的淹没范围数据，图像非常清晰，可以明确看到内涝的淹没范围，通过与周边建筑的比对，可以反推出淹没水深。

固定式枪型网络摄像机由于安装位置固定，因此，监测范围也是固定的，安装的摄像机并不能对内涝的整个淹没范围进行观测，只能观测到淹没范围的一部分，这是其不足。

5.7.2 便携式高清数码摄像机内涝淹没范围观测试验

便携式高清数码摄像机不需要固定于一个地点，可以移动到需要的位置安装，并且可以调整焦距，实现对内涝淹没全过程的监测。采用两种不同的便携式高清数码摄像机在中山大学校园开展了多次内涝淹没观测。

便携式高清数码摄像机观测灵活，可根据需要选择观测局部及全景，但由于需要人工观测，下雨时还需要做好防雨等保护措施，观测过程较为复杂。

5.8 深圳典型内涝区城市内涝过程观测

5.8.1 观测区选择

在项目示范城市深圳市选择了一个典型内涝观测区，对内涝淹没水深开展了较长期的观测。观测区位于布吉河流域下游的高度城市化区域，位于深圳市罗湖区爱国路与太宁路交会处沿线（下文简称爱国路），爱国路四周除沿河北路辅路外，地势均比爱国路高，爱国路与太宁路交会处沿线仅有6个排水口，且爱国路两侧因高速连接线工程建设有施工围蔽，造成路面变窄，降雨发生后沿线经常积水内涝。

5.8.2 内涝观测

在内涝观测区布设了3根电子水尺，通过半自动方式开展内涝淹没水深的观测，观测位置如图5.8所示。深圳市罗湖区爱国路观测点未采用便携式高清摄像机进行淹没范围的观测。

暴雨来临前，根据深圳市气象台暴雨预警信息，发布暴雨黄色预警时，观测人员携带3根电子水尺前往爱国路，按方案布设电子水尺，进行自动监测，每分钟采集一次水位数据，数据保存到电子水尺。暴雨引发内涝积水时，观测人员在淹没区内踏勘，当积水达到

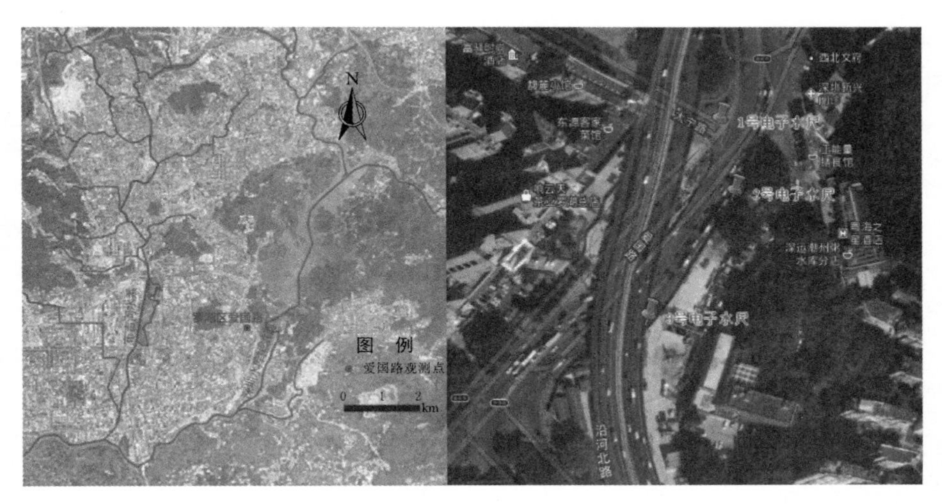

图 5.8 爱国路内涝观测点设备分布图

15cm 后，采用手机对内涝区的淹没过程和淹没范围进行摄像，记录内涝过程。内涝观测结束，电子水尺数据导出保存，并根据手机视频调查淹没范围，对数据进行整编和分析，为城市内涝研究提供第一手的现场资料。

5.8.3 内涝过程观测

共开展了 26 场次内涝观测，基本信息见表 5.7。

表 5.7　　深圳市内涝观测基本信息表

序号	编　号	起止时间	观 测 要 素	内涝情况
1	20180721	16：00—17：05	流速、照片、视频	一般局部内涝
2	20180723	13：00—19：00	流速、照片、视频、水深	一般局部内涝
3	20180810	13：00—20：30	流速、照片、视频、水深	一般局部内涝
4	20180811	7：30—12：00	流速、照片、视频、水深	一般局部内涝
5	20190515	11：20—11：55	水深	一般局部内涝
6	20190520	11：25—11：45	水深	一般局部内涝
7	20190527	4：00—8：25	水深	一般局部内涝
8	20190528	8：25—11：25	水深	一般局部内涝
9	20190531	13：55—15：35	水深	一般局部内涝
10	20190604	14：00—14：50	水深	一般局部内涝
11	20190624	17：30—18：20	水深	一般局部内涝
12	20190625	15：20—15：45	水深	一般局部内涝
13	20190628	12：50—13：40	水深	一般局部内涝
14	20190629	9：45—10：40	水深	一般局部内涝
15	20190720	12：35—16：40	水深	一般局部内涝
16	20190721	11：50—13：45	水深	一般局部内涝
17	20190722	11：05—14：25	水深	一般局部内涝

续表

序号	编 号	起止时间	观测要素	内涝情况
18	20190731	12：15—17：10	水深	一般局部内涝
19	20190801	11：45—16：55	水深	一般局部内涝
20	20190806	13：00—13：55	水深	一般局部内涝
21	20190817	4：15—6：45	水深	一般局部内涝
22	20190818	15：20—18：20	水深	一般局部内涝
23	20190823	7：25—8：05	水深	一般局部内涝
24	20190826	11：30—12：15	水深	一般局部内涝
25	20190902	6：10—9：00	水深	一般局部内涝
26	20190917	16：45—17：10	水深	一般局部内涝

5.8.4 城市内涝特征分析

通过对观测结果的分析，可得到观测区的内涝特征如下。

(1) 内涝通常由短时强降雨引起，致涝降雨中，最大10min、20min及30min降雨量占总降雨量的平均百分比分别为47.3%、64.7%和73.5%［见图5.9 (a)～图5.9 (c)］。

(2) 地面径流的产汇流过程非常迅速，积水相对于降雨的滞后时间从3min到24min不等，平均仅为11min［见图5.9 (d)］。

(3) 引发积水的降水量阈值低，对于不同的低洼地区，由于排水系统、微地形和降雨空间分布的差异，引发积水所需雨量也不同，一般为0.2～7mm，平均为2.2mm［见图5.9(e)］。

(4) 最大淹没深度降临快，内涝达到最大深度所需时间为16～121min，平均为47min［见图5.9 (f)］。在观测区域内，如果未来由于暴雨导致内涝，淹没深度很可能在50min内达到最大，这要求应急抢险设备提前就位。

(5) 峰值相对滞后的降雨更易导致观测区内涝，按降雨峰值出现的时间，将观测场次降雨划分为前、中、后三类，虽然后峰型的平均降雨量、降雨强度、最大10min、20min、30min降雨量均小于前峰型，但平均淹没深度大于前峰型（见表5.8）。

表5.8　不同降雨峰型的内涝特征

锋型	场次	降雨量/mm	雨强/(mm/h)	最大10min降雨量/mm	最大20min降雨量/mm	最大30min降雨量/mm	平均淹没深度/cm
前	15	23.0	13.1	8.7	13.1	17.6	4.7
中	3	23.6	25.5	8.7	15.6	19.3	6.0
后	4	19.9	8.5	5.3	7.7	9.0	5.3

需要指出的是，上述观测的内涝过程量级都不是很大，大部分都还没有产生内涝灾害，还只能是暴雨积水事件。上述对内涝特征的分析还仅限于观测的数据，还需要更多的内涝观测资料来深入解析通用的城市内涝特征。

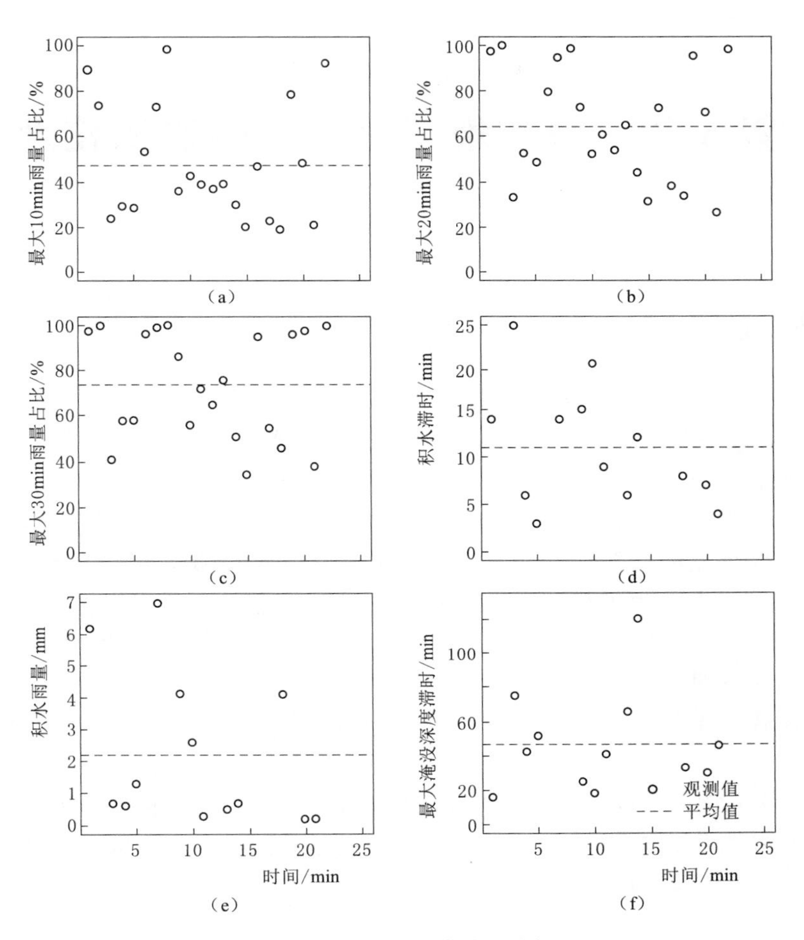

图 5.9 观测区内涝特征指标

第6章　城市地下排水管网监测技术

6.1　概述

地下排水管网是城市管网的重要组成部分，担负着城市雨水及污水（合流制）的排放任务[231-233]，地下排水管网水位信息及运行状态监测是城市洪涝监测的重要内容与任务。地下排水管网位于地下，有些还埋藏较深，在开展地下排水管网运行状态监测时面临的一个较大的挑战是监测信息的传输。城市洪涝监测信息数据量大，需要较高的传输速度，同时信息的传输还受到城市建筑物的阻挡和干扰，部分信息源位于地下空间及地下排水管网中。为了保障城市洪涝监测全要素信息的有效传输，需要基于最新的信息传输技术——窄带物联网传输技术（NB-IoT）[234-237]，深度融合水文自动测报系统通信技术，实现对城市地下管网监测全要素信息的高效传输解决地下空间及排水管网内监测信息传输不畅的难题，为城市洪涝预报预警及应急抢险提供快速及时的信息支持。

基于窄带物联网传输技术，结合水文信息传输的特点，利用和改进现有的水文测量设备并集成窄带物联网传输模块，研发了针对城市排水管网信息监测与传输的设备，并在深圳市布吉河开展了试验应用。

6.2　NB-IoT技术简介

6.2.1　NB-IoT的特点及其优势

NB-IoT技术拥有以下主要特点[139,239,240]。

（1）广覆盖。对于城市地下空间，NB-IoT可以提供更好的通信性能。

（2）低功耗。NB-IoT具有休眠模式，设备在待机状态下可关闭部分功能，减少功耗。

（3）低成本。NB-IoT技术是从现有的移动网络发展而来的，可直接部署无须再进行基站建设，大大降低了建设和运行成本。

6.2.2　NB-IoT网络部署模式

目前，NB-IoT支持的网络部署模式分为独立部署、保护带部署、带内部署[242]。

（1）独立部署。此模式利用独立的新频段或空闲频段进行部署，已有的网络不受干扰。

（2）保护带部署。此模式主要利用 LTE 频谱边缘的保护带来进行部署，以最大限度地利用频谱资源。这种部署模式的前提条件是原来的 LTE 带宽大于 5Mbit/s 时才可以使用，以避免二者之间的信号干扰。

（3）带内部署。此模式主要部署在 LTE 载波中的某一个频段内以避免相邻频段间的互扰。

6.3 基于 NB－IoT 技术的数据采集与传输终端设备研制

6.3.1 概述

目前的宽窄带多网融合数据传输[243] 大多采用基于网关的宽带业务和窄带业务转换和统一管理模式，这种方式会导致过大的系统时延，如垂直切换时延。宽窄带网络的长期共存仅仅使用网关在各接入技术的上层协议互联的方式，并不能充分利用两种网络的优点，而长期的融合组网还将导致系统功耗过大，不适合部署在城市地下管网，开展长期工作。另一种方案是将宽带传输和窄带传输融合到单一设备中，通过窄带通信设备传输宽带系统相关的指令消息，来控制宽带模块的上电时序。该种宽带模块上电控制方法是为了达到节约功耗的目的，宽带模块只实现了数据发送功能，指令的传输依旧依赖窄带模块，数据传输的实效性低。

提出一种新的无线宽窄融合遥测终端机技术方案，将宽带传输和窄带传输融合到单一设备中，实现窄带通信模块用于在窄带上发送接收信息，宽带通信模块用于在宽带上发送接收信息，充分利用二者的优点降低成本；在终端机中配置智能化的数据汇集处理中心模块，数据处理模块内嵌带宽切换机制，根据待发送的数据量，将发送数据的字节数和切换带宽阈值做比较，若待发送的数据字节数小于切换带宽阈值时，数据处理模块自动选择窄带通信模块发送该待发送数据；当待发送的数据字节数大于或等于切换带宽阈值时，自动选择宽带通信模块发送该待发送数据。

6.3.2 原理与总体架构设计

设备主要包括传感器通信接口、RTU 终端控制器、DTU 通信设备（GPRS/GSM 模块或 NB 模块）、信号防雷器、协议转换模块、太阳能电池板、蓄电池以及电源避雷器等。基于 NB－IoT 的 RTU 原理设计框图和总体架构示意图如图 6.1 和图 6.2 所示。

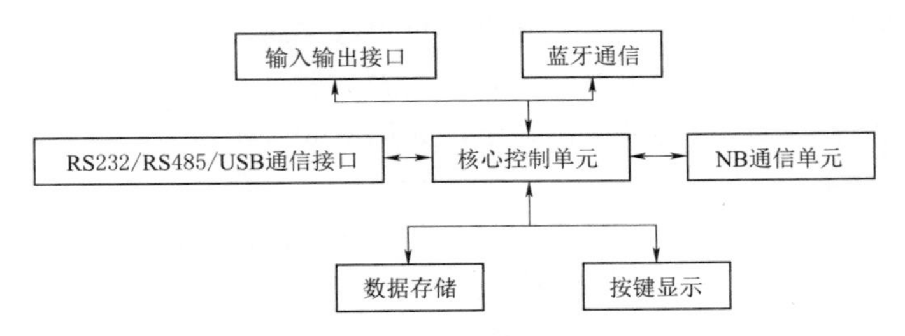

图 6.1 基于 NB－IoT 的 RTU 原理设计框图

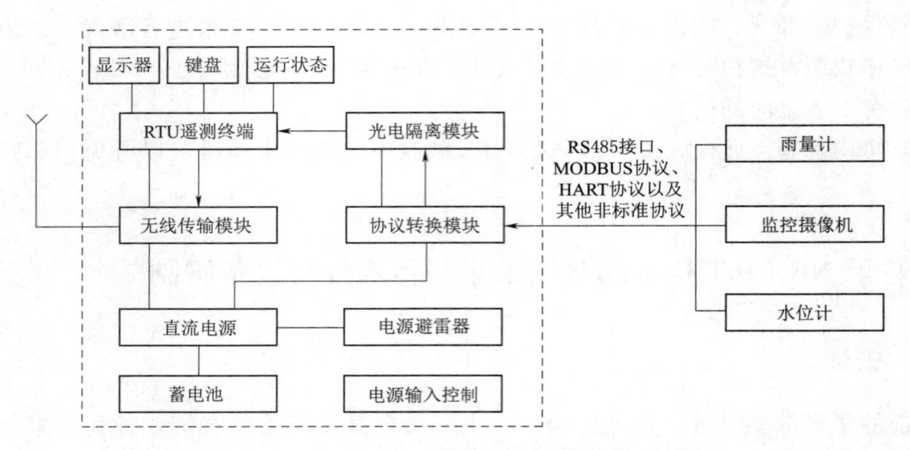

图 6.2　基于 NB-IoT 的 RTU 总体架构示意图

RTU 用于采集、存储和处理计量设备数据，DTU 通信设备用于将 RTU 采集的数据通过 GPRS/NB 无线传输网络发送至监测中心数据接收服务器。RTU 实物图如图 6.3 所示。

图 6.3　基于 NB-IoT 技术的通用 RTU 实物图

6.3.3　通信部件

6.3.3.1　NB 通信单元

NB 通信单元如图 6.4 所示。

6.3.3.2　蓝牙通信单元

蓝牙通信单元如图 6.5 所示。

6.3.3.3　RS323/RS485/USB 通信接口单元

RS323/RS485/USB 通信接口单元如图 6.6 所示。

6.3.3.4　输入输出接口单元

输入输出接口单元如图 6.7 所示。

6.3.4　控制存储与处理部件

6.3.4.1　核心控制及按键显示单元

核心控制单元主要由 ARM 处理器 STM32L476 和外围工作电路组成。ARM 处理器负责控制外接传感器上电、数据采集和储存并负责数字滤波、算法处理等工作，显示单元具有 192×64 蓝底白字全中文菜单操作界面，支持本地参数设置、数据查询、人工置数、报文发送测试等功能。核心控制及按键显示单元如图 6.8 所示。

6.3.4.2　数据存储单元

系统具有 32MB 数据存储器（标准配置）和 1MB 专用设备参数存储器。数据存储单元如图 6.9 所示。

6.3.4.3　电源

电源供电设计如图 6.10 所示。

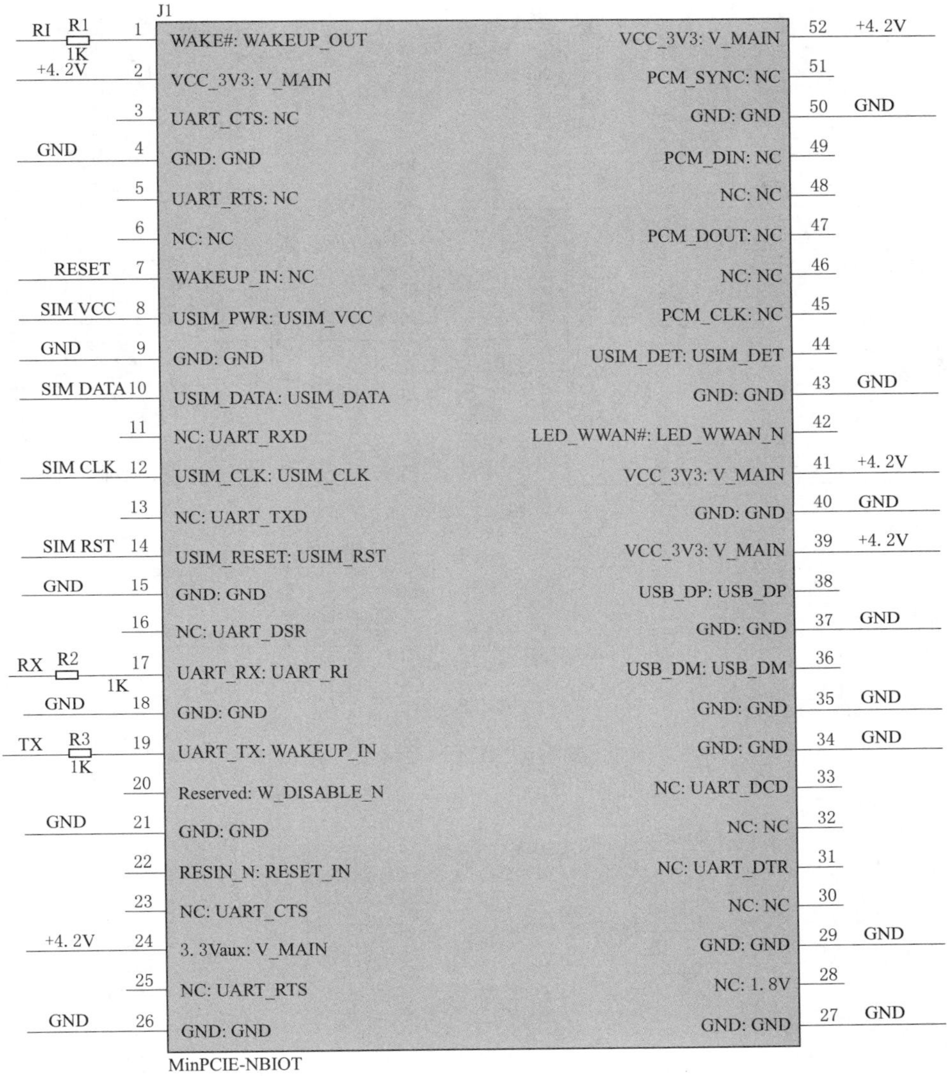

J1

网络	引脚	引脚名称	引脚名称	引脚	网络
RI (R1 1K)	1	WAKE#: WAKEUP_OUT	VCC_3V3: V_MAIN	52	+4.2V
+4.2V	2	VCC_3V3: V_MAIN	PCM_SYNC: NC	51	
	3	UART_CTS: NC	GND: GND	50	GND
GND	4	GND: GND	PCM_DIN: NC	49	
	5	UART_RTS: NC	NC: NC	48	
	6	NC: NC	PCM_DOUT: NC	47	
RESET	7	WAKEUP_IN: NC	NC: NC	46	
SIM VCC	8	USIM_PWR: USIM_VCC	PCM_CLK: NC	45	
GND	9	GND: GND	USIM_DET: USIM_DET	44	
SIM DATA	10	USIM_DATA: USIM_DATA	GND: GND	43	GND
	11	NC: UART_RXD	LED_WWAN#: LED_WWAN_N	42	
SIM CLK	12	USIM_CLK: USIM_CLK	VCC_3V3: V_MAIN	41	+4.2V
	13	NC: UART_TXD	GND: GND	40	GND
SIM RST	14	USIM_RESET: USIM_RST	VCC_3V3: V_MAIN	39	+4.2V
GND	15	GND: GND	USB_DP: USB_DP	38	
	16	NC: UART_DSR	GND: GND	37	GND
RX (R2 1K)	17	UART_RX: UART_RI	USB_DM: USB_DM	36	
GND	18	GND: GND	GND: GND	35	GND
TX (R3 1K)	19	UART_TX: WAKEUP_IN	GND: GND	34	GND
	20	Reserved: W_DISABLE_N	NC: UART_DCD	33	
GND	21	GND: GND	NC: NC	32	
	22	RESIN_N: RESET_IN	NC: UART_DTR	31	
	23	NC: UART_CTS	NC: NC	30	
+4.2V	24	3.3Vaux: V_MAIN	GND: GND	29	GND
	25	NC: UART_RTS	NC: 1.8V	28	
GND	26	GND: GND	GND: GND	27	GND

MinPCIE-NBIOT

图 6.4 NB 通信单元

6.3.4.4 PCB 绘制图

电路 PCB 绘制图如图 6.11 所示。

6.3.5 设备特点、性能与技术指标

采用 NB-IoT 通信模块和 GPRS 通信模块的遥测终端，具有休眠+唤醒的工作机制，实现了微功耗运行，能够适应电池供电的应用现场[141,245-247]。

6.3.5.1 特点

(1) 先进独特的软硬件设计，外置硬件看门狗，高可靠性，野外免维护。

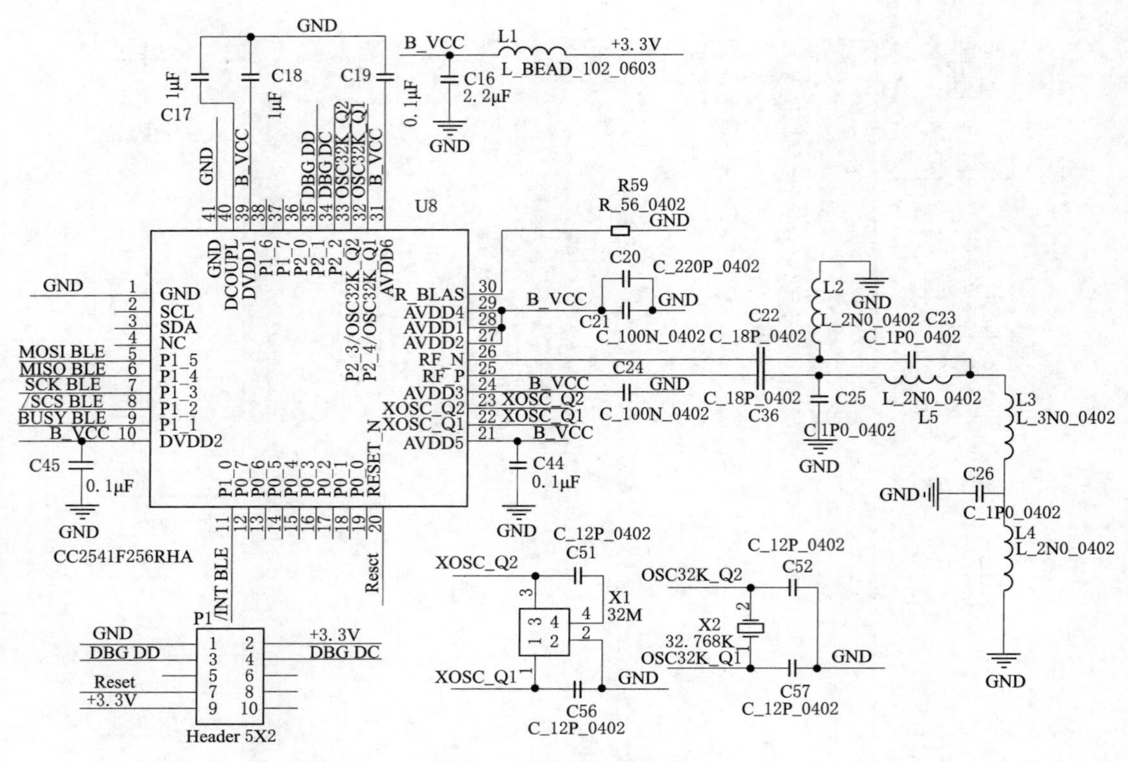

图 6.5　蓝牙通信单元

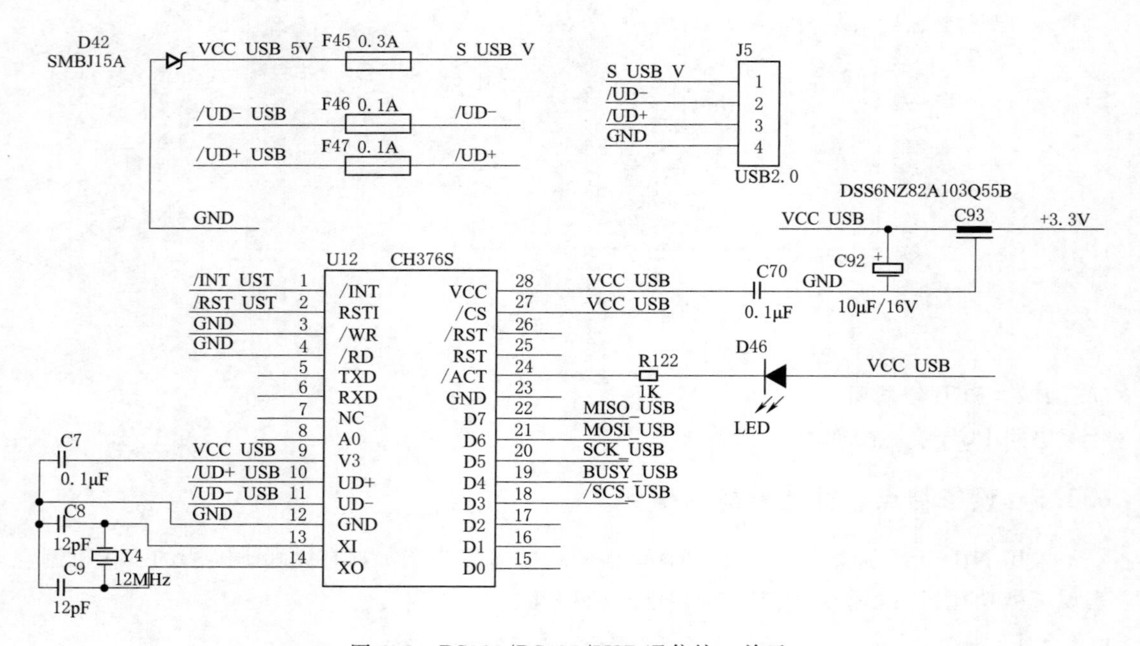

图 6.6　RS323/RS485/USB 通信接口单元

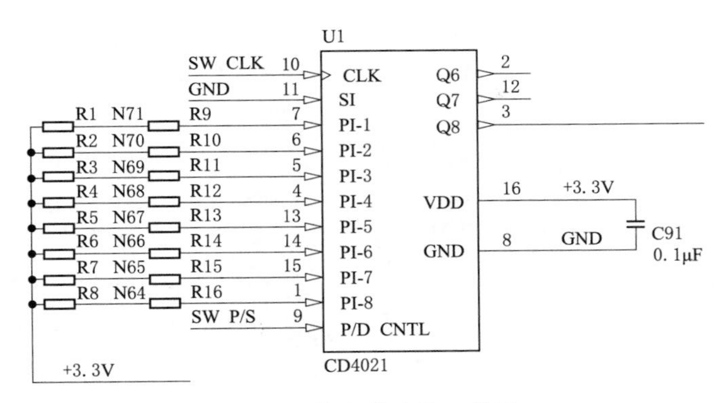

图 6.7 输入输出接口单元

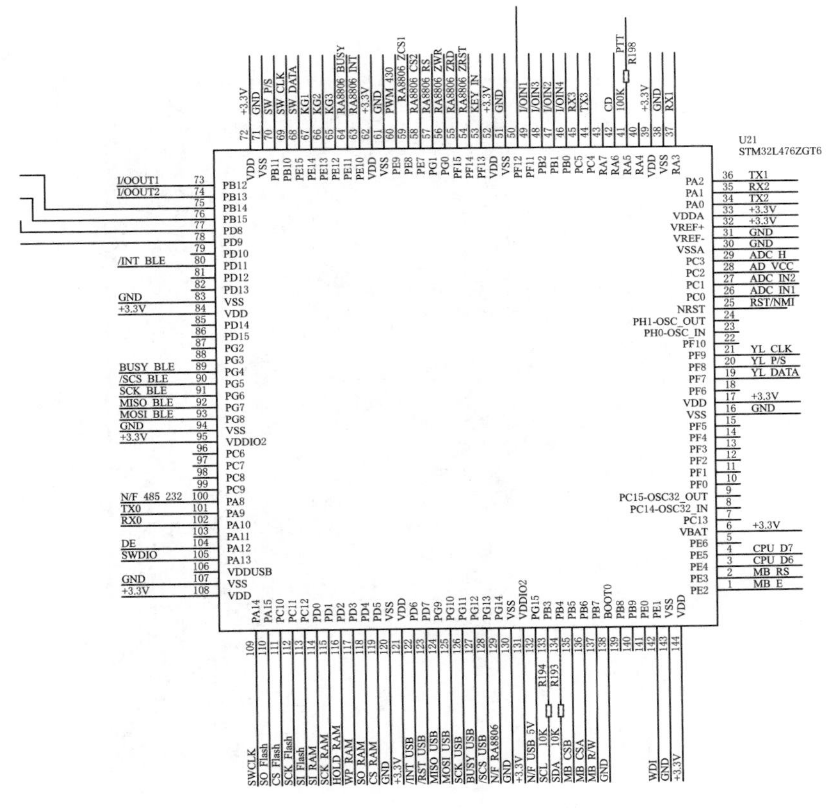

图 6.8 核心控制及按键显示单元

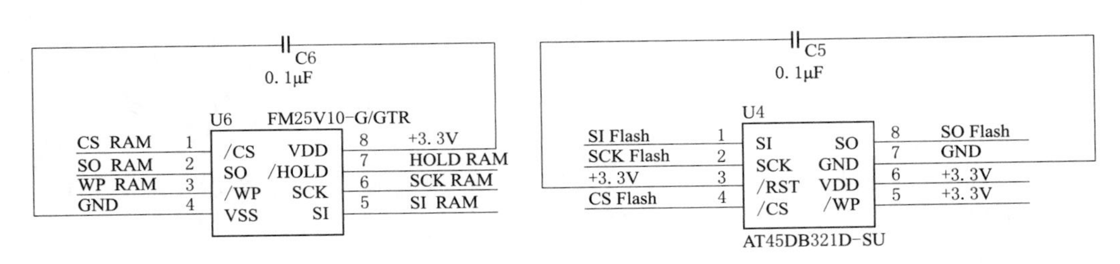

图 6.9 数据存储单元

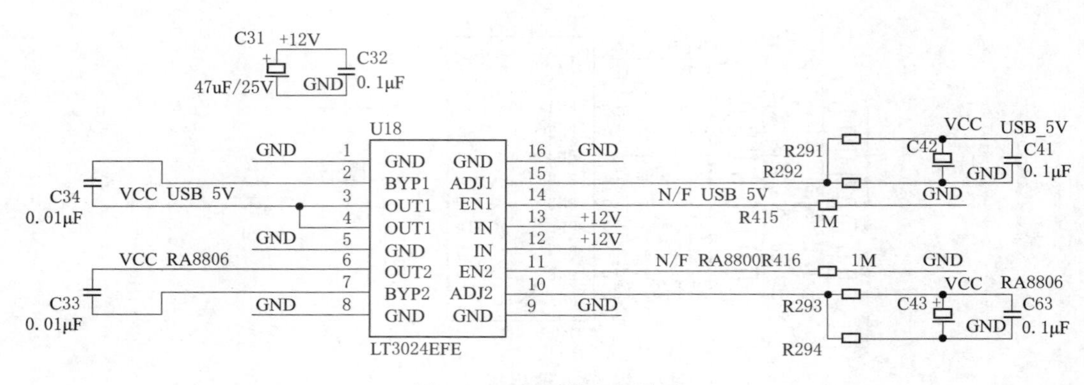

图 6.10　电源供电设计图

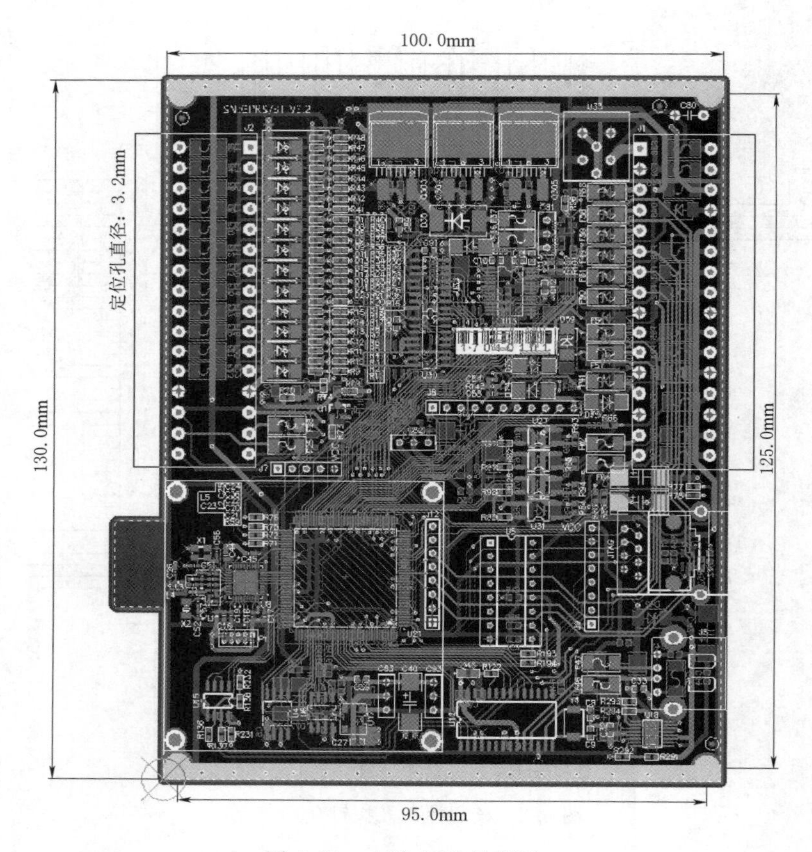

图 6.11　电路 PCB 绘制图

（2）支持最新国家水文规约、国家水资源规约、国际河流加密规约、国家地下水规约、多种地方规约及自定义规约。

（3）先进 USB 主从智能切换功能，既可以通过计算机 USB 配置参数、升级程序、下载数据，也可以通过 U 盘下载数据，方便快捷。

（4）内置 NB 通信模块和 GPRS 通信模块。

（5）具有多种运行方式，以适应不同的应用需求，运行方式有自报式、自报＋确认、应答式、调试状态；支持中心站远程测站参数设置、支持中心站远程数据下载。

（6）超大数据存储，支持本地、远程下载历史数据。

（7）具有箱门异常打开、AC220V 停电、电池欠压报警等完备的运行状态监控机制。

（8）192×64 蓝底白字全中文菜单操作界面，支持设置参数、查询测量数据、手动测试功能。

（9）内置多达 200 种常用传感器通信协议。

6.3.5.2　设备性能指标及技术参数

（1）传感器接口：具有增量口、并行口、串行口、频率口、模拟量口等各种接口。

（2）通信方式：RTU 可接受中心的远程管理，包括远程诊断、设置、维护、校时、提取固态数据等。

（3）具有 3 个 RS232 和 1 个 RS485 接口。

（4）具有数据自动补发功能（主备信道通信均失败时，待通信恢复后自动补发缺失数据并且中心站可以随时远程召测任何时段历史缺失数据）。

（5）配有键盘和液晶显示器（非外置），本地显示测站状态、电压、日期/时间及监测数据等；可人工发送观测数据并可本地对配置参数进行修改（包括站址、水位基值、雨量初值、数据报送频次等）。

（6）RTU 的所有参数可以本地设置，也可以远程设置。

（7）RTU 存储的固态数据和工作参数均具有上电、掉电保护功能。

（8）具有友好、直观的人机交互界面，用户的每一步操作均有相应的文字指示。

6.3.5.3　主要技术指标

（1）工作环境：－20～70℃，湿度小于 95%（温度为 40℃时）。

（2）输入电源：12VDC，正常工作电压范围 9～16VDC。

（3）工作电流：休眠模式下小于 0.2mA（12VDC），运行模式下小于 6mA（12VDC）；

（4）数据存储：32MB 专用数据存储器（可存 10 年数据），1MB 专用参数铁电存储器。

（5）NB 数据传输速率：最大 25.5kbps（下行）/16.7kbps（上行）。

（6）人机界面：192×64 蓝底白字中文图形屏（4×24 个字符），22 键轻触键盘。

6.4　基于 NB - IoT 技术的一体化超声波明渠水位计

6.4.1　概述

一体化超声波明渠水位计是一种高精度、低功耗的水位采集设备，是一种实现了集采集、存储、远程无线数据传输、锂电池供电等一体化的遥测设备。实物图如图 6.12 所示。

6.4.2　原理图设计

6.4.2.1　核心控制原理图设计

核心控制模块包含电源、USB 通信、蓝牙、数据存储和串口通信设计，原理图如图

6.13 所示。

6.4.2.2　无线通信入网设计

无线通信入网设计采用华为 4G 全网通、中兴 4G 全网通以及 NB-IoT 通信模块，无线通信入网设计如图 6.14 所示。

6.4.2.3　锂电池保护电路设计

锂电池保护电路设计如图 6.15 所示。

图 6.12　基于 NB-IoT 技术的一体化超声波明渠水位计

6.4.3　设备特点性能与技术指标

6.4.3.1　特点

一体化超声波明渠水位计体积小、功耗低、安装操作简便、维护简单，可广泛应用于明渠水位、流量在线自动监测、城市防洪在线监测、城市防洪应急、巡测系统，内置可充电锂电池组在无充电的情况下可以维持运行 6 个月。具有以下特点：

（1）先进独特的一体化硬件设计，高可靠性。

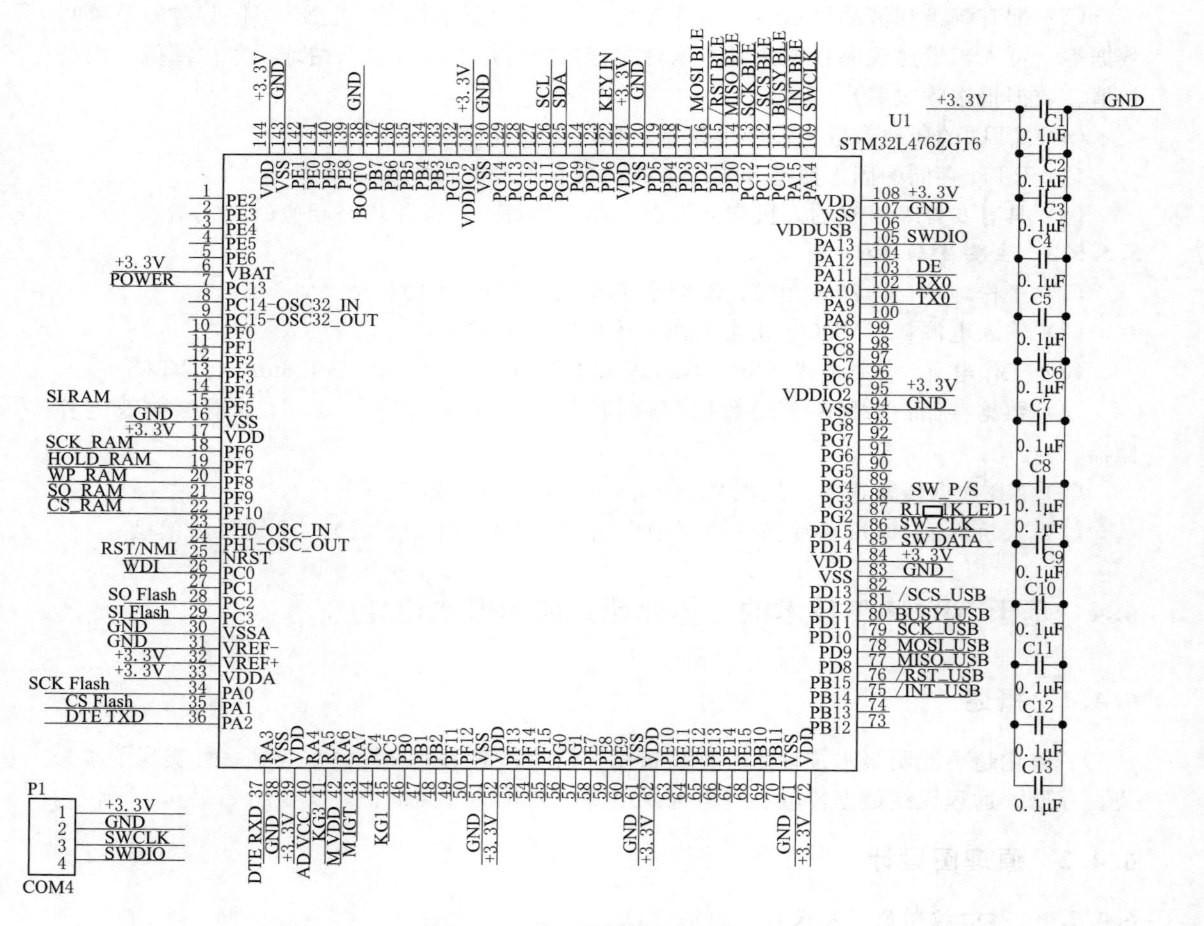

图 6.13　核心控制模块原理图

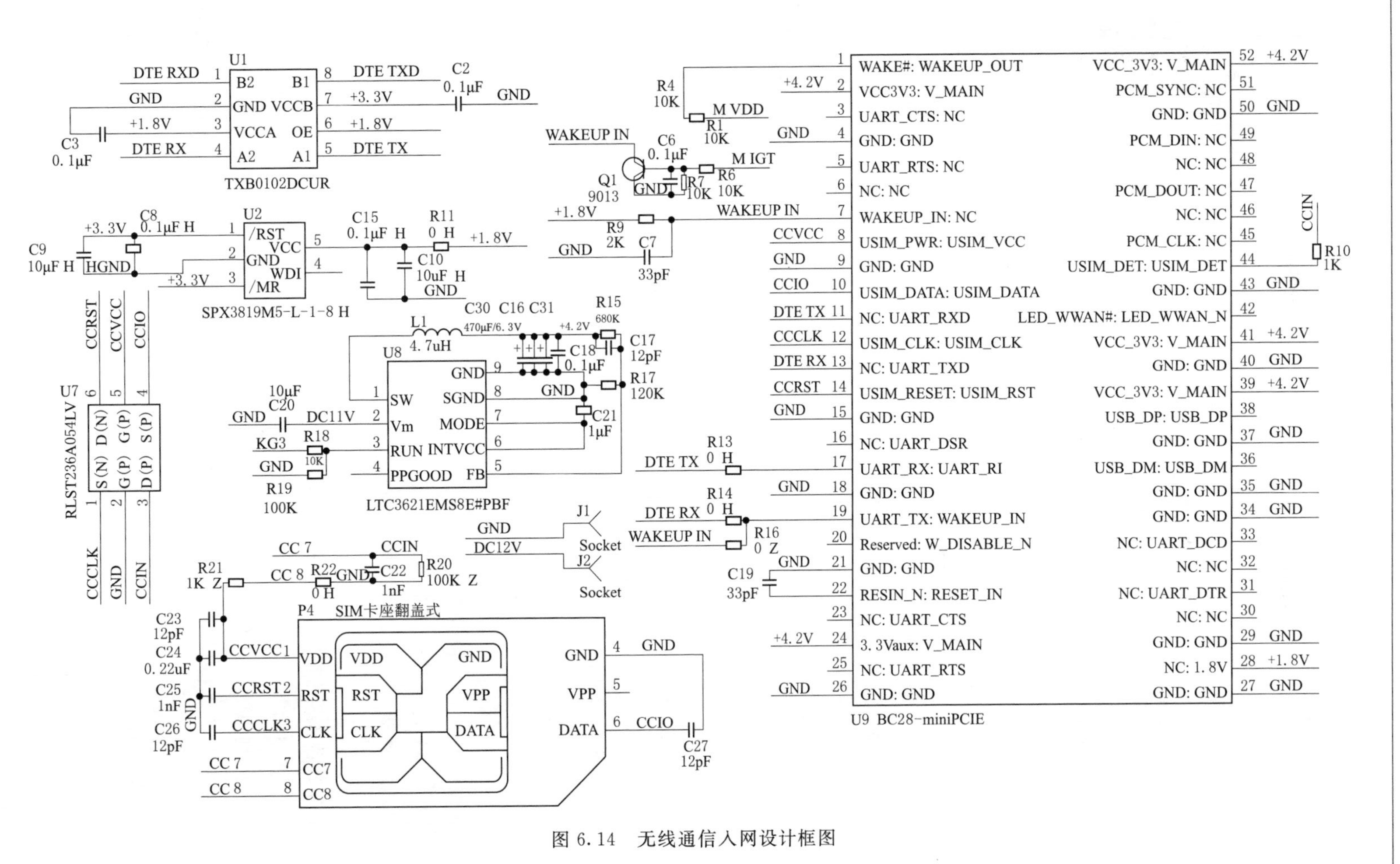

图 6.14 无线通信入网设计框图

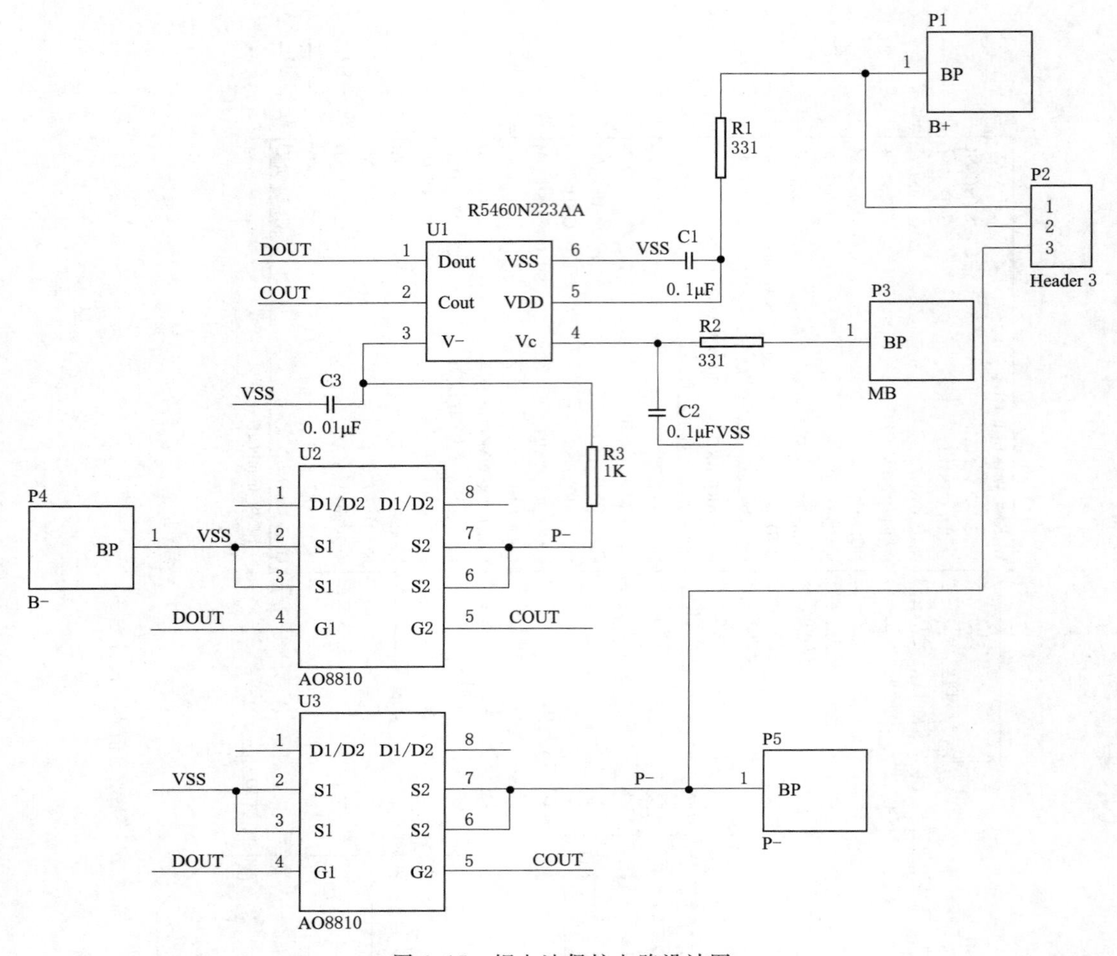

图 6.15　锂电池保护电路设计图

(2) 超低功耗设计，值守电流小于 0.01mA。

(3) NB-IoT 低功耗低成本通信。

(4) 具有多种运行方式，以适应不同的需要，可运行自报式、自报+确认、应答式、调试状态。

(5) 32MB 数据存储空间，本地数据存储可达 5 年以上（5min 采集一次，两参数）。

(6) 远程管理功能：支持远程参数设置。

(7) 实时监测电池电压信息和低电压报警。

(8) 具有无线蓝牙接口功能，可通过手机 App 配置参数、查询当前数据、下载历史数据。

6.4.3.2　产品功能与技术参数

1. 产品功能

(1) 水位、流量采集：内置水位-流量关系算法。

(2) 无线通信：GPRS 和 NB-IoT。

（3）智能报警：监测数据越限触发和电池电压低状态报警。

（4）数据存储：循环覆盖方式存储，掉电不丢失。

（5）定时供电：定时内部升压对外供电，为传感器提供电源。

（6）远程维护：支持远程设置参数。

2. 技术参数

（1）量程：不大于 5m。

（2）误差（标准实验条件）：0.3%×最大量程（±1cm）

（3）工作频率：20～350kHz（因型号规格而不同）。

（4）分辨率：1mm。

（5）盲区：小于 0.4m。

（6）设参方式：USB 设参、远程设参、蓝牙 App 设参。

（7）工作制式：自报式、应答式、自报加应答式。

（8）静态值守电流：小于 0.02mA @ 7.2V。

（9）工作电流：小于 65mA @ 7.2V。

（10）CPU：32 位处理器、运行频率 180MHz。

（11）存储容量：32Mbits。

（12）通信方式：4G 或 NB - IoT。

（13）NB 数据传输速率：最大 25.5kbps（下行）/16.7kbps（上行）。

（14）连接形式：法兰连接，壁挂连接。

（15）供电电源：DC 5～16V。

（16）防护等级：IP67。

（17）工作环境：数据处理部分－30～70℃，传感器部分 0～70℃；湿度：不大于 95%（无凝结）。

6.5 基于 NB - IoT 技术的一体化磁致伸缩浮子式水位计

6.5.1 概述

一体化磁致伸缩浮子式水位计是将高精度零漂移水位传感器与数据处理终端及供电系统一体化，属紧凑型模块化系统。采用低功耗设计，内置充电锂电池在无充电的情况下可以维持运行一个汛期，特别适用于不方便太阳能供电的监测现场，可大大减少建设成本并降低施工难度；接触式测量方式不易受到温度的变化或者外部干扰的影响，工作稳定可靠。可广泛应用于明渠水位流量在线自动监测、用水计量及农业用水精细化管理水量调度，实物图如图 6.16 所示。

6.5.2 产品结构

基于 NB - IoT 技术的一体化磁致伸缩浮子式水位计产品结构及浮球、锁紧环、法兰示意图如图 6.17、图 6.18、图 6.19、图 6.20 所示。

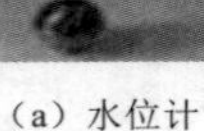

（a）水位计

（b）安装现场

图6.16　基于NB-IoT技术的一体化磁致伸缩浮子式水位计实物图

6.5.3　产品特点

先进独特的一体化硬件设计，其结构是将高精度零漂移水位传感器与数据处理单元集成化，结构简洁、密封性好、可靠性高，不易受到温度的变化或干扰的影响，产品特点如下。

（1）测量精度可达1mm，而且常年无飘移。

（2）采用低功耗的控制模块，待机电流小于0.01mA。

（3）具有GPRS/NB-IoT通信功能，支持与多中心进行数据通信。

（4）数据通信格式符合《水文监测数据通信规约》（SL 651—2014）、《水资源监测数据传输规约》（SZY 206—2016）等规约的要求。

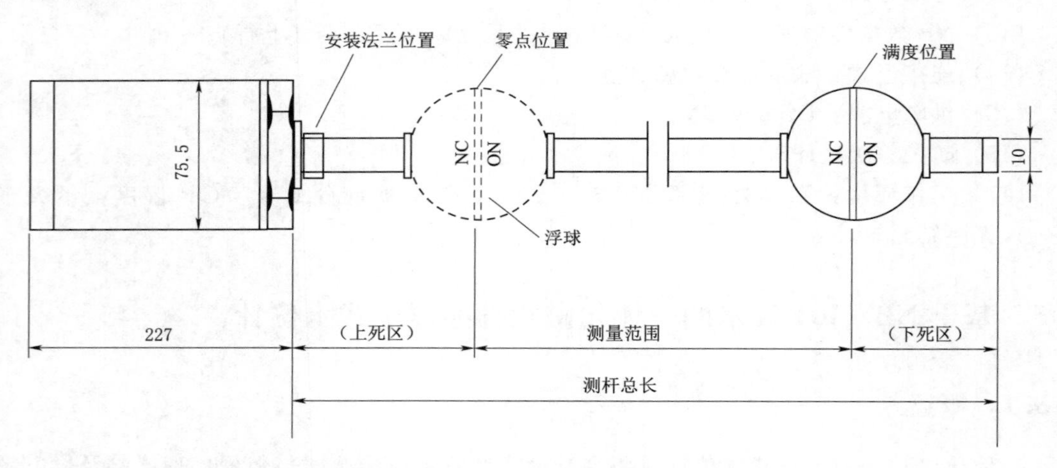

图6.17　一体化磁致伸缩浮子式水位计产品结构示意图（单位：mm）

（5）具有多种运行方式，以适应不同的需要，可运行自报式、自报＋确认、应答式、调试状态，可远程召测数据、支持中心站远程数据下载。

（6）超大数据存储，支持本地、远程下载历史数据。

6.5.4　主要技术指标

（1）水位量程：500～3000mm（刚性测杆）。

（2）非线性误差：±0.05％FS。

（3）重复性误差：优于0.002％FS。

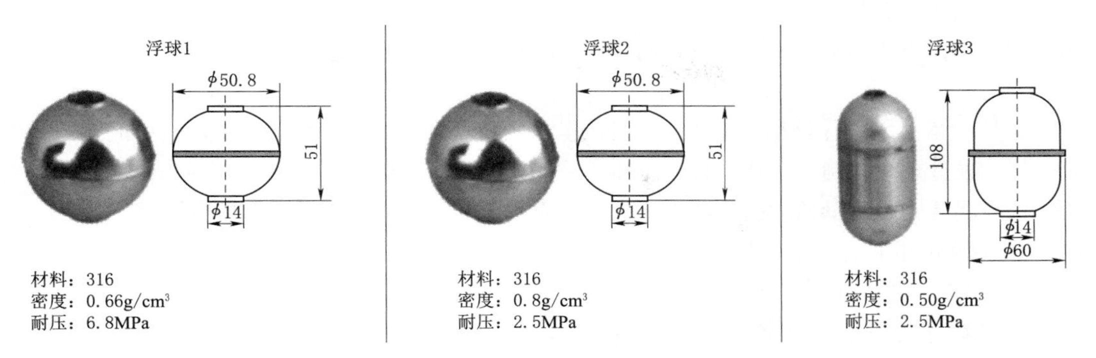

图 6.18　一体化磁致伸缩浮子式水位计浮球示意图（单位：mm）

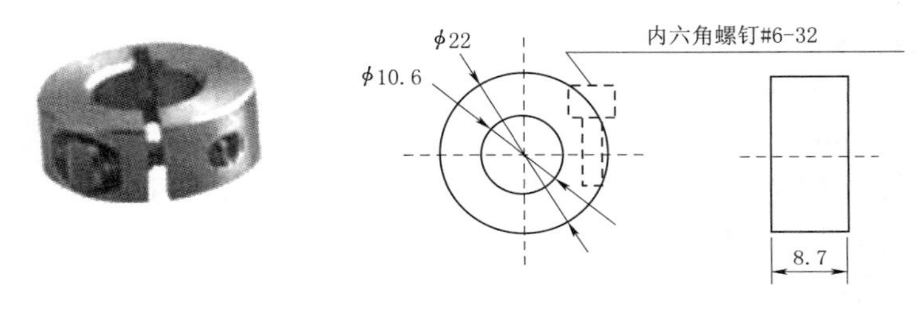

图 6.19　一体化磁致伸缩浮子式水位计锁系环示意图（单位：mm）

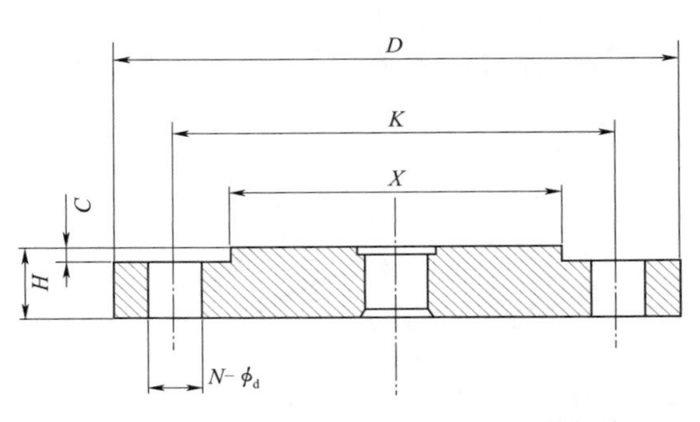

图 6.20　一体化磁致伸缩浮子式水位计法兰示意图

（4）分辨率：优于 0.002% FS。

（5）迟滞：优于 0.002% FS。

（6）温度影响：±0.007% FS/℃。

（7）零点及量程调整：100% FS 可调。

（8）测杆材料：0Cr18Ni9（304）316L 不锈钢（特殊定制）。

（9）连接形式：法兰连接 0Cr18Ni9Ti。

（10）电气接口：M12×1.0。

（11）防护等级：IP65。

（12）耐压：浮球 7MPa，测杆 35MPa。

（13）工作环境：数据处理部分−20～85℃，传感器部分 0～85℃；湿度不大于 95%（温度为 40℃时）。

（14）输入电源：锂电池，工作电压范围 5～12VDC。

（15）工作电流：待机电流小于 10μA（7.2VDC），工作平均电流小于 20mA（7.2VDC）。

（16）数据存储：32MB 专用数据存储器（可存 5 年数据）。

（17）NB 数据传输速率：最大 25.5kbps（下行）/16.7kbps（上行）。

（18）外观体积：75.5mm×227mm（直径×长度）（长度不含测杆）。

6.6　基于 NB - IoT 技术的一体化雷达水位计

一体化雷达水位计是基于 120GHz 调频连续波（FMCW）雷达测距技术，采用嵌入式系统和一体化设计理念研制的一款集数据感知、采集、处理、存储、传输和供电为一体的高精度雷达水位监测装置，测量精度高、功耗低、结构简单、安装简便。主要技术指标如下。

（1）水位量程：5m；适用于城市地下管网窨井内或灌区测桥下。

（2）雷达波束角：4°。

（3）雷达传感器工作频率：120～126G。

（4）雷达传感器扫频带宽：6G。

（5）雷达传感器调制周期：10ms。

（6）雷达传感器通用接口：RS485。

（7）水位测量精度：全量程±3mm。

（8）盲区：0.06m。

（9）工作温度：数据处理部分－25～60℃，传感器部分 0～60℃。

（10）功耗：值守电流不大于 20μA（7.2VDC）。

（11）通信方式：GPRS 和 NB - IoT。

（12）NB 数据传输速率：最大 25.5kbps（下行）/16.7kbps（上行）。

（13）平均无故障时间：*MTBF*≥25000h。

基于 NB - IoT 技术的一体化雷达水位计的产品结构和实物图如图 6.21 和图 6.22 所示。

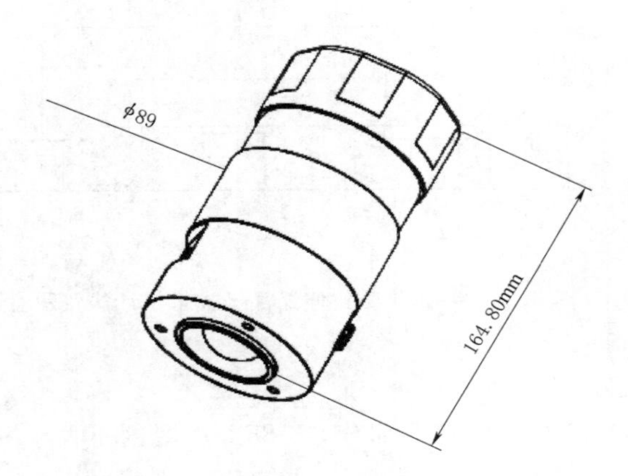

图 6.21　基于 NB - IoT 技术的一体化雷达水位计产品结构图

图 6.22　基于 NB - IoT 技术的一体化雷达水位计实物图

6.7　基于 NB - IoT 技术的一体化压力式水位计

一体化压力式水位计是由数据采集终端、GPRS/NB - IoT 通信模块、电池和压力式水位传感器组成的集数据感知、采集、处理、存储、传输和供电为一体的水位水温测量设

备。结构精简、密封性好，具有防潮、防腐、防锈的特点。可在高湿度环境下长期工作，同时监测水位、水温。具有自报式、召测式工作模式，支持中心站远程召测及本地、远程参数设置和数据下载并具有数据补发功能。主要技术指标如下。

(1) 水位计量程：0～10m、0～20m、0～30m 及以上。

(2) 水位计分辨：1cm。

(3) 水位测量误差：不大于 0.1% FS。

(4) 水温计分辨力：0.1℃。

(5) 水温测量误差：不高于 0.2℃。

(6) 工作电流：值守功耗不大于 20μA (7.2VDC)。

(7) 通信方式：GPRS 和 NB-IoT。

(8) 平均无故障时间：$MTBF \geqslant 30000$h。

(9) NB 数据传输速率：最大 25.5kbps (下行)/16.7kbps (上行)。

基于 NB-IoT 技术的一体化压力式水位计（主机）产品结构和实物图如图 6.23 和图 6.24 所示。

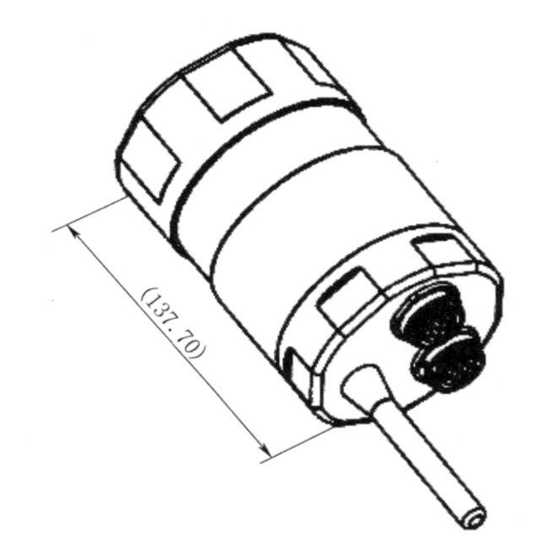

图 6.23　基于 NB-IoT 技术的一体化压力式水位计（主机）产品结构图

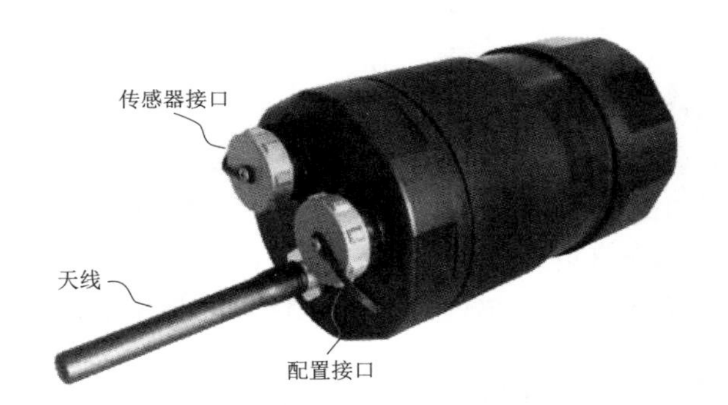

图 6.24　基于 NB-IoT 技术的一体化压力式水位计（主机）实物图

6.8　基于宽窄融合技术的地下管网流量监测业务应用

深圳市每年汛期受锋面雨、台风雨影响，暴雨频发，暴雨内涝严重威胁深圳的城市安全，由此所造成的巨大社会影响和经济损失，对深圳市的水务管理工作提出了严峻的挑战。在应对城市暴雨内涝时，暴露出对城市现状防洪排涝系统薄弱环节认识不清，部分流域统筹规划未充分衔接城市总体和其他专项规划，指挥部防汛应急分析决策手段不足，精细化程度不高，应急指挥能力、预报预警能力、社会动员能力有待进一步提高等一系列的问题。

经过对各流域重要性、危险性、治理程度、实施条件的分析，选取人口及经济高度密集、暴雨洪涝危险性较大、防洪排涝工程体系建设基本完成、基础数据条件较好、水文资料较完备的深圳河湾流域作为试点片区开展地下排水管网及地下空间监测建设工作。

6.8.1　主要设备简介

6.8.1.1　雷达流量计（图 6.24）

雷达流量计由雷达流速仪和雷达水位计组成。雷达流速仪采用多普勒效应原理测量流体的表面流速，雷达水位计采集水位，再根据断面信息通过流速面积法计算出流量。项目采用上海航征 HZ - SVR - 24QP 雷达流量计，如图 6.25 所示。其主要技术指标：

图 6.25　上海航征 HZ - SVR - 24QP 雷达流量计

（1）测速频率：24GHz。

（2）测速范围：0.1～20m/s，与流态有关。

（3）测速精度：±0.01m/s，±1%FS。

（4）雷达流速仪波速角：12°。

（5）垂直角度：30°～70°。

（6）自动垂直补偿：精度±1°，分辨率 0.1°。

（7）测距范围：1m/2m/4m 可选。

（8）测距精度：±1% FS。

（9）测距分辨率：1mm。

（10）超声波水位计波速角：10°/15°/25°。

（11）工作电压：DC6～30V。

（12）功耗：12V 电压时，工作电流不大于 80mA，待机电流不大于 55mA（12V 电压时）。

（13）通信协议：RS485，ModBus 协议。

（14）波特率：9600～115200。

（15）工作温度：－20～60℃。

（16）防护等级：IP68。

6.8.1.2　遥测终端机

项目选用江苏南水科技 YDH - 1S 型遥测终端机（RTU），见图 6.26。该遥测终端单元具备可同时向两个以上中心发送数据的能力，也可接受中心管理，且可与中心实现双向通信，并具有以下主要功能。

图 6.26 江苏南水科技 YDH - 1S 型 RTU

（1）具有三防工艺的独立封装结构，内嵌 CPU 不小于 16 位。

（2）显示屏除具有数据显示、参数设置等功能外，还具备遥测站电池电压等工况信息显示功能。

（3）具有存储采集数据的能力，存储数据可以在测站用计算机或更简便的方法（如U盘等）读取，也可以通过GPRS信道从中心站实现远程下载读取。

（4）具有休眠和事件（现场或远程）唤醒的电源管理技术，静态工作电流不大于1mA。

（5）可远程召测实时采集数据以及遥测站工况信息等，并能通过远程唤醒GPRS在线，实现远程数据查询、下载以及参数设置。

（6）支持远程修改基本参数、传感器参数、通信参数（含GPRS/GSM通信域名和IP地址以及中心站短信号码）和数据采集、发送频次等主要参数。

（7）信息传输支持一站四发，具有主备信道自动切换功能，并按设定时段进行自动传输。

（8）具备实时时钟，并可通过GPRS信道实现自动校时，校时时刻应能设置与控制。

（9）具有软、硬件“看门狗”和高容错能力，能在运行异常情况下自动恢复。

（10）可通过GPRS信道进行远程程序升级。

（11）可通过现地或中心站远程指令，实现实时数据和历史数据（蓄电池电压、自报包计数、水位、流量、累计流量、水质要素等）的查询。

（12）具有流量换算功能及流量累积功能。

6.8.1.3 超声波流速传感器（图6.26）

采用最新的IDSR（Intelligent Doppler Signal Recognition智能多普勒信号特征识别）技术和创新的工程设计，使其更好地满足工业和市政多种介质流量的测量。DV7超声波传感器的发射端、接收端、信号处理单元及通信单元均集成在一起封装，其测量、分析、校准数据等均存储于传感器内，并通过RS485标准Modbus RTU协议传输至数传终端。德非电气DV7超声波流速传感器如图6.27所示。

DV7流速传感器可与各类液位传感器匹配组成截面积/流速流量计，可用于测量非标明渠及非满管管道流量。超声波流速传感器主要用于断面平均流速和水深（外接水位计）测量、同时具备水温测量功能，并可显示断面流量。

图6.27 德非电气DV7超声波流速传感器

其功能特点：①具有完全整体的封装，防护等级IP68，可浸没式安装；②先进的1MHz多普勒流速传感器即使在低流速和非洁净的水中也可以准确测出平均流速；③具有自相关检波信号处理技术可降低噪声带来的干扰，仪表的抗干扰能力强；④RS485接口，标准Modbus RTU协议等。

6.8.1.4 多普勒超声波明渠流量计

采用多普勒超声波明渠流量计可以测得明渠或河流的平均流速、水深和水温等参数，并由此获得此渠道或河流的流量，应用中采用北京金水中科HOH－L－01型多普勒超声波明渠流量计，如图6.28所示。

该产品具有以下功能特点：

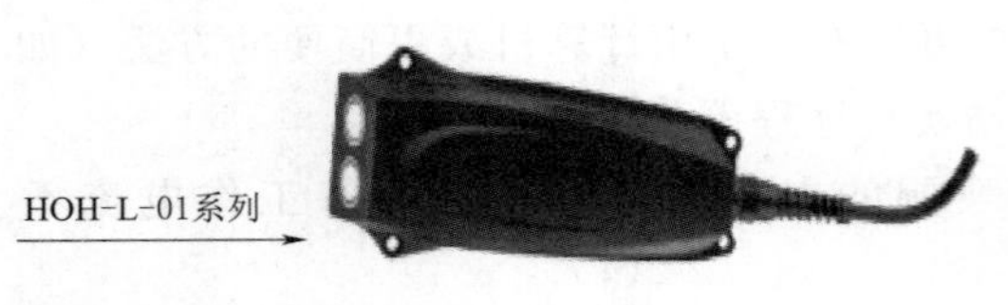

图 6.28 北京金水中科 HOH－L－01 型多普勒超声波明渠流量计

(1) 渠道或河流的流量计量。

(2) 无水头损失、不需建设槽或堰。

(3) 安装简单、不需水位井等辅助工程设施。

(4) 功耗低、无须外接电源可连续野外工作。

(5) 现地显示、存储，存储容量可达半年。

(6) 同时测量流量、水位、流速、水温。

(7) 标准输出接口、可直接使用 GPRS、GSM 通信模块进行数据远程传输。

6.8.1.5 一体化压力水位计

WDY－1S 型一体化遥测压力水位计主要是由数据采集终端、GPRS/GSM 通信装置、电池和压力式水位传感器组成，集数据感知、采集、处理、存储、传输和供电为一体的水位水温测量设备。其具有防潮、防腐、防锈的特点，可在高湿度环境下长期工作，同时监测水位、水温。具有自报式、召测式工作模式，支持中心站远程召测及本地、远程参数设置和数据下载并具有数据补发功能。WDY－1S 型一体化遥测压力水位计如图 6.29 所示。

6.8.1.6 一体化磁致伸缩浮子式水位计

明渠水位计选用江苏南水公司 WCY－1S 型一体化磁致伸缩浮子式水位计，见图 6.30。一体化明渠磁致伸缩浮子式水位计由数据采集终端、GPRS/NB－IoT 通信装置、锂电池和磁致伸缩浮子式水位计组成。装备结构精简、密封性能好、可靠性高；水位测量方式为接触式测量，测量精度高，抗温度变化及干扰影响小，功耗低，安装调试简便，内置电池可保证连续工作一年以上。

图 6.29 WDY－1S 型一体化遥测压力水位计

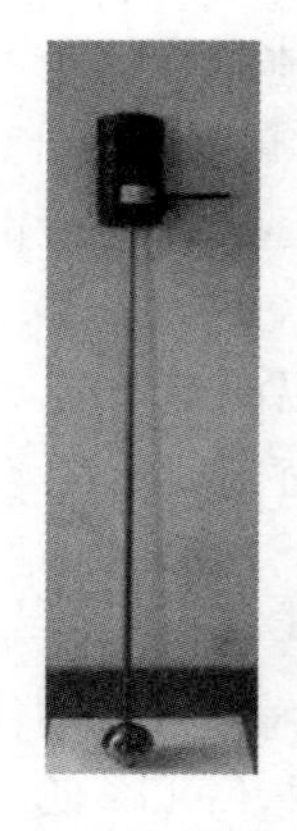

图 6.30 WCY－1S 型一体化磁致伸缩浮子式水位计

6.8.2 安装位置

6.8.2.1 站点分布

深圳排水管网项目建设分二期共 34 处站点，其中布吉河左岸、沙湾河截排箱涵出口、

长岭沟是采用 NB 传输设备，站点位置分布如图 6.31 所示。

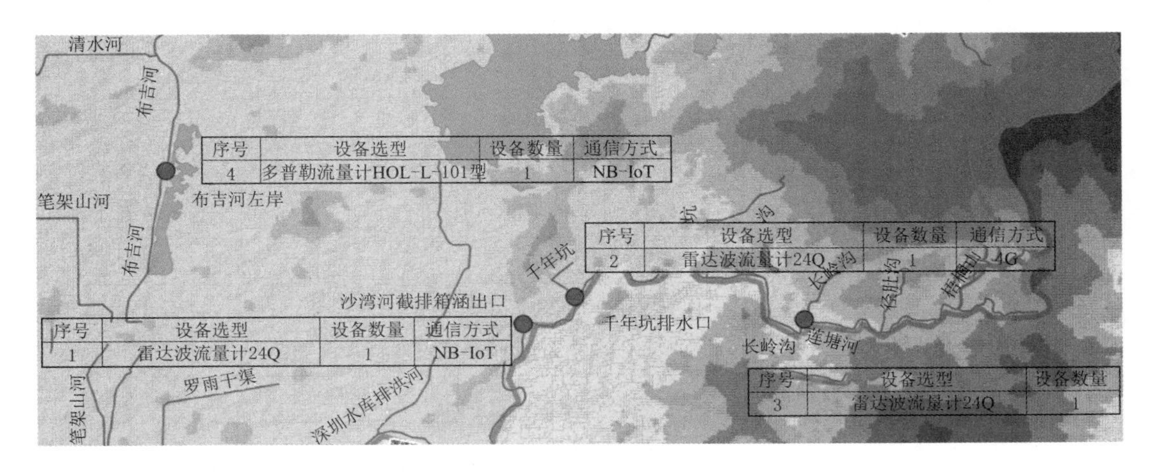

图 6.31　深圳排水管网监测重要站点分布图

6.8.2.2　一期已建工程站点

一期工程已建站点情况信息汇总表见表 6.1。

表 6.1　　一期工程已建站点信息汇总表

序号	站点名称	设备选型	设备数量	通信方式	监测要素
大沙河流域					
1	留仙桥南侧 30m（西）	雷达波流量计 24QP	2	4G	水位流量
2	留仙桥南侧 200m（东）	雷达波流量计 24QP	3	4G	水位流量
福田河流域					
3	福田河上河暗渠出口	雷达波流量计 24QP	2	4G	水位流量
布吉河流域					
4	三联村方涵出口	雷达波流量计 24QP	1	4G	水位流量
5	龙岗大道立交桥旁方涵汇入大芬水入口	雷达波流量计 24Q	1	4G	水位流量
6	布吉河左岸	多普勒流量 HOH－L－01 型	1	NB－IoT	水位流量
深圳河流域					
7	红岭南放口	雷达波流量计 24Q	3	4G	水位流量
8	沙湾截排箱涵出口	雷达波流量计 24Q	1	NB－IoT	水位流量
9	长岭沟	雷达波流量计 24Q	1	NB－IoT	水位流量
10	千年坑排水口	雷达波流量计 24Q	1	4G	水位流量

6.8.2.3　二期工程已建站点

二期工程已建站点信息汇总见表 6.2。

表 6.2　　二期工程已建站点信息汇总表

序号	站点名称	设备选型	设备数量	通信方式	监测要素
大沙河流域					
1	寄山沟汇入大沙河排放口	雷达波流量计 24QP	4	4G	水位流量
2	老虎岩河汇入大沙河排放口	雷达波流量计 24QP	2	4G	水位流量
3	田寮仔一河排放口	雷达波流量计 24QP	1	4G	水位流量
4	南科大前排放口	雷达波流量计 24QP	1	4G	水位流量
5	南科一路旁排水口	多普勒流量计	1	4G	水位流量
6	新围村排洪渠	雷达波流量计 24QP	4	4G	水位流量
7	白石洲暗涵出口	雷达波流量计 24QP	1	4G	水位流量
沙湾河流域					
8	李朗河暗涵出口	雷达波流量计 24QP	1	4G	水位流量
9	东深供水渠三孔暗涵出口	雷达波流量计 24QP	3	4G	水位流量
布吉河流域					
10	布李路	雷达波流量计 24QP	1	4G	水位流量
11	布吉一村 4 号岗	雷达波流量计 24Q	1	4G	水位流量
新洲河流域					
12	莲花路暗涵通向新洲河	雷达波流量计 24Q	1	4G	水位流量

6.8.2.4 新建站点现场典型安装信息

新建站点典型安装信息汇总表见表 6.3。

表 6.3　　新建站点典型安装信息汇总表

站点名称	设备的选型	设备数量	传输方式
大沙河流域			
留仙桥南侧 200m（东）	雷达波流量计 24QP	3	4G

站点安装图：

续表

福田河流域			
站点名称	设备的选型	设备数量	传输方式
福田河上游暗渠出口	雷达波流量计 24QP	2	4G

站点安装图：

布吉河流域			
站点名称	设备的选型	设备数量	传输方式
三联村方函出口	雷达波流量计 24QP	1	4G

站点安装图：

续表

布 吉 河 流 域			
站点名称	设备的选型	设备数量	传输方式
龙岗大道立交桥旁方涵汇入大芬水入口	雷达波流量计 24QP	1	4G

站点安装图：

布 吉 河 流 域			
站点名称	设备的选型	设备数量	传输方式
布吉河左岸	多普勒流量计 HOH－L－01 型	1	NB－IoT

站点安装图：

续表

深 圳 河 流 域			
站点名称	设备的选型	设备数量	传输方式
红岭南放水口	雷达波流量计 24QP	3	4G

站点安装图：

深 圳 河 流 域			
站点名称	设备的选型	设备数量	传输方式
沙湾截排箱涵出口	雷达波流量计 24QP	1	NB - IoT

站点安装图：

深 圳 河 流 域			
站点名称	设备的选型	设备数量	传输方式
长岭沟排水口	雷达波流量计 24QP	1	NB - IoT

站点安装图：

续表

深圳河流域			
站点名称	设备的选型	设备数量	传输方式
千年坑排水口	雷达波流量计 24QP	1	4G

站点安装图：

6.8.3　系统组成

6.8.3.1　系统总体架构及功能

系统总体架构主要由监测站和监控中心组成。监测站是利用传感器技术、信号传输技术以及网络技术和软件技术，对监测点的积水深度、排洪流量、实时视频进行监测并上传至监控中心。监控中心通过相应的数据接收处理软件，接收并处理由遥测站发来的数据，根据需要进行相应的分析，同时系统可通过开放平台将数据信息分发至 WEB 网站、手机 App、微信公众账号等，方便相关监测数据查询。

1. 监测站

监测站主要采集各个监测节点数据，并通过 GPRS 和 NB－IoT 无线传输方式上传至监控中心；监控中心服务器主要通过无线网络和光纤接收、处理和存储原始数据，自动定时或随机召测系统中需查询的测站信息，并对所接收的数据进行检测、纠错和合理性判断，并对原始数据进行处理和入库。

2. 监控中心

系统监控中心由在线监测、数据分析、预警发布、系统管理四大模块组成。

（1）在线监测。以 GIS 地理信息系统、模拟数据图在线视频等多种方式，全方位体现系统实际运行参数情况，保证监测信息全面、及时、准确。

（2）数据分析。针对系统运行中的各项指标集中分析，提供历史数据查询及多个安全指标数据对比的功能。

（3）预警发布。实时分析和解读各监测数据，做出单项或多项对比报警功能，对出现的预报预警情况进行发布。

（4）系统管理。为信息发布平台提供了良好管理支持，使信息发布平台更加灵活、更易扩展。

6.8.3.2 信息流程

系统的水位、流量信息传输流程采用自下而上的原则，即是按照遥测站至监控中心站这个流程来进行，然后中心站通过网页查询浏览各自相关信息；视频系统则通过光纤传送到中心站，中心站可通过外网进行浏览及实时查询。

6.8.3.3 系统组网方式

结合目前通信传输技术的发展现状，系统数据传输通信方式主要采用 3G/4G 和 NB-IoT。对因受城市建筑物的阻挡和干扰及地下空间和排水管网检修井内 3G/4G 信号覆盖存在困难的排水监测点采用 NB-IoT 进行数据传输，视频传输则在充分利用已有光纤线路的基础上适当增加线路，实现视频图像、水位、流量关键信息的实时监测。考虑到设备现场工作环境和系统运行的安全和稳定可靠，设备供电系统主要采用太阳能浮充蓄电池供电，对地下空间监测则采用更换电池方式，设备采用低功耗设计以减少更换电池的频次。

6.8.3.4 一体化非接触表面雷达波测流系统

一体化非接触表面雷达波测流系统主要由非接触式流量测量设备、遥测终端机（RTU）、太阳能电池板、充电控制器、蓄电池等组成，见图 6.32。

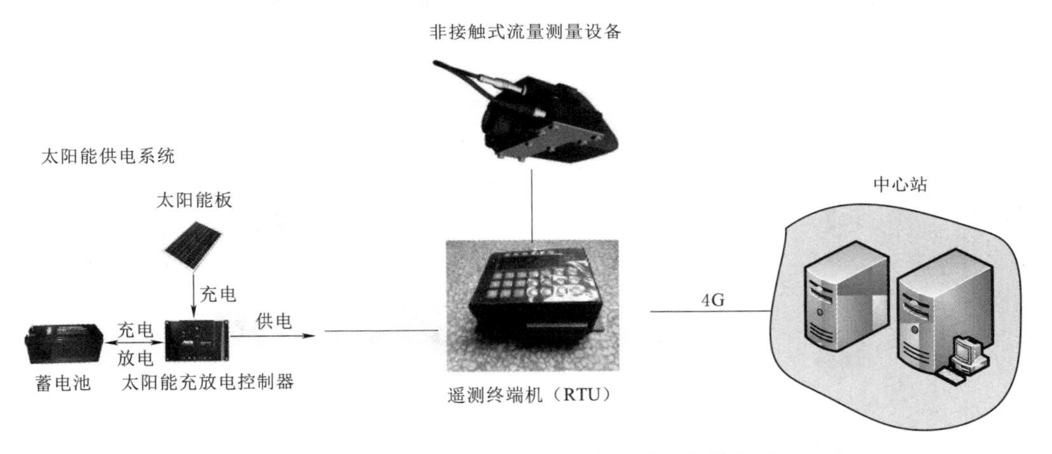

图 6.32 一体化非接触表面雷达波测流系统结构图

6.8.3.5 一体化多普勒流量计测流系统

一体化多普勒流量计测流系统主要由多普勒超声波明渠流量计（或超声波流速传感器、压力水位计）、遥测终端机（RTU）、太阳能电池板、充电控制器，蓄电池等组成，见图 6.33。

6.8.3.6 一体化磁致伸缩浮子式水位计测流系统

一体化磁致伸缩浮子式水位计测流系统主要由磁致伸缩浮子式水位计、内置 RTU、内置通信模块、可充式锂电池等组成。该设备内置水位-流量关系曲线和多种堰槽流量计算算法，一台设备即组成一套测流系统，无须其他辅助设备。

6.8.3.7 视频监控系统

视频监控系统按全数字式进行配置。由前端设备、传输设备、视频主机和显示设备四

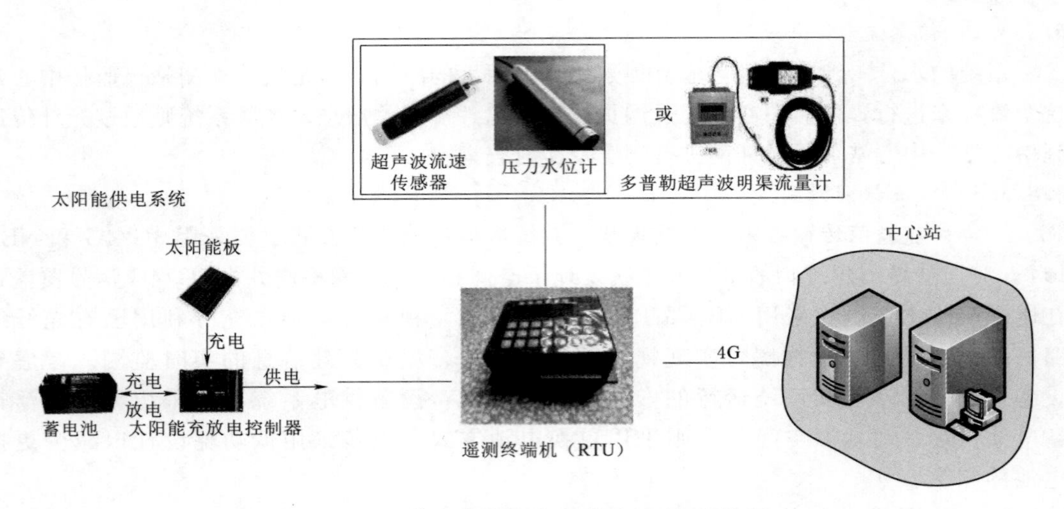

图 6.33　一体化多普勒流量计测流系统结构图

部分组成。设备主要包括硬盘录像机（含监视器）、一体化网络球机、枪机、交换机（与闸控子系统合用）及防雷器、各类电缆、光缆等。视频监控系统结构组成框图如图 6.34 所示。

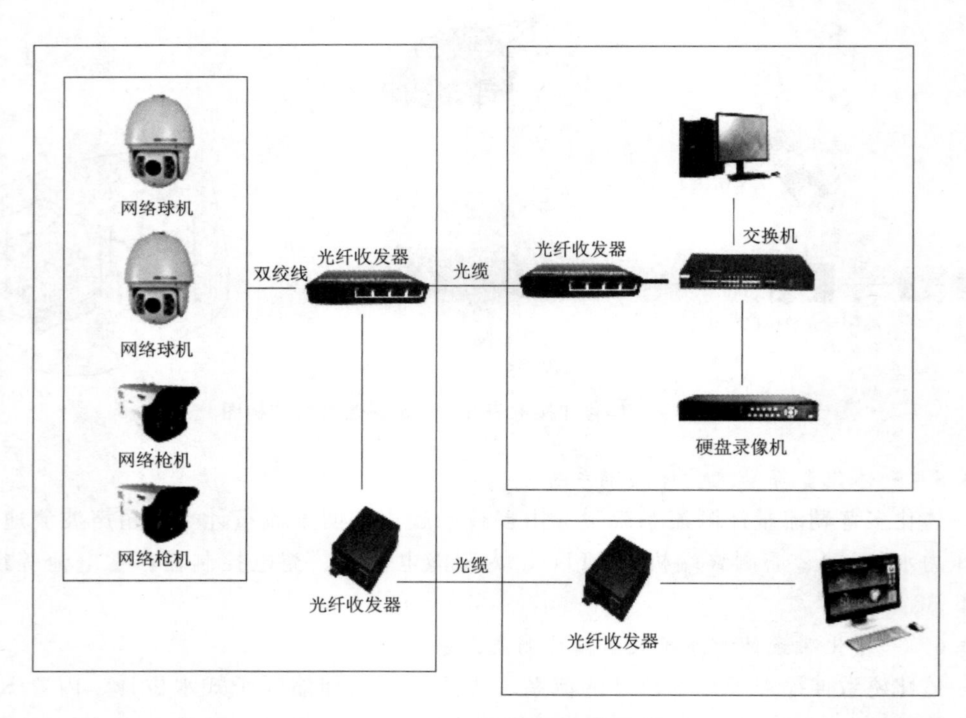

图 6.34　视频监控系统结构组成框图

视频监控的前端设备由安装在各排水口水位、流量监测站的网络摄像机组成，负责采集现场的图像，并将其转换成电信号。

6.8.4 观测结果

基于 NB－IoT 技术的南水综合业务数据平台已开发完成，能正常接收、解析各监测站点设备报送的监测信息，基于窄带传输技术的洪涝监测信息平台界面见图 6.35。

图 6.35　基于窄带传输技术的洪涝监测信息平台

安装的所有监测站点通过半年的试运行考核，均运行正常，监测要素主要为水位、流速、累计流量、瞬时流量，各要素每 15min 采集一次，表 6.4、表 6.5、表 6.6 选取了部分站点日累计流量数据进行展示，考虑到站点数据量太大，这里给出了 7 月每天 8：00 的瞬时流量数据。图 6.36、图 6.37、图 6.38 和图 6.39 给出了当月深圳市特征监测站累计流量值曲线图、千年坑排水口 7 月瞬时流量值不为空曲线图、长岭沟 7 月瞬时流量值不为空曲线图和沙河湾吉布河左岸 7 月水位过程线。

表 6.4　　　　**监测点日累计流量表**

时间/(年－月－日)	长岭沟日累计流量/(m^3/h)	千年坑排水口日累计流量/(m^3/h)
2019－7－1	0	454
2019－7－2	0	570
2019－7－3	1005	264
2019－7－4	1144	192
2019－7－5	0	2
2019－7－6	0	0
2019－7－7	11	57
2019－7－8	0	2

续表

时间/(年-月-日)	长岭沟日累计流量/(m^3/h)	千年坑排水口日累计流量/(m^3/h)
2019-7-9	0	3
2019-7-10	0	2
2019-7-11	30	86
2019-7-12	0	65
2019-7-13	0	10
2019-7-14	0	1
2019-7-15	9	100
2019-7-16	0	2
2019-7-17	0	4
2019-7-18	0	13
2019-7-19	0	8
2019-7-20	663	16
2019-7-21	5322	389
2019-7-22	4570	350
2019-7-23	3054	403
2019-7-24	0	1
2019-7-25	412	6
2019-7-26	0	120
2019-7-27	31	104
2019-7-28	0	6
2019-7-29	2191	29
2019-7-30	0	48
2019-7-31	2314	353
合　计	20756	3660

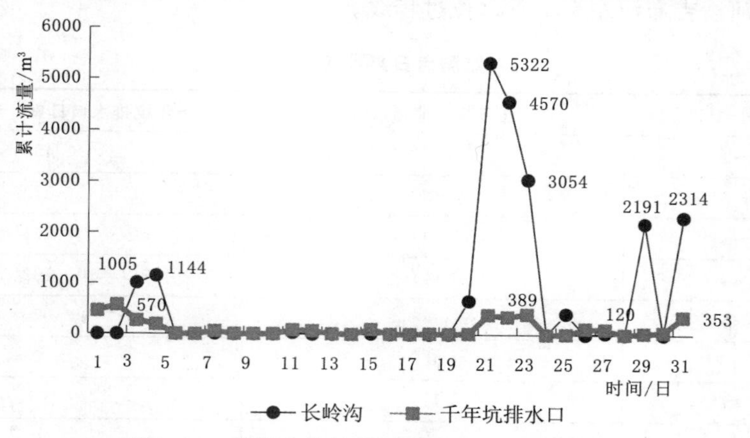

图6.36　深圳市特征监测站累计流量值曲线图

表 6.5　　**千年坑排水口 7 月瞬时流量值**

时间/(年-月-日)	千年坑排水口 7 月瞬时流量值/(m^3/h)	时间/(年-月-日)	千年坑排水口 7 月瞬时流量值/(m^3/h)
2019-7-31	0.27	2019-7-19	0.07
2019-7-31	0.08	2019-7-16	0.09
2019-7-30	0.07	2019-7-15	0.16
2019-7-30	0.09	2019-7-11	0.10
2019-7-26	0.12	2019-7-10	0.12
2019-7-26	0.10	2019-7-7	0.12
2019-7-22	0.16	2019-7-4	0.12
2019-7-22	0.21	2019-7-4	0.17
2019-7-21	0.14	2019-7-3	0.25
2019-7-21	0.13	2019-7-3	0.08
2019-7-21	0.14	2019-7-2	0.18
2019-7-20	0.14	2019-7-2	0.16
2019-7-20	0.09	2019-7-2	0.19

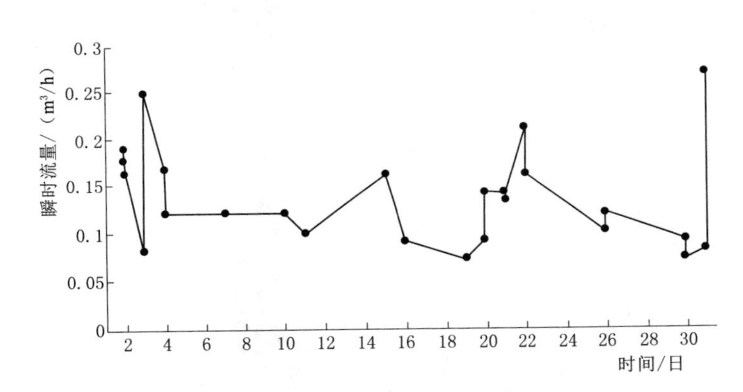

图 6.37　千年坑排水口 7 月瞬时流量值不为空曲线图

表 6.6　　**长岭沟 7 月瞬时流量值**

时间/(年-月-日)	长岭沟 7 月瞬时流量值/(m^3/h)	时间/(年-月-日)	长岭沟 7 月瞬时流量值/(m^3/h)
2019-7-31	1.75	2019-7-21	1.27
2019-7-28	1.29	2019-7-20	0.81
2019-7-28	0.81	2019-7-20	1.54
2019-7-24	0.78	2019-7-20	2.51
2019-7-22	1.49	2019-7-20	1.55
2019-7-22	2.17	2019-7-19	0.97
2019-7-21	1.41	2019-7-4	1.526
2019-7-21	2.26	2019-7-3	1.196

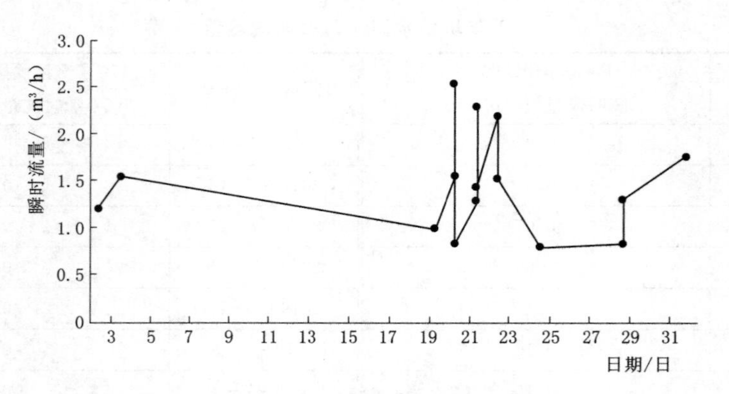

图 6.38　长岭沟 7 月瞬时流量值不为空曲线图

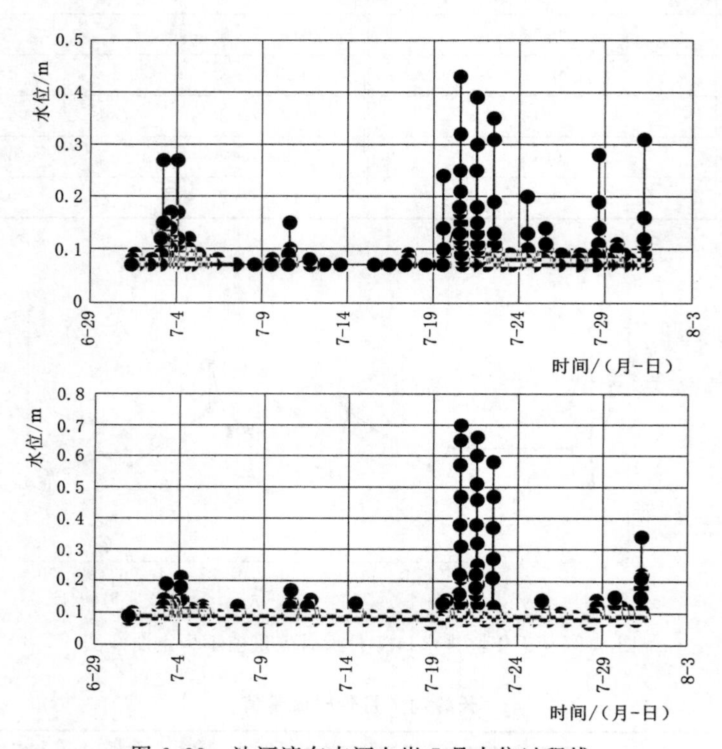

图 6.39　沙河湾布吉河左岸 7 月水位过程线

深圳监测站点因各自安装位置的不同，每天的瞬时流量和累计流量变化各不相同，但在暴雨日期，相对其他日期，流量值变化趋势还是一致的。

参考文献

[1] UNITED NATIONS. Department of Economic and Social Affairs, Population Division. World Population Prospects: The 2010 Revision. New York, USA, 2010.

[2] MDA R, REGINSTER I, ARAUJO M B, et al. A coherent set of future land use change scenarios for Europe [J]. Agriculture Ecosystems & Environment, 2006, 114 (1): 57-68.

[3] 方创琳，王德利. 中国城市化发展质量的综合测速与提升路径 [J]. 地理研究，2011，30 (11)：1931-1945.

[4] 国家机械工业局. 雨量计技术条件：JB/T 9458—1999 [S]. 北京：中国机械工业出版社，1999.

[5] 国家机械工业局. 虹吸式雨量计 技术条件：JB/T 9457—1999 [S]. 北京：中国机械工业出版社，1999.

[6] 舒大兴，王志毅. JSP-1型虹吸校正翻斗雨量计研制与特点 [J]. 水文，2009，29 (6)：73-75.

[7] 齐天松，杨立夫. 增大适应雨强范围的新型翻斗式雨量计设计 [J]. 人民黄河，2016，38 (7)：14-16，20.

[8] 周冬生，杨汉塘，宗军，等. 一种小感量大量程翻斗式雨量传感器. 中国专利：CN207541289U [P]. 2018-06-26.

[9] 卢广建，赵国强，范保松. 超声波雨量计 [J]. 气象水文海洋仪器，2004 (Z1)：30-31.

[10] 舒大兴. 一种翻斗触发超声波雨量计. 中国专利：CN104237976A [P]. 2014-12-24.

[11] 朱亚晨. 基于STM32的超声雨量计研制 [D]. 南京：南京信息工程大学，2016.

[12] 吴卫平，李思强. 雨量计的水量检测装置及超声波雨量计. 中国专利：CN206804892U [P]. 2017-12-26.

[13] 高太长，刘西川，刘磊，等. 基于光学方法测量降水的关键技术研究 [A]//经济发展方式转变与自主创新——第十二届中国科学技术协会年会（第二卷）[C]. 中国科学技术协会学会，福建省人民政府，2010：68-73.

[14] 高强，武清涛，谢磊，等. 一种激光式雨量计. 中国专利：CN206311782U [P]. 2017-07-07.

[15] 蔡彦，李应绪，单长吉，等. 称重式光学雨量计的设计 [J]. 物理通报，2017 (6)：77-79.

[16] 蔡彦，单嵛琼，李孝攀，等. 翻斗式光学雨量计的设计 [J]. 佳木斯大学学报（自然科学版），2017，35 (2)：283-284.

[17] 闻涛，毕丽佳，何新，等. 光学雨量传感器. 中国专利：CN207081841U [P]. 2018-03-09.

[18] 漆随平，王东明，孙佳，等. 一种基于压力敏感元件的降雨传感器 [J]. 传感技术学报，2012，25 (6)：761-765.

[19] 牛永红，卢会国，蒋娟萍. 称重式雨量计几种不同滤波方法的效果对比分析 [J]. 气象水文海洋仪器，2013，30 (4)：21-26.

[20] GALATI G. 100 years of Radar [M]. Switzerland: Springer International Publishing, 2016. 99-108.

[21] DISS S, TESTUD J, LAVABRE J, et al. Ability of a dual polarized X-band radar to estimate rainfall [J]. Advances in Water Resources, 2009, 32 (7): 975-985.

[22] BRINGI V N, KEENAN T D, CHANDRASEKAR V. Correcting c-band radar reflectivity and differential reflectivity data for rain attenuation: A self-consistent method with constraints [J]. IEEE Transactions on Geoscience of Remote Sensing, 2001, 39 (9): 1906-1915.

[23] SYMTH T J, ILLINGWORTH A J. 1998. Correction for attenuation of radar reflectivity using polarization data [J]. Quarterly Journal of the Royal Meteorological Society, 124: 2393 - 2415.

[24] ZHANG G, VIVEKANANDAN J, BRANDES E. Sampling effects on radar measurements and rain rate estimation [C]. Geoscience and Remote Sensing Symposium, 2001. IGARSS'01. IEEE 2001 International. IEEE 2001.

[25] 李国平，黄丁发，郭洁，等. 地基 GPS 气象学 [M/OL]. [2021 - 01 - 18]. https://book.douban.com/subject/5380983/.

[26] KIDD C, LEVIZZANI V. Status of satellite precipitation retrievals. Hydrology and Earth System Sciences. 2011, 15, 1109 - 16.

[27] ZULKAFLI Z, BUYTAERT W, ONOF C, et al. A Comparative Performance Analysis of TRMM 3B42 (TMPA) Versions 6 and 7 for Hydrological Applications over Andean - Amazon River Basins. J. Hydrometeorol. 2014, 15: 581 - 92.

[28] 孙云华. 典型卫星影像数据反演降水产品精度分析与融合改进研究 [D]. 北京：中国矿业大学，2017.

[29] KHAN S I, HONG Y, WANG J, et al. Satellite remote sensing and hydrologic modeling for flood inundation mapping in lake victoria basin: Implications for hydrologic prediction in Ungauged Basins [J]. IEEE Transactions on Geoscience and Remote Sensing, 2011, 49 (1): 85 - 95.

[30] CASSE C, GOSSET M, PEUGEOT C, et al. Potential of satellite rainfall products to predict Niger River flood events in Niamey [J]. Atmospheric Research, 2015, 163: 162 - 176.

[31] WANG J, HONG Y, LI L, et al. The coupled routing and excess storage (CREST) distributed hydrological model [J]. Hydrological Sciences Journal, 2011, 56 (1): 84 - 98.

[32] MENG J, LI L, HAO Z, et al. Suitability of TRMM satellite rainfall in driving a distributed hydrological model in the source region of Yellow River [J]. Journal of Hydrology, 2014, 509: 320 - 332.

[33] ZHAO H, YANG S, WANG Z, et al. Evaluating the suitability of TRMM satellite rainfall data for hydrological simulation using a distributed hydrological model in the Weihe River catchment in China [J]. Journal of Geographical Sciences, 2015, 25 (2): 177 - 195.

[34] XUE X, HONG Y, LIMAYE A S, et al. Statistical and hydrological evaluation of TRMM - based Multi - satellite Precipitation Analysis over the Wangchu Basin of Bhutan: Are the latest satellite precipitation products 3B42V7 ready for use in ungauged basins? [J]. Journal of Hydrology, 2013, 499: 91 - 99.

[35] NIJSSEN B. Effect of precipitation sampling error on simulated hydrological fluxes and states: Anticipating the Global Precipitation Measurement satellites [J]. Journal of Geophysical Research, 2004, 109 (D2).

[36] HONG Y, GOCHIS D, CHENG J, et al. Evaluation of PERSIANN - CCS Rainfall Measurement Using the NAME Event Rain Gauge Network [J]. Journal of Hydrometeorology, 2007, 8 (3): 469 - 482.

[37] 唐国强，万玮，曾子悦，等. 全球降水测量（GPM）计划及其最新进展综述 [J]. 遥感技术与应用，2015. 607 - 15.

[38] 盛裴轩，毛节泰，李建国，等. 大气物理学 [M]. 北京：北京大学出版社，2003.

[39] HELD I M, SODEN B J. Water Vapor Feedback and Global Warming [J]. Annual Review of Energy and the Environment, 2000, 25 (1): 441 - 475.

[40] SOLOMON S, ROSENLOF K H, PORTMANN R W, et al. Contributions of Stratospheric Water Vapor to Decadal Changes in the Rate of Global Warming [J]. Science, 2010, 327 (5970): 1219 - 1223.

[41] TRENBERTH K E, DAI A. Effects of Mount Pinatubo Volcanic Eruption on the Hydrological Cycle as an Analog of Geoengineering: PINATUBO AND THE HYDROLOGICAL CYCLE [J/OL]. Geophysical Research Letters, 2007, 34 (15) [2021-01-17]. http://doi. wiley. com/10.1029/2007GL030524. DOI: 10/ch55j5.

[42] SUPARTA W, ADNAN J, ALI M A M. Monitoring of GPS Precipitable Water Vapor During the Severe Flood in Kelantan [J]. American Journal of Applied Sciences, 2012, 9 (6): 825-831.

[43] MAIDMEN D R. 水文学手册 [M]. 张建云，译. 北京：科学出版社，2002.

[44] ASSMANN R. The German Aerological Expedition for the Exploration of the Upper Air in Tropical East Africa, July to December 1908 [J]. Quarterly Journal of the Royal Meteorological Society, 1909, 35 (149): 51-54.

[45] 尹羿晖. 基于湖南 CORS 观测数据反演水汽时空分布研究 [D]. 湘潭：湘潭大学，2020.

[46] 张洛恺. 地基 GNSS 反演大气水汽含量方法研究 [D]. 郑州：解放军信息工程大学，2014.

[47] 李万彪，刘盈辉，朱元竞，等. GMS-5 红外资料反演大气可降水量 [J]. 北京大学学报（自然科学版），1998 (5): 3-5.

[48] 潘永地，姚益平. 地面雨量计结合卫星水汽通道资料估算面降水量 [J]. 气象，2004 (9): 28-30.

[49] 朱元竞，李万彪，陈勇. GMS-5 估计可降水量的研究 [J]. 应用气象学报，1998 (1): 3-5.

[50] 李国平，黄丁发，郭洁，等. 地基 GPS 气象学 [M/OL]. [2021-01-18]. https://book. douban. com/subject/5380983/.

[51] 王炳忠，刘庚山. 我国大陆大气水汽含量的计算 [J]. 地理学报，1993 (3): 244-253.

[52] 孟昊霆. 地基 GNSS 反演大气可降水量与无气象参数对流层延迟改正模型研究 [D]. 徐州：中国矿业大学，2020.

[53] 丁金才. GPS 气象学及其应用 [M/OL]. [2020-12-31]. https://book. douban. com/subject/4177420/.

[54] 刘立龙，黎峻宇，黄良珂，等. 地基 GNSS 反演大气水汽的理论与方法 [M]. 北京：测绘出版社，2018.

[55] ASKNE J, NORDIUS H. Estimation of Tropospheric Delay for Microwaves from Surface Weather Data [J]. Radio Science, 1987, 22 (3): 379-386.

[56] BEVIS M, BUSINGER S, HERRING T A, et al. GPS Meteorology: Remote Sensing of Atmospheric Water Vapor Using the Global Positioning System [J]. Journal of Geophysical Research: Atmospheres, 1992, 97 (D14): 15787-15801.

[57] ROCKEN C, WARE R, HOVE T V, et al. Sensing Atmospheric Water Vapor with the Global Positioning System [J]. Geophysical Research Letters, 1993, 20 (23): 2631-2634.

[58] DUAN J, BEVIS M, FANG P, et al. GPS Meteorology: Direct Estimation of the Absolute Value of Precipitable Water [J]. Journal of Applied Meteorology, 1996, 35 (6): 830-838.

[59] WOLFE D E, GUTMAN S I. Developing an Operational, Surface-Based, GPS, Water Vapor Observing System for NOAA: Network Design and Results [J]. Journal of Atmospheric and Oceanic Technology, 2000, 17 (4): 426-440.

[60] SHOJI Y, NAKAMURA H, IWABUCHI T, et al. Tsukuba GPS Dense Net Campaign Observation: Improvement in GPS Analysis of Slant Path Delay by Stacking One-way Postfit Phase Residuals [J]. Communication Research Laboratory, 2004, 82.

[61] GENDT G, REIGBER C, DICK G. Near Real-Time Water Vapor Estimation in a German GPS Network-First Results from the Ground Program of the HGF GASP Project [J]. Physics and Chemistry of the Earth, Part A: Solid Earth and Geodesy, 2001, 26 (6): 413-416.

[62] EMARDSON T R, DERKS H J. On the relation between the wet delay and the integrated precipita-

ble water vapour in the European atmosphere [J]. Meteorological Applications, 2000, 7 (1): 61-68.
[63] FLORES A, RUFFINI G, RIUS A. 4D Tropospheric Tomography Using GPS Slant Wet Delays [J]. Annales Geophysicae, 2000, 18 (2): 223-234.
[64] NOGUCHI W, YOSHIHARA T, TSUDA T, et al. Time-Height Distribution of Water Vapor Derived by Moving Cell Tomography During Tsukuba GPS Campaigns [J]. Journal of the Meteorological Society of Japan. Ser. Ⅱ, 2004, 82 (1B): 561-568.
[65] 毛节泰. GPS的气象应用 [J]. 气象科技, 1993 (4): 45-49.
[66] 王小亚, 朱文耀, 严豪健, 等. 地面GPS探测大气的最新进展 [J]. 地球科学进展, 1997 (6): 22-30.
[67] 陈俊勇. 利用GPS反解大气水汽含量 [J]. 测绘工程, 1998 (2): 3-5.
[68] 李建国, 毛节泰, 李成才, 等. 使用全球定位系统遥感水汽分布原理和中国东部地区加权"平均温度"的回归分析 [J]. 气象学报, 1999 (3): 3-5.
[69] 李万彪, 刘盈辉, 朱元竞, 等. HUBEX试验期间地基微波辐射计反演资料的应用研究 [J]. 气候与环境研究, 2001 (2): 203-208.
[70] 杨红梅, 何平, 徐宝祥. 用GPS资料分析华南暴雨的水汽特征 [J]. 气象, 2002 (5): 17-21.
[71] 谷晓平. GPS水汽反演及降雨预报方法研究 [D]. 北京: 中国农业大学, 2004.
[72] 段晓梅. 基于北斗和GPS探测水汽的数据处理和分析 [D]. 成都: 成都信息工程大学, 2018.
[73] 张恩红, 曹云昌, 王晓英, 等. 利用地基GPS数据分析北京"7·21"暴雨水汽特征 [J]. 气象科技, 2015, 43 (6): 1157-1163.
[74] 周顺武, 王烁, 马思琪, 等. 地基遥感西藏改则站大气可降水量变化特征及其与夏季降水的关系 [J]. 气象科学, 2016, 36 (3): 403-410.
[75] 杜爱军, 张强, 杨世琦, 等. 北斗CORS探测的大气可降水量与重庆降雨的关系 [J]. 大地测量与地球动力学, 2020, 40 (2): 134-139.
[76] 姚永熙. 浮子式水位计综述 [J]. 水利水文自动化, 1996, 2: 25-28.
[77] 丰建勤. 压力式水位计应用及精度分析 [J]. 海洋测绘, 2002 (2): 52-54.
[78] 汤祥林, 刘艳平, 尚修志. 低功耗、高精度超声波水位计的研制 [J]. 水电自动化与大坝监测, 2014, 38 (3): 14-17.
[79] 张海燕. 投入式微波监测水位计, 中国专利: CN205352503U [P]. 2016-06-29.
[80] 田志刚, 田维伟. 一种激光水位计, 中国专利: CN212458565U [P]. 2021-02-02.
[81] 孙世君; 王树生. 一种电子水尺, 中国专利: CN212030673U [P]. 2020-11-27.
[82] 姚永熙. 国内外转子式流速仪检定方法分析 [J]. 水文, 2012, 32 (3): 1-5, 92.
[83] 曹贯中, 蒋建英, 陈望琴. 走航式声学多普勒流速仪流量测验过程控制方法 [J]. 水文, 2011 (S1): 65-69.
[84] 李光录, 王秀莲. 电波流速仪在青海三江源区水文监测中的应用 [J]. 人民长江, 2010, 41 (14): 48-50.
[85] 初广前, 曹燕, 赵勇. 移动通信系统的发展 [J]. 软件, 2016, 37 (9): 59-61.
[86] 陈艳. 计算机通信中虚拟现实技术的运用 [J]. 数字技术与应用, 2020, 38 (7): 34-35.
[87] 朱国祥. 蜂窝移动通信技术的发展历程及趋势 [J]. 卫星电视与宽带多媒体, 2019 (8): 13-14.
[88] 王世顺, 戴美泰. 码分多址 (CDMA) 移动通信技术 (一)——码分多址移动通信系统的发展 [J]. 电力系统通信, 1997 (3): 43-47.
[89] 阮博. 基于GPRS/GSM技术的水文遥测系统应用概述 [J]. 水文, 2007 (4): 69-70.
[90] 潘斌辉. 第三代移动通信技术分析 [J]. 科技广场, 2011 (11): 49-52.
[91] 陈金辉. LTE TDD与LTE FDD对比全接触 [J]. 中国电信业, 2014 (7): 86-87.
[92] 林金桐, 许晓东. 第五代移动互联网 [J]. 电信科学, 2015, 31 (5): 7-14.

[93] 王协瑞. 电子信息技术 [M]. 济南：山东科学技术出版社，2013，10：103，104.

[94] 杨观止，陈鹏飞，崔新凯，等. NB - IoT 综述及性能测试 [J]. 计算机工程，2020，46 (1)：1 - 14.

[95] 范士杰，郭际明，彭秀英. TEQC 在 GPS 数据预处理中的应用与分析 [J]. 测绘信息与工程，2004 (2)：33 - 35.

[96] 魏二虎，王中平，龚真春，等. TEQC 软件用于 GPS 控制网数据质量检测的研究 [J]. 测绘通报，2008 (9)：6 - 9.

[97] THAYER G D. An improved equation for the radio refractive index of air [J]. Radio Science，1974，9 (10)：803 - 807.

[98] 谷守周，秘金钟，党亚民. 新一代 RINEX 标准格式及其应用 [J]. 全球定位系统，2009，34 (3)：52 - 58.

[99] 丁金才. GPS 气象学及其应用 [M]. 北京：气象出版社，2009.

[100] 邹蓉，陈超，李瑜，等. GNSS 高精度数据处理：GAMIT GLOBK 入门 [M]. 武汉：中国地质大学出版社，2019.

[101] 慕仁海，常春涛，党亚民，等. GAMIT 10.71 解算 GNSS 长基线精度分析 [J]. 全球定位系统，2020，45 (5)：14 - 19，83.

[102] ROCKER C，HOVE T V，JOHNSON J，et al. GPS/STORM - GPS Sensing of Atmospheric Water Vapor for Meteorology [J]. Journal of Atmospheric and Oceanic Technology，American Meteorological Society，1995，12 (3)：468 - 478.

[103] DUAN J，BEVIS M，FANG P，et al. GPS Meteorology：Direct Estimation of the Absolute Value of Precipitable Water [J]. Journal of Applied Meteorology，American Meteorological Society，1996，35 (6)：830 - 838.

[104] 曹炳强，成英燕，许长辉，等. 间距分区法在解算卫星连续运行站数据中的应用 [J]. 测绘通报，2016 (11)：15 - 17.

[105] 慕仁海，常春涛，党亚民，等. GAMIT10. 71 解算 GNSS 长基线精度分析 [J]. 全球定位系统，2020，45 (5)：14 - 19，83.

[106] 徐爱功，徐宗秋，隋心. 精密单点定位中卫星星历对天顶对流层延迟估计的影响 [J]. 测绘科学，2013，38 (2)：19 - 21.

[107] 聂久添，黄善明，尹乐陶. 精密单点定位中卫星星历影响分析 [J]. 数字技术与应用，2011 (12)：196 - 197.

[108] 焦海松，王红芳，姚飞娟. 卫星星历误差对 GPS 定位精度的影响与分析 [J]. 全球定位系统，2009，34 (1)：24 - 28.

[109] 楼益栋，刘万科，张小红. GPS 卫星星历的精度分析 [J]. 测绘信息与工程，2003 (6)：4 - 6.

[110] 高周正，章红平，彭军还. GPS 卫星星历精度分析 [J]. 测绘通报，2012 (2)：1 - 3，10.

[111] 杨兴跃，任超，吕东，等. 切比雪夫多项式拟合 GPS 卫星星历精度分析 [J]. 城市勘测，2015 (4)：74 - 76，81.

[112] 谭阳涛，岳建平. 基于超快速星历的 GAMIT 高精度基线解算研究 [J]. 地理空间信息，2019，17 (3)：75 - 78，10.

[113] 姜卫平. 卫星导航定位基准站网的发展现状、机遇与挑战 [J]. 测绘学报，2017，46 (10)：1379 - 1388.

[114] 李国平，等. 地基 GPS 气象学 [M]. 北京：科学出版社，2010.

[115] 谷晓平，王长耀，王汶. GPS 水汽遥感中的大气干延迟局地订正模型研究 [J]. 热带气象学报，2004 (6)：697 - 703.

[116] ROCKEN C，WARE R，HOVE T V，et al. Sensing atmospheric water vapor with the global posi-

tioning system [J]. Geophysical Research Letters, 1993, 20 (23): 2631 - 2634.

[117] 李延兴. GPS测量大气折射改正 [J]. 地壳形变与地震, 1998 (1): 24 - 32.

[118] 罗宇, 罗林艳, 范嘉智, 等. 天顶静力延迟模型对GPS可降水量反演的影响分析及改进 [J]. 测绘工程, 2018, 27 (8): 13 - 17.

[119] SAASTAMOINEN J. Contributions to the theory of atmospheric refraction [J]. Bulletin Géodésique (1946 - 1975), 1973, 107 (1): 13 - 34.

[120] DAVIS J L, HERRING T A, SHAPIRO I I, et al. Geodesy by radio interferometry: Effects of atmospheric modeling errors on estimates of baseline length [J]. Radio Science, 1985, 20 (6): 1593 - 1607. DOI: 10. 1029/RS020i006p01593.

[121] ELGERED G, DAVIS J L, HERRING T A, et al. Geodesy by radio interferometry: Water vapor radiometry for estimation of the wet delay [J]. Journal of Geophysical Research: Solid Earth, 1991, 96 (B4): 6541 - 6555.

[122] HOPFIELD H S. Tropospheric Effect on Electromagnetically Measured Range: Prediction from Surface Weather Data [J]. Radio Science, 1971, 6 (3): 357 - 367.

[123] BLACK H D. An easily implemented algorithm for the tropospheric range correction [J]. Journal of Geophysical Research: Solid Earth, 1978, 83 (B4): 1825 - 1828.

[124] PENNA N, DODSON A, Chen W. Assessment of EGNOS Tropospheric Correction Model [J]. The Journal of Navigation, Cambridge University Press, 2001, 54 (1): 37 - 55.

[125] 张双成, 张鹏飞, 范朋飞. GPS对流层改正模型的最新进展及对比分析 [J]. 大地测量与地球动力学, 2012, 32 (2): 91 - 95.

[126] 黄良珂. 地基GNSS对流层天顶延迟改正模型与方法研究 [D]. 桂林: 桂林理工大学, 2014.

[127] 陈兆林, 张书毕, 冯华俊. GPS定位与水汽反演中对流层干延迟的订正研究 [J]. 气象科学, 2009, 29 (4): 4527 - 4530.

[128] WANG J, ZHANG L, DAI A. Global estimates of water - vapor - weighted mean temperature of the atmosphere for GPS applications [J]. Journal of Geophysical Research: Atmospheres, 2005, 110 (D21).

[129] 龚绍琦. 中国区域大气加权平均温度的时空变化及模型 [J]. 应用气象学报, 2013, 24 (3): 332 - 341.

[130] BEVIS M, BUSINGER S, HERRING T A, et al. GPS meteorology: Remote sensing of atmospheric water vapor using the global positioning system [J]. Journal of Geophysical Research, 1992, 97 (D14): 15787.

[131] 王洪, 曹云昌, 郭启云, 等. 利用探空资料计算水汽压 [J]. 气象科技, 2013, 41 (5): 847 - 851.

[132] 李国平. 地基GPS遥感大气可降水量及其在气象中的应用研究 [D]. 成都: 西南交通大学, 2007.

[133] 陈宏, 林炳章, 张叶晖. PMP估算中大气可降水量计算方法的探讨 [J]. 水文, 2014, 34 (3): 1 - 5.

[134] 方文维, 朱紫云, 林日新. 我国大气可降水量变化特征分析 [J]. 海峡科学, 2019 (7): 19 - 24, 32.

[135] 盛裴轩, 毛节泰, 李建国, 等. 大气物理学 [M]. 北京: 北京大学出版社, 2003.

[136] 中国气象局. 台风的定义. https: //baike. baidu. com/item/热带气旋/175197? fr=aladdin. 引用日期 [2021 - 01 - 30].

[137] 唐文, 苏洵. 1621秋季台风“莎莉嘉”路径突变和暴雨成因分析 [J]. 气象研究与应用, 2017, 38 (4): 32 - 38.

[138] 梁必骐, 梁经萍, 温之平. 中国台风灾害及其影响的研究 [J]. 自然灾害学报, 1995 (1): 84 - 91.

[139] 莫一贝，叶继红，俞笔豪，等. 海岛型校园台风灾害下应急管理与对策 [J]. 管理观察，2015 (10)：43-44.

[140] 程正泉，陈联寿，徐祥德，等. 近10年中国台风暴雨研究进展 [J]. 气象，2005 (12)：3-9.

[141] 牛海燕. 中国沿海台风灾害风险评估研究 [D]. 上海：华东师范大学，2012.

[142] 姜付仁，姜斌. 登陆我国台风的特点及影响分析 [J]. 人民长江，2014 (7)：85-89.

[143] 曹祥村，袁群哲，杨继鋐，等. 2005年登陆我国热带气旋特征分析 [J]. 应用气象学报，2007 (3)：412-416.

[144] 袁金南，郑彬. 广东热带气旋及其降水的年际变化特征 [J]. 自然灾害学报，2008 (3)：140-147.

[145] 朱福暖，章雪萍. 广东近十年水旱风灾害与防灾减灾工作的回顾和思考 [J]. 广东水利水电，2007 (6)：78-81.

[146] 刘秋兴，傅赐福，李明杰，等. "天鸽"台风风暴潮预报及数值研究 [J]. 海洋预报，2018，35 (1)：29-36.

[147] 肖辉，万齐林，刘显通，等. 基于WRF-EnKF系统的雷达反射率直接同化对台风"天鸽"(1713) 预报的影响 [J]. 热带气象学报，2019，35 (4)：433-445.

[148] LIU C，YU M，CAI H，et al. Recent changes in hydrodynamic characteristics of the Pearl River Delta during the flood period and associated underlying causes [J]. Ocean & Coastal Management，2019，179：104814.

[149] ZHANG W，WANG W，ZHENG J，et al. Reconstruction of stage-discharge relationships and analysis of hydraulic geometry variations：The case study of the Pearl River Delta，China [J]. Global and Planetary Change，2015，125：60-70.

[150] LIANG Y，JIANG C，MA L，et al. Government support，social capital and adaptation to urban flooding by residents in the Pearl River Delta area，China [J]. Habitat International，2017，59：21-31.

[151] MAHMOUD M T，AL-ZAHRANI M A，SHARIF H O. Assessment of global precipitation measurement satellite products over Saudi Arabia [J]. Journal of Hydrology，2018，559：1-12.

[152] 孔宇. 中国大陆GPM/IMERG产品的精度评估 [D]. 南京：南京信息工程大学，2017.

[153] 潘旸，谷军霞，宇婧婧，等. 中国区域高分辨率多源降水观测产品的融合方法试验 [J]. 气象学报，2018，76 (5)：755-766.

[154] TAO Y，GAO X，HSU K，et al. A deep neural network modeling framework to reduce bias in satellite precipitation products [J]. Journal of Hydrometeorology，2016，17 (3)：931-945.

[155] LU X，TANG G，WANG X，et al. Correcting GPM IMERG precipitation data over the Tianshan Mountains in China [J]. Journal of Hydrology，2019，575：1239-1252.

[156] MA Y，ZHANG Y，YANG D，et al. Precipitation bias variabilityversus various gauges under different climatic conditions over the Third Pole Environment (TPE) region [J]. International Journal of Climatology，2015，35 (7)：1201-1211.

[157] WU L，Zhao P. Validation of daily precipitation from two high-resolution satellite precipitation datasets over the Tibetan Plateau and the regions to its east [J]. Journal of Meteorological Research，2012，26 (6)：735-745.

[158] DE VERA A，TERRA R. Combining CMORPH and Rain Gauges Observations over the Rio Negro Basin [J]. Journal of Hydrometeorology，2012，13 (6)：1799-1809.

[159] 潘旸，谷军霞，徐宾，等. 多源降水数据融合研究及应用进展 [J]. 气象科技进展，2018，8 (1)：143-152.

[160] 潘旸，沈艳，宇婧婧，等. 基于贝叶斯融合方法的高分辨率地面-卫星-雷达三源降水融合试验

[J]. 气象学报，2015，73（1）：177-186.

[161] XU Z，WU Z，HE H，et al. Evaluating the accuracy of MSWEP V2. 1 and its performance for drought monitoring over mainland China [J]. Atmospheric Research，2019，226：17-31.

[162] CHOUBIN B，KHALIGHI-SIGAROODI S，MISHRA A，et al. A novel bias correction framework of TMPA 3B42 daily precipitation data using similarity matrix/homogeneous conditions [J]. Science of the Total Environment，2019，694：133680.

[163] CHEN H，YONG B，GOURLEY J J，et al. Impact of the crucial geographic and climatic factors on the input source errors of GPM-based global satellite precipitation estimates [J]. Journal of Hydrology，2019，575：1-16.

[164] LU X，TANG G，WANG X，et al. Correcting GPM IMERG precipitation data over the Tianshan Mountains in China [J]. Journal of Hydrology，2019，575：1239-1252.

[165] BROCCA L，MORAMARCO T，MELONE F，et al. A new method for rainfall estimation through soil moisture observations [J]. Geophysical Research Letters，2013，40（5）：853-858.

[166] BROCCA L，PELLARIN T，CROW W T，et al. Rainfall estimation by inverting SMOS soil moisture estimates：A comparison of different methods over Australia [J]. Journal of Geophysical Research：Atmospheres，2016，121（20）：12012-12079.

[167] MASSARI C，MAGGIONI V，BARBETTA S. Complementing near-real time satellite rainfall products with satellite soil moisture-derived rainfall through a bayesian inversion approach [J]. Journal of Hydrology，573：341-351.

[168] YANG Z，HSU K，SOROOSHIAN S，et al. Bias adjustment of satellite-based precipitation estimation using gauge observations：A case study in Chile [J]. Journal of Geophysical Research：Atmospheres，2016，121（8）：3790-3806.

[169] CHEN J，BRISSETTE F P，CHAUMONT D，et al. Finding appropriate bias correction methods in downscaling precipitation for hydrologic impact studies over North America [J]. Water Resources Research，2013，49（7）：4187-4205.

[170] ABERAA W. Comparative evaluation of different satellite rainfall estimation products and bias correction in the Upper Blue Nile（UBN）basin [J]. Atmospheric Research，2016（178-179）：471-483.

[171] YANG Z，HSU K，SOROOSHIAN S，et al. Merging high-resolution satellite-based precipitation fields and point-scale rain gauge measurements-A case study in Chile：Satellite-Gauge Data Merging Framework [J]. Journal of Geophysical Research：Atmospheres，2017，122（10）：5267-5284.

[172] ZHANG X，TANG Q. Combining satellite precipitation and long-term ground observations for hydrological monitoring in China [J]. Journal of Geophysical Research：Atmospheres，2015，120（13）：6426-6443.

[173] LARY D J，ALAVI A H，GANDOMI A H，et al. Machine learning in geosciences and remote sensing [J]. Geoscience Frontiers，2016，7（1）：3-10.

[174] CHEN S，YU P，TANG Y. Statistical downscaling of daily precipitation using support vector machines and multivariate analysis [J]. Journal of Hydrology，2010，385（1-4）：13-22.

[175] IRELAND G，VOLPI M，Petropoulos G. Examining the Capability of Supervised Machine Learning Classifiers in Extracting Flooded Areas from Landsat TM Imagery：A Case Study from a Mediterranean Flood [J]. Remote Sensing，2015，7（3）：3372-3399.

[176] TRIPATHI S，SRINIVAS V V，NANJUNDIAH R S. Downscaling of precipitation for climate change scenarios：A support vector machine approach [J]. Journal of Hydrology，2006，330（3-

4)：621 - 640.

[177] BAEZ - VILLANUEVA O M，ZAMBRANO - BIGIARINI M，BECK H E，et al. RF - MEP：A novel Random Forest method for merging gridded precipitation products and ground - based measurements [J]. Remote Sensing of Environment，2020，239：111606.

[178] XU L，CHEN N，ZHANG X，et al. Improving the North American multi - model ensemble (NMME) precipitation forecasts at local areas using wavelet and machine learning [J]. Climate Dynamics，2019，53 (1 - 2)：601 - 615.

[179] 陈永义，俞小鼎，高学浩，等. 处理非线性分类和回归问题的一种新方法（Ⅰ）——支持向量机方法简介 [J]. 应用气象学报，2004，15 (3)：345 - 354.

[180] SCHULZ E，SPEEKENBRINK M，KRAUSE A. A tutorial on Gaussian process regression：Modelling，exploring，and exploiting functions [J]. Journal of Mathematical Psychology，2018，85：1 - 16.

[181] 童尧，高学杰，韩振宇，等. 基于 RegCM4 模式的中国区域日尺度降水模拟误差订正 [J]. 大气科学，2017，41 (6)：1156 - 1166.

[182] LAFON T，DADSON S，BUYS G，et al. Bias correction of daily precipitation simulated by a regional climate model：a comparison of methods [J]. International Journal of Climatology，2013，33 (6)：1367 - 1381.

[183] LI C，SINHA E，HORTON D E，et al. Joint bias correction of temperature and precipitation in climate model simulations [J]. Journal of Geophysical Research：Atmospheres，2014，119 (23)：13153 - 13162.

[184] GUDMUNDSSON L，BREMNES J B，HAUGEN J E，et al. Technical Note：Downscaling RCM precipitation to the station scale using statistical transformations - a comparison of methods [J]. Hydrology and Earth System Sciences，2012，16 (9)：3383 - 3390.

[185] 童尧，高学杰，韩振宇，等. 基于 RegCM4 模式的中国区域日尺度降水模拟误差订正 [J]. 大气科学，2017，41 (6)：1156 - 1166.

[186] PIANI C，HAERTER J O，COPPOLA E. Statistical bias correction for daily precipitation in regional climate models over Europe [J]. Theoretical and Applied Climatology，2010 (99)：187 - 192.

[187] AYUGI B，TAN G，RUOYUN N，et al. Quantile Mapping Bias Correction on Rossby Centre Regional Climate Models for Precipitation Analysis over Kenya，East Africa [J]. Water，2020，12 (3)：801.

[188] INES A V M，HANSEN J W. Bias correction of daily GCM rainfall for crop simulation studies [J]. Agricultural and Forest Meteorology，2006，138 (1 - 4)：44 - 53.

[189] GARCÍA - FLORIANO A，LÓPEZ - MARTÍN C，YÁÑEZ - MÁRQUEZ C，et al. Support vector regression for predicting software enhancement effort [J]. Information and Software Technology，2018，97：99 - 109.

[190] YAO X，CROOK J，ANDREEVA G. Enhancing two - stage modelling methodology for loss given default with support vector machines [J]. European Journal of Operational Research，2017，263 (2)：679 - 689.

[191] BLIX K，ELTOFT T. Evaluation of Feature Ranking and Regression Methods for Oceanic Chlorophyll - a Estimation [J]. IEEE Journal of Selected Topics in Applied Earth Observations and Remote Sensing，2018，11 (5)：1403 - 1418.

[192] HONG Y，HSU K，MORADKHANI H，et al. Uncertainty quantification of satellite precipitation estimation and Monte Carlo assessment of the error propagation into hydrologic response [J]. Wa-

ter Resources Research, 2006, 42 (8): W08421.1 - W08421.15.

[193] 王蕊. X波段双线偏振多普勒天气雷达估测降水方法的研究 [D]. 南京: 南京信息工程大学, 2011.

[194] 王雪, 田涛, 杨建英, 等. 城市河道生态治理综述 [J]. 中国水土保持科学, 2008, 6 (5): 106 - 111.

[195] NILSSON C, REIDY C A, DYNESIUS M, et al. Fragmentation and flow regulation of the world's large river systems [J]. Science, 2005, 308 (5720): 405 - 408.

[196] YANG L, XU Y P, HAN L F, et al. River networks system changes and its impact on storage and flood control capacity under rapid urbanization [J]. Hydrological Processes, 2016, 30 (13): 2401 - 2412.

[197] STEELE M K, HEFFERNAN J B. Morphological characteristics of urban water bodies: mechanisms of change and implications for ecosystem function [J]. Ecological Applications, 2014, 24 (5): 1070 - 1084.

[198] CHIN A. Urban transformation of river landscapes in a global context [J]. Geomorphology, 2006, 79: 460 - 487.

[199] NAPIERALSKI J, KEELING R, DZIEKAN M, et al. Urban stream deserts as a consequence of excess stream burial in urban watersheds [J]. Annals of the Association of American Geographers, 2015, 105 (4): 649 - 664.

[200] NAPIERALSKI J A, CARVALHAES T. Urban stream deserts: Mapping a legacy of urbanization in the United States [J]. Applied Geography, 2016, 67: 129 - 139.

[201] STEELE M K, HEFFERNAN J B, BETTEZ N, et al. Convergent surface water distributions in U. S. cities [J]. Ecosystems, 2014, 17 (4): 685 - 697.

[202] LIN Z X, XU Y P, DAI X Y, et al. Changes in the plain river system and its hydrological characteristics under urbanization - case study of Suzhou City, China [J]. Hydrological Sciences Journal, 2019, 64 (16): 2068 - 2079.

[203] DENG X J, XU Y P. Degrading flood regulation function of river systems in the urbanization process [J]. Science of the Total Environment, 2018, 622: 1379 - 1390.

[204] 林芷欣, 许有鹏, 代晓颖, 等. 城市化对平原河网水系结构及功能的影响——以苏州市为例 [J]. 湖泊科学, 2018, 30 (6): 1722 - 1731.

[205] 吴雷, 许有鹏, 徐羽, 等. 平原水网地区快速城市化对河流水系的影响 [J]. 地理学报, 2018, 73 (1): 104 - 114.

[206] 张凤, 陈彦光, 刘鹏. 京津冀城镇体系与水系结构的时空关系研究 [J]. 地理科学进展, 2020, 39 (3): 377 - 388.

[207] 黄奕龙, 王仰麟, 刘珍环, 等. 快速城市化地区水系结构变化特征——以深圳市为例 [J]. 地理研究, 2008, 27 (5): 1212 - 1220.

[208] 傅春, 李云翊, 王世涛. 城市化进程下南昌市城区水系格局与连通性分析 [J]. 长江流域资源与环境, 2017, 26 (7): 1042 - 1048.

[209] 郭科, 王鸿翔, 郭文献, 等. 郑州市水系结构特征演变趋势分析 [J]. 河南科技, 2018, 2 (5): 80 - 83.

[210] 吴健生, 马洪坤, 彭建. 基于"功能节点—关键廊道"的城市生态安全格局构建——以深圳市为例 [J]. 地理科学进展, 2018, 37 (12): 1663 - 1671.

[211] YANG L, XU Y P, HAN L F, et al. Characterisation of channel morphological pattern changes and flood corridor dynamics of the tropical Tana River fluvial systems, Kenya. Journal of African Earth Sciences, 2020, 163.

［212］ 廖小罕. 地理科学发展与新技术应用［J］. 地理科学进展，2020，39（5）：709－715.

［213］ 史卓琳，黄昌. 河流水情要素遥感研究进展［J］. 地理科学进展，2020，39（4）：670－684.

［214］ LEOPOLD L. Hydrology for urban planning——A guidebook on the hydrologic effects of urban land use［J］. U. S. department of the Interior U. S. geological Survey Circular，1968（554）.

［215］ ROSE S，PETERS N E. Effects of urbanization on streamflow in the Atlanta area（Georgia，USA）：a comparative hydrological approach［J］. Hydrological Processes，2001，15（8）：1441－1457.

［216］ LI Y，WANG C. Impacts of urbanization on surface runoff of the Dardenne Creek watershed，St. Charles County，Missouri［J］. Physical Geography，2009，30（6）：556－573.

［217］ OLIVERA F，DEFEE B B. Urbanization and its effect on runoff in the Whiteoak Bayou Watershed，Texas［J］. Journal of the American Water Resources Association，2007，43（1）：170－182.

［218］ SIRIWARDENA L，FINLAYSON B L，MCMAHON T A. The impact of land use change on catchment hydrology in large catchments：The Comet River，Central Queensland，Australia［J］. Journal of Hydrology，2006，326（1－4）：199－214.

［219］ SHI P J，YUAN Y，ZHENG J，et al. The effect of land use/cover change on surface runoff in Shenzhen region，China［J］. Catena，2007，69（1）：31－35.

［220］ 郑璟，方伟华，史培军，等. 快速城市化地区土地利用变化对流域水文过程影响的模拟研究——以深圳市布吉河流域为例［J］. 自然资源学报，2009，24（9）：1560－1572.

［221］ MARKUS M，MCCONKEY S A. Impacts of Urbanization and Climate Variability on Floods in Northeastern Illinois［J］. Journal of Hydrologic Engineering，2007，14（6）：606－616.

［222］ SANGJUN I，HYEONJUN K，CHULGYUM K，et al. Assessing the impacts of land use changes on watershed hydrology using MIKE SHE［J］. Environmental Geology，2009，57（1）：231－239.

［223］ GROVE M，HARBOR J，ENGEL B，et al. Impacts of urbanization on surface hydrology，Little Eagle Creek，IN，and analysis of LTHIA model sensitivity to data resolution［J］. Physical Geography，2001，22（2）：135－153.

［224］ GETACHEW H E，MELESSE A M. The Impact of Land Use Change on the Hydrology of the Angereb Watershed，Ethiopia［J］. International Journal of Water，2012，1（4）：1－7.

［225］ ZHOU F，XU Y，CHEN Y，et al. Hydrological response to urbanization at different spatio－temporal scales simulated by coupling of CLUE－S and the SWAT model in the Yangtze River Delta region［J］. Journal of Hydrology，2013，485：113－125.

［226］ 李娜，许有鹏，郭怀成. 西苕溪流域城市化对径流长期影响分析研究［J］. 北京大学学报（自然科学版），2009，45（4）：668－676.

［227］ MILLER J D，KIM H，KJELDSEN T R，et al. Assessing the impact of urbanization on storm runoff in a peri－urban catchment using historical change in impervious cover［J］. Journal of Hydrology，2014，515：59－70.

［228］ SUN Z，LI X，FU W，et al. Long－term effects of land use/land cover change on surface runoff in urban areas of Beijing，China［J］. Journal of Applied Remote Sensing，2014，8：1－18.

［229］ 中国气象局. 台风的定义. https：//baike. baidu. com/item/热带气旋/175197？fr＝aladdin. 引用日期［2021－01－30］.

［230］ DOU P，CHEN Y. Dynamic monitoring of land－use/land－cover change and urban expansion in Shenzhen using Landsat imagery from 1988 to 2015［J］. International Journal of Remote Sensing，2017，38（19）：5388－5407.

［231］ 叶斌，盛代林，门小瑜. 城市内涝的成因及其对策［J］. 水利经济，2010，4：62－65，78.

[232] 赵林成，张文灿. 市政管道基础设施建设现状及浅析 [J]. 河南科技，2014 (16)：165 - 166.

[233] 唐逸如. 下水道安全考验城市管理水平 [J]. 社会观察，2013 (8)：50 - 51.

[234] 解运洲. NB - IoT 技术详解与行业应用 [M]. 北京：科学出版社，2017.

[235] 薛国超. 无线传感器网络与物联网的应用研究 [J]. 智能建筑与智慧城市，2018：71 - 72.

[236] 李旭，刘颖. 物联网通信技术 [M]. 北京：清华大学出版社，2014.

[237] 钱志鸿，王义君. 物联网技术与应用研究 [J]. 电子学报，2012，40 (5)：1023 - 1029.

[238] 戴国华，余骏华 . NB - IoT 的产生背景、标准发展以及特性和业务研究 [J]. 移动通信，2016 (7)：31 - 36.

[239] WEYRICH M，EBERT C. Reference architectures fbr the internet of things [J]，IEEE Software，2016，33 (1)：112 - 116.

[240] LIN J，YU W，ZHANG N，et al. A survey on internet of things：Architecture，enabling technologies，security and privacy，and applications [J] IEEE Internet of Things Journal，2017，4 (5)：1125 - 1142.

[241] 邹玉龙，丁晓进，王全全. NB - IoT 关键技术及应用前景 [J]. 中兴通讯技术，2017，23 (1)：43 - 46.

[242] 李菁，叶卓映. NB - IoT 技术及其在物联网中的应用研究 [J]，无线互联科技，2019 (10)：11 - 12.

[243] 谷常鹏. 宽窄带异构融合的关键技术研究 [D]. 重庆：重庆邮电大学，2017.

[244] 郜迪. 基于 NB - IoT 无线传输技术的研究与设计 [D]. 北京：中国电子科技集团公司电子科学研究院，2019.

[245] 杨观止，陈鹏飞，崔新凯，等. NB - IoT 综述及性能测试 [J]. 计算机工程，2020，46 (1)：1 - 14.

[246] 王晓周，蔺琳，肖子玉，等. NB - IoT 技术标准化及发展趋势研究 [J]. 现代电信科技，2016，46 (6)：5 - 12.

[247] 黄文超. NB - IoT 低速率窄带物联网通信技术现状及发展趋势 [J]. 电子测试，2017 (6)：58 - 29.